国家提升专业服务产业发展能力建设项目成果
国家骨干高职院校建设项目成果
机械制造与自动化专业

CAD/CAM 技术应用

主　编　杨海峰
副主编　徐玉海　夏德宝　张玉兰
参　编　陈　强　王鑫秀　丁　晖
主　审　高　波　许光池

机械工业出版社

本书是依据教育部《高等职业学校专业教学标准（制造大类）》及《高职高专教育 CAD/CAM 教学基本要求》，基于传统的 CAD/CAM 技术课程改革的需要，为培养学生职业能力和创新思维，结合 CAD/CAM 技术应用课程改革实践成果，在总结高职教育教学经验的基础上编写的高职特色教材。全书以机械制造典型零件为载体，涉及零件的造型设计、零件的装配、零件工程图和虚拟仿真加工等，共设六个学习情境，主要内容包括实体造型设计、曲面造型设计、三维装配设计、工程图设计、平面零件铣削加工以及固定轴曲面零件铣削加工。

本书可作为高职院校机械制造与自动化、模具设计与制造和数控技术等专业的教材，也可作为成人教育和继续教育的教材，同时也可供其他相关专业的师生和工程技术人员参考。

图书在版编目（CIP）数据

CAD/CAM 技术应用/杨海峰主编．—北京：机械工业出版社，2015.8

国家提升专业服务产业发展能力建设项目成果　国家骨干高职院校建设项目成果．机械制造与自动化专业

ISBN 978-7-111-51201-1

Ⅰ．①C…　Ⅱ．①杨…　Ⅲ．①计算机辅助设计-高等职业教育-教材②计算机辅助制造-高等职业教育-教材　Ⅳ．①TP391.7

中国版本图书馆 CIP 数据核字（2015）第 198961 号

机械工业出版社（北京市百万庄大街 22 号　邮政编码 100037）

策划编辑：王海峰　责任编辑：王海峰　责任校对：佟瑞鑫

封面设计：鞠　杨　责任印制：李　洋

中国农业出版社印刷厂印刷

2016 年 7 月第 1 版第 1 次印刷

184 mm × 260 mm · 16.5 印张 · 404 千字

0001—1900 册

标准书号：ISBN 978-7-111-51201-1

定价：35.00 元

哈尔滨职业技术学院机械制造与自动化专业教材编审委员会

编写说明

高等职业教育肩负着培养面向生产、建设、服务和管理第一线需要的高素质技术技能型人才的重要使命。在“以就业为导向，以服务为宗旨”的职业教学目标下，基于工作过程的课程开发思想得到了广泛应用，以“工作内容”为依据组织课程内容，以学习性工作任务为载体设计教学活动，是高职教育课程体系改革和教学设计的主流。近年来，高职教育一线教育工作者一直在不断探索高职课程体系、教学模式和教学方法等方面的改革，在基于工作过程的课程开发思想指导下，有关高职教育的课程体系、教学模式和教学方法等改革已经较普遍，但是与该类教学改革实践紧密结合的工学结合特色教材却很少。因此，结合专业课程改革，编写出适用的工学结合特色教材是当前高职教育工作者的一项重要任务和使命。

哈尔滨职业技术学院于2010年11月被确定为国家骨干高职院校建设单位以来，努力在创新办学体制机制，推进校企合作办学、合作育人、合作就业、合作发展的进程中，以专业建设为核心，以课程改革为抓手，以教学条件建设为支撑，全面提升办学水平。哈尔滨职业技术学院的机械制造与自动化专业既是国家骨干高职院校央财支持的重点专业——模具设计与制造专业群中的建设专业，同时也是国家提升专业服务产业发展能力的建设专业，学院按照职业成长规律和认知规律，以服务东北老工业基地为宗旨，与哈尔滨轴承制造有限公司、哈尔滨汽轮机厂有限责任公司、哈尔滨飞机制造有限公司等大型企业合作，将机械制造与自动化专业建成具有引领作用的机械制造领域高素质技术技能型专门人才培养的重要基地。

该专业以专业岗位工作任务和岗位职业能力分析为依据，创新了“校企共育、能力递进、技能对接”人才培养模式，按照以下步骤进行课程开发：企业调研、岗位（群）工作任务和职业能力分析、典型工作任务确定、行动领域归纳、学习领域转换、教学情境设计、行动导向教学实施、教学评价与反馈，构建了基于机械制造工作过程系统化的课程体系，按照工作岗位对知识、能力和素质的要求，全面培养学生的专业能力、方法能力和社会能力。该专业以真实的机械制造工作过程为导向，以典型机械产品和零件为载体开发了7门专业核心课程，采用行动导向、任务驱动的“教学做一体化”教学模式，实现工作任务与学习任务的紧密结合。

机械制造与自动化专业课程改革体现出以下特点：企业优秀技术人员参与课程开发；企业提供典型任务案例；学习任务与实际生产工作过程相结合；采用六步教学法，配有任务单、资讯单、信息单、计划单、实施单、作业单、检查单、评价单、反馈单等教学材料，学生在每一步任务的完成过程中，都有反映其成果的可检验材料。

高职教材是教学资源建设的重要组成部分，更是能否体现高职教育特色的关键，为此学院成立了由职业教育专家、企业技术专家、专业核心课程教师组成的机械制造与自动化专业教材编审委员会。专业结合课程改革和建设实践，编写了本套工学结合特色教材，由机械工业出版社出版，展示课程改革成果，为更好地推进国家骨干高职院校建设和国家提升专业服务产业发展能力建设及课程改革做出积极贡献！

哈尔滨职业技术学院

机械制造与自动化专业教材编审委员会

前　言

近年来，随着高等职业教育的快速发展，高等职业教育教学改革不断深入，相应的课程改革也在不断深入进行，并积累了一定的经验，取得了一定的成果。各高职院校的一线教育工作者在不断探索适应课程改革的新型教材。基于传统的“CAD/CAM 技术”课程改革的需要，为培养学生职业能力和创新思维，本书编者结合课程改革实践成果，在总结高等职业教育教学经验的基础上，编写了这本具有鲜明高等职业教育特色的教材。

本教材的特色如下。

1. 以工作过程为导向，突出高等职业教育特色

按照机械制造与自动化、数控技术、模具设计与制造专业职业岗位群的工作过程要求和技能要求，确定本课程的教学目标：使学生掌握 UG NX 软件的基本知识和各功能键功能，掌握零件造型结构设计的一般方法、零件装配设计过程、零件的仿真加工过程。全书以典型零件为载体，通过典型零件建模、造型、装配图、工程图设计等工作过程的不断递进，培养学生机械零件造型设计和零件仿真加工的能力及创新思维能力。在编写模式上，各学习情境开篇均有学习目标，以突出每一学习情境的知识要点和技能目标，强调课程应用性。融“教、学、做”为一体，每个学习任务都按照资讯、计划、决策、实施、检查、评价等教学过程编写。

2. 校企合作，按照学习情境构建教材体系

将专业知识按照零件造型设计、零件装配、仿真加工等工作过程展开，使教材内容更具职业教育特色。以机械行业典型零件为载体，确定以下几个学习情境：实体造型设计、曲面造型设计、三维装配设计、工程图设计、平面零件铣削加工、固定轴曲面零件铣削加工。这一过程由经验丰富的一线教师和企业专家共同完成。

3. 采用项目案例导入法，引出每一学习情境所要讨论的内容

将实际生产中的实例以任务的形式引出问题，导出每一学习情境所要完成的主要内容，激发读者的求知欲和探索欲。各学习情境开篇有情境描述，便于学生学习，以加强学生理论与实践结合的能力，体现高等职业教育的特色和高职教材建设的方向。

4. 适应面宽，适用性强

考虑到高职高专多层次教学的需要，在教材编写过程中尽量做到知识面和内容深度兼顾。本教材在编写中采用最新的国家标准，力求体现学科与技术的发展。

本教材的编写分工如下：哈尔滨职业技术学院杨海峰编写学习情境 1、学习情境 2、学习情境 3 及学习情境 5，哈尔滨职业技术学院张玉兰编写学习情境 4 中的任务 4.1，哈尔滨职业技术学院丁晖编写学习情境 4 中的任务 4.2，北京威卡威汽车零部件股份有限公司夏德宝编写学习情境 6 中的任务 6.1，哈尔滨职业技术学院陈强和王鑫秀编写任务 6.2，黑龙江机械制造高级技工学校徐玉海编写学习情境 4 中的任务 4.3 和学习情境 6 中的任务 6.3。全书由哈尔滨职业技术学院杨海峰任主编并统稿，哈尔滨职业技术学院高波教授、黑龙江农业工程职业学院许光池教授对全书进行了审阅。

本教材在编写过程中与有关企业和兄弟院校进行合作，得到企业专家、专业技术人员和兄弟院校的大力支持，东风悦达起亚汽车有限公司何平、大连星玛电梯有限公司翟勇、哈尔滨华夏计算机职业技术学院张春妍、黑龙江农业工程职业学院王立波和戚克强等对教材提出了许多宝贵意见和建议，在此特向上述人员表示衷心的感谢。由于编者水平所限，书中不妥之处在所难免，恳请广大读者提出宝贵意见，我们将及时调整和改进！意见和建议请发往：jzjys2011@163.com。联系电话：0451-86611674。

编　者

目　　录

学习情境 1

实体造型设计

【学习目标】

熟悉 UG NX 软件实体建模模块的功能，并运用相应的操作界面、操作命令进行产品或零部件的实体造型设计。通过一体化教学，学生能够掌握基本体素特征（如圆柱体、长方体、圆锥体和球体等）的创建；掌握布尔运算的方法，通过对实体进行布尔“交”“差”“和”运算，构建新的实体；掌握成形特征中的拉伸、回转、扫掠、孔、凸台、腔体、垫块、键槽和坡口焊等操作；掌握特征操作中的边倒圆、面倒圆、倒斜角、修剪体、螺纹创建、镜像特征和阵列特征；掌握运用直线、圆弧、圆命令绘制截面草图的方法；能够运用曲线绘制功能完成直线、圆、六边形和螺旋线等图形的绘制，正确使用基准特征完成基准平面、基准轴的创建。

【学习任务】

1. 手动气阀的实体造型设计。
2. 夹紧卡爪的实体造型设计。
3. 螺旋千斤顶的实体造型设计。

【情境描述】

实体造型设计是学习 UG NX 软件时的一个重要学习情境，通过本学习情境，学生应具备中等复杂零件的实体造型设计能力、分析能力、解决问题能力和团队合作能力。本学习情境指导学生运用 UG NX 软件完成手动气阀、夹紧卡爪、螺旋千斤顶的实体造型设计，并在此过程中帮助学生逐步熟识 UG NX 软件的操作界面，掌握 UG NX 软件环境下实体造型的理念和一般设计操作步骤。通过实体造型设计的三个学习任务，学生应逐渐掌握实体造型设计的方法和相关 UG NX 软件功能键的使用，逐步提高实体造型设计的能力。三个学习任务涵盖 UG NX 软件实体造型设计中的所有功能，学生可在教师的引导下，通过查阅资料、独立思考和团队合作等方式来完成。

任务1.1　手动气阀的实体造型设计

1.1.1　任务描述

手动气阀的实体建模设计任务单见表1-1。

表1-1　手动气阀的实体造型设计任务单

学习领域	CAD/CAM技术应用		
学习情境1	实体造型设计	学时	30学时
任务1.1	手动气阀的实体造型设计	学时	10学时
布置任务			
学习目标	1. 掌握草图创建的基本方法，绘制手动气阀组成零件的基本曲线。 2. 掌握基本曲线的绘制方法。 3. 掌握布尔运算的基本方式，学会使用布尔运算完成手动气阀组成零件的实体造型设计。 4. 掌握特征操作的基本方式，学会使用特征操作的各种方法。 5. 掌握关联复制的基本方式。 6. 掌握草图工具中各种命令的使用方法。		
任务描述	手动气阀是汽车上使用的一种压缩空气开关机构。如图1-1所示，手动气阀的工作原理是：当通过手柄球1和芯杆4将气阀杆2拉到最上位置时，储气筒与工作气缸接通；当气阀杆被推到最下位置时，储气筒与工作气缸的通道被关闭，此时工作气缸通过气阀杆中心的孔道与大气接通。气阀杆与阀体5是间隙配合，装有O形密封圈3，防止压缩空气泄漏。螺母6是固定手动气阀位置用的。 每组分别使用UG NX软件完成手动气阀的实体造型设计，具体要求如下： 1. 了解手动气阀的工作原理。 2. 了解手动气阀由6种共9个零件组成，其中密封圈4个，其他均为单件。 3. 掌握手柄球（图1-2）、O形密封圈（图1-3）、芯杆（图1-4）、气阀杆（图1-5）、阀体（图1-6）和螺母（图1-7）的实体造型设计过程。		

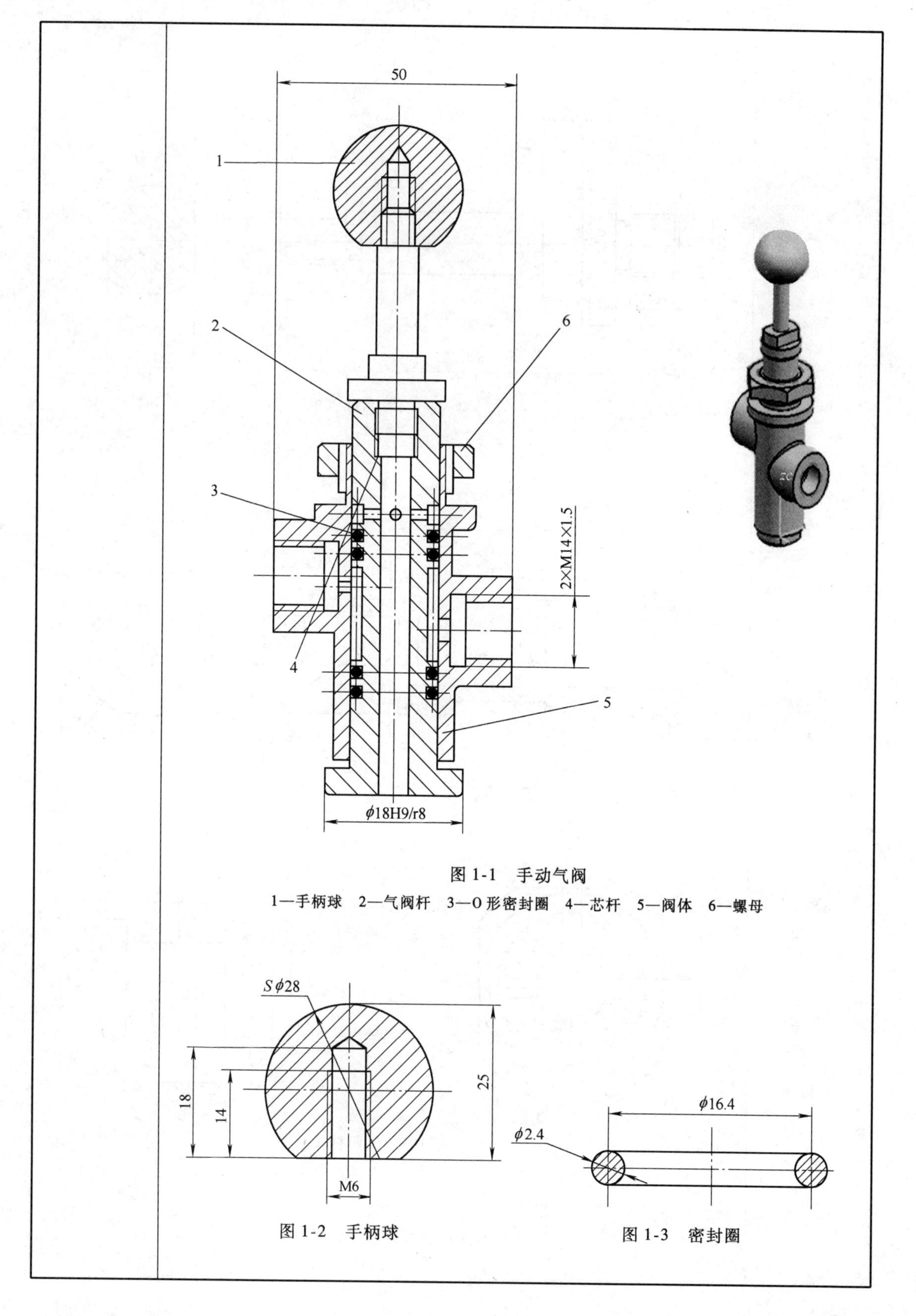

图 1-1　手动气阀

1—手柄球　2—气阀杆　3—O 形密封圈　4—芯杆　5—阀体　6—螺母

图 1-2　手柄球

图 1-3　密封圈

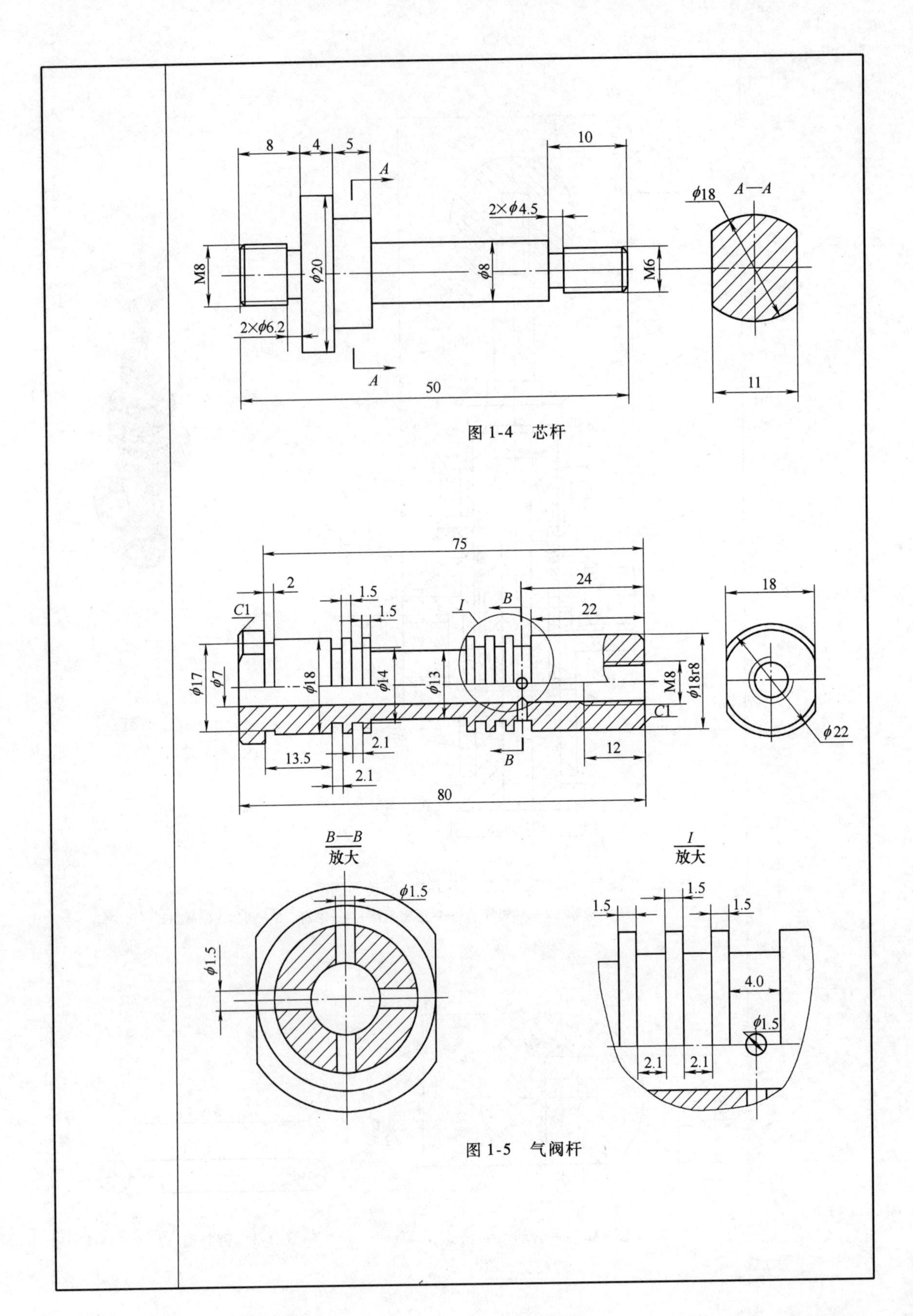

图 1-4　芯杆

图 1-5　气阀杆

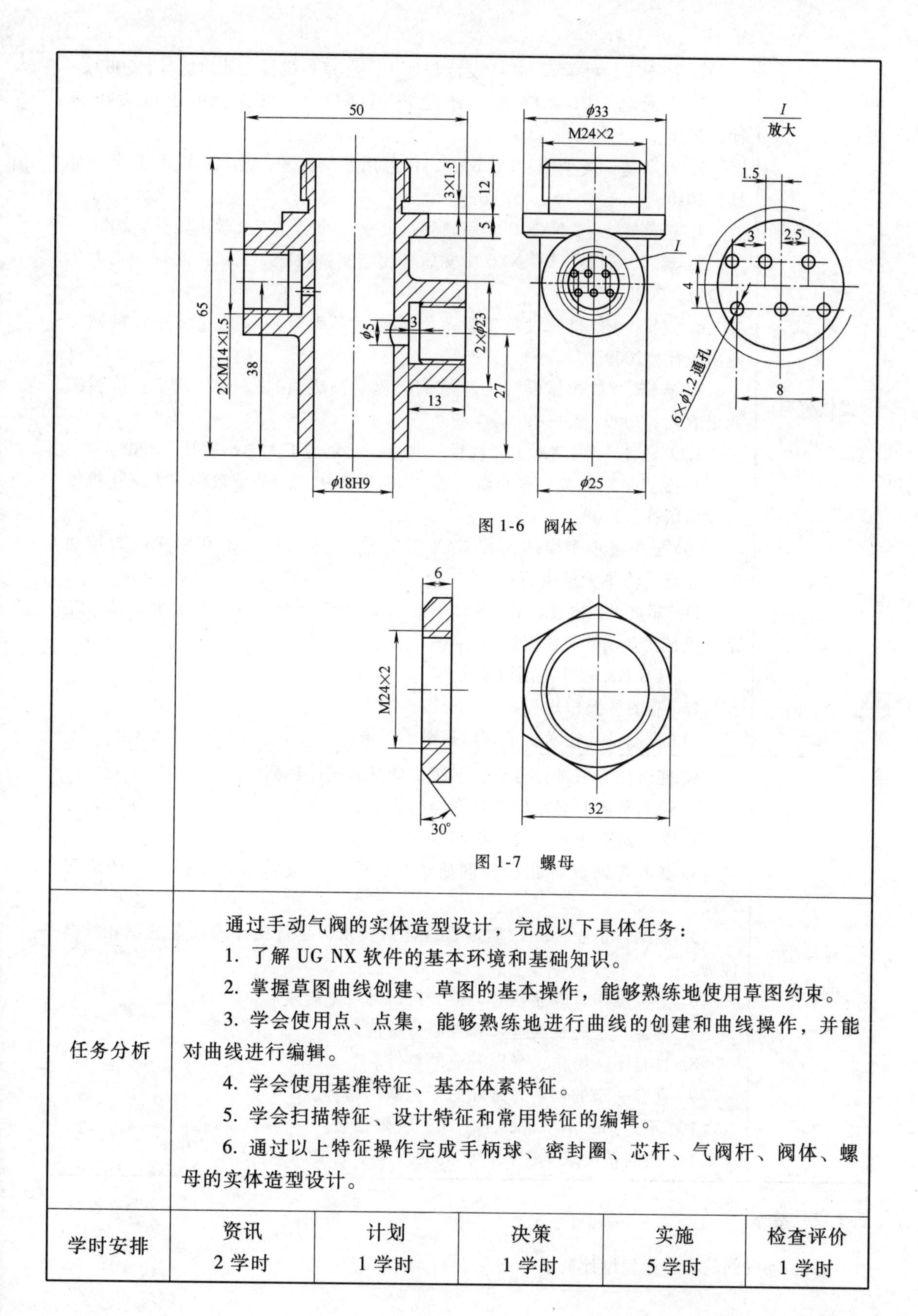

图 1-6　阀体

图 1-7　螺母

任务分析

通过手动气阀的实体造型设计，完成以下具体任务：

1. 了解 UG NX 软件的基本环境和基础知识。

2. 掌握草图曲线创建、草图的基本操作，能够熟练地使用草图约束。

3. 学会使用点、点集，能够熟练地进行曲线的创建和曲线操作，并能对曲线进行编辑。

4. 学会使用基准特征、基本体素特征。

5. 学会扫描特征、设计特征和常用特征的编辑。

6. 通过以上特征操作完成手柄球、密封圈、芯杆、气阀杆、阀体、螺母的实体造型设计。

学时安排	资讯	计划	决策	实施	检查评价
	2 学时	1 学时	1 学时	5 学时	1 学时

提供资料	1. 张士军，韩学军. UG设计与加工. 北京：机械工业出版社，2009。 2. 王尚林. UG NX6.0三维建模实例教程. 北京：中国电力出版社，2010。 3. 石皋莲，吴少华. UG NX CAD应用案例教程. 北京：机械工业出版社，2010。 4. 杨德辉. UG NX6.0实用教程. 北京：北京理工大学出版社，2011。 5. 黎震，刘磊. UG NX6中文版应用与实例教程. 北京：北京理工大学出版社，2009。 6. 袁锋. UG机械设计工程范例教程（基础篇）. 2版. 北京：机械工业出版社，2009。 7. 袁锋. UG机械设计工程范例教程（高级篇）. 2版. 北京：机械工业出版社，2009。 8. 赵松涛. UG NX实训教程. 北京：北京理工大学出版社，2008。 9. 郑贞平，曹成，张小红，等. UG NX5中文版基础教程. 北京：机械工业出版社，2008。 10. 云杰漫步多媒体科技CAX设计教研室. UG NX6.0中文版数控加工. 北京：清华大学出版社，2009。 11. 郑贞平，喻德. UG NX5中文版三维设计与NC加工实例精解. 北京：机械工业出版社，2008。 12. UG NX软件使用说明书。 13. 制图员操作规程。 14. 机械设计技术要求和国家制图标准。
对学生的要求	1. 能对任务书进行分析，能正确理解和描述目标要求。 2. 绘制草图时必须保证草图绘制规范和合理。 3. 具有独立思考、善于提问的学习习惯。 4. 具有查询资料和市场调研能力，具备严谨求实和开拓创新的学习态度。 5. 能执行企业“5S”质量管理体系要求，具备良好的职业意识和社会能力。 6. 上机操作时应穿鞋套，遵守机房的规章制度。 7. 具备一定的观察理解和判断分析能力。 8. 具有团队协作、爱岗敬业的精神。 9. 具有一定的创新思维和勇于创新的精神。 10. 不迟到、不早退、不旷课，否则扣分。 11. 按时按要求上交作业，并列入考核成绩。

1.1.2 资讯

1. 手动气阀的实体造型设计资讯单（见表1-2）

表 1-2　手动气阀的实体造型设计资讯单

学习领域	CAD/CAM 技术应用		
学习情境 1	实体造型设计	学时	30 学时
任务 1.1	手动气阀的实体造型设计	学时	10 学时
资讯方式	学生根据教师给出的资讯引导进行查询解答		
资讯问题	1. 什么是成形特征？ 2. 如何使用拔模功能？ 3. 如何设置造型参数？ 4. 创建草图曲线的典型操作步骤是什么？ 5. 如何实现拉伸？ 6. 布尔运算的方式是什么？求和、求差、求交的含义是什么？ 7. 如何创建倒角？如何创建孔的成形特征？		
资讯引导	1. 问题 1 参阅《UG 设计与加工》。 2. 问题 2 参阅《UG 设计与加工》。 3. 问题 3 参阅《UG NX6 中文版应用与实例教程》。 4. 问题 4 参阅《UG NX6 中文版应用与实例教程》。 5. 问题 5 参阅《UG NX6. 0 实用教程》。 6. 问题 6 参阅《UG NX6. 0 实用教程》。 7. 问题 7 参阅《UG NX6. 0 实用教程》。		

2. 手动气阀的实体造型设计信息单见表 1-3。

表 1-3　手动气阀的实体造型设计信息单

学习领域	CAD/CAM 技术应用		
学习情境 1	实体造型设计	学时	30 学时
任务 1.1	手动气阀的实体造型设计	学时	10 学时
序号	信息内容		
一	手柄球实体造型设计过程		
步骤 1： 1. 选择坐标系原点为球体的中心。 2. 使用球的创建命令创建球体，绘制直径为 $S\phi28$mm 的球体，如图 1-8 所示。 注意事项： 创建球体时注意球体中心的选择，球体的中心为坐标系原点。 步骤 2： 1. 选择 *XZ* 平面，创建坐标系。 2. 在 *XZ* 平面上绘制出 $\phi28$mm 的圆，球心到平台的距离为 11mm，快速“修剪”，创建草图为求差图形，切出平台，如图 1-9 所示。			

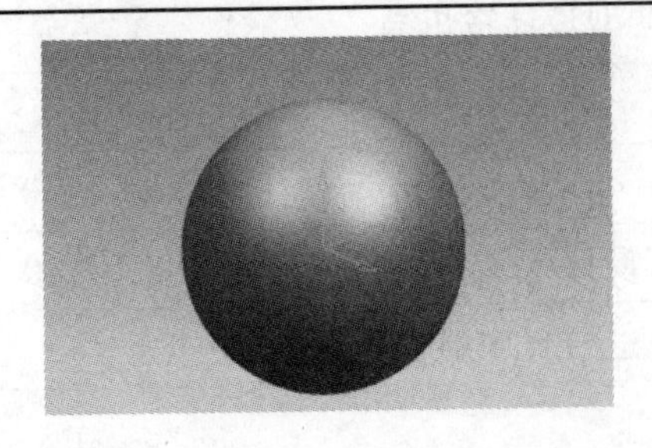

图 1-8　绘制直径为 $S\phi 28$mm 的球体

图 1-9　切平台

步骤 3：

选择“孔”命令，孔的类型选为常规孔，生成 $\phi 4.92$mm 螺纹小径孔，如图 1-10 所示。

注意事项：

钻孔时，孔的中心为平台中心。

步骤 4：

选择“螺纹”命令，生成长度为 14mm 的 M6 螺纹，如图 1-11 所示。

注意事项：

生成螺纹时，选择详细指令。

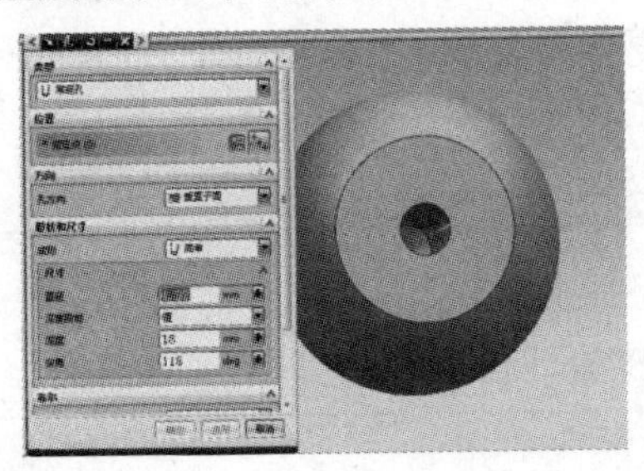

图 1-10　生成 $\phi 4.92$mm 螺纹小径孔

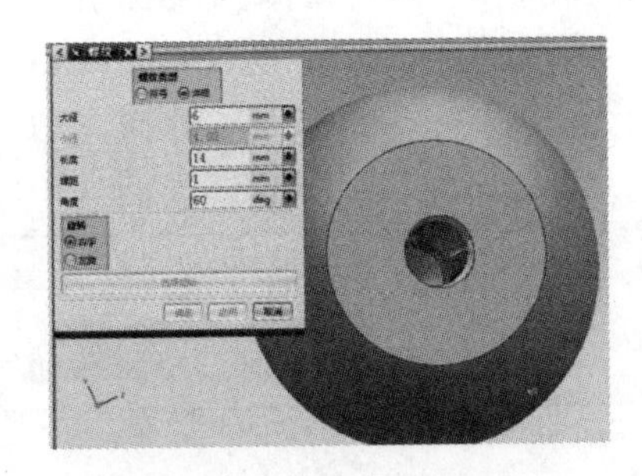

图 1-11　生成 M6 螺纹

二	密封圈实体造型设计过程

步骤 1：

1. 绘制密封圈时，先创建草图平面。密封圈的草图平面可以选择 *XZ*、*YZ*、*XY* 等平面。

2. 图 1-12 所示的草图创建平面为 *XZ* 平面。

3. 绘制 $\phi 2.4$mm 的密封圈截面直径，如图 1-12 所示。

注意事项：

在草图中绘制的是密封圈截面直径，不是密封圈直径。

步骤 2：

1. 使用“回转”命令，选择 *Z* 坐标轴为回转轴。

2. 选择回转角度为 0° ~ 360°，完成密封圈回转，生成密封圈，如图 1-13 所示。

注意事项：

生成密封圈时，要正确地选择回转轴。

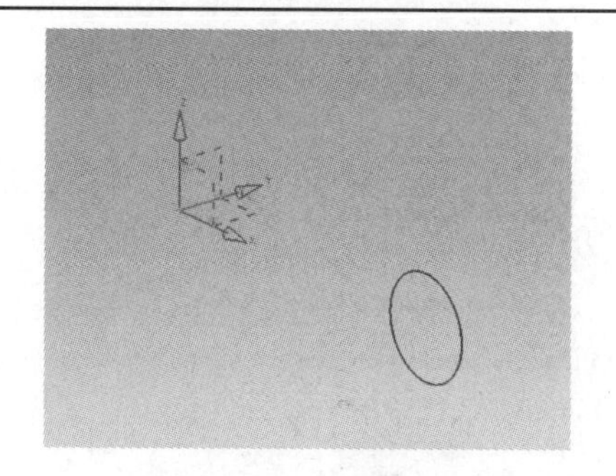

图 1-12　生成密封圈草图

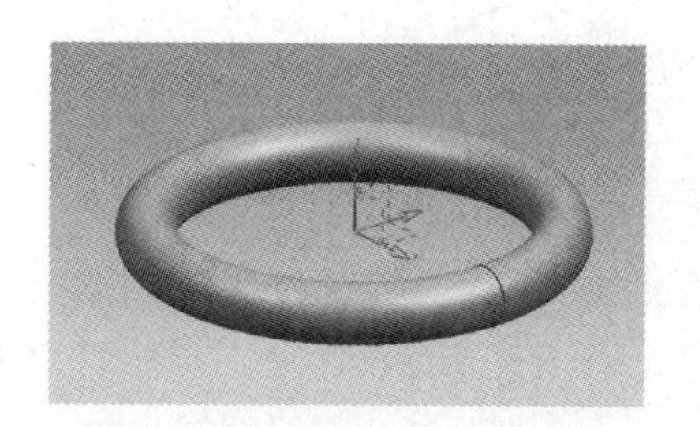

图 1-13　使用回转命令生成密封圈

三	芯杆实体造型设计过程

步骤：

1. 先选择 XZ 平面，创建草图。
2. 根据零件图尺寸绘制芯杆的截面尺寸图。
3. 使用“回转”命令，完成芯杆实体的造型设计。
4. 使用“倒角”命令，完成芯杆的倒角。
5. 使用“螺纹”命令，创建 M6 和 M8 的螺纹。
6. 切掉 ϕ18mm 的实体，使其宽度为 11mm，高度为 5mm，如图 1-14 所示。

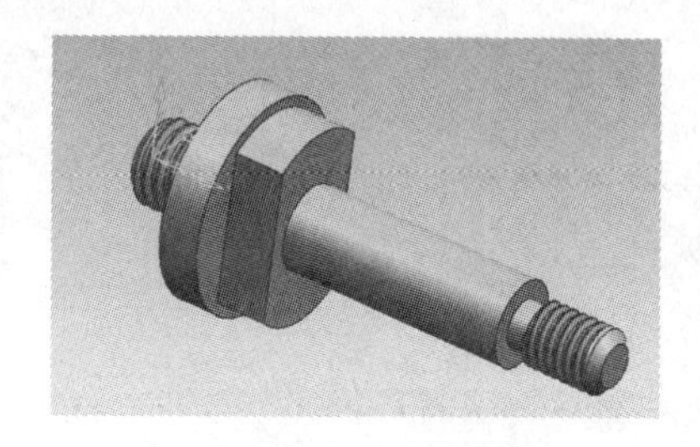

图 1-14　芯杆实体造型

注意事项：

芯杆实体造型设计时应先倒角后生成螺纹。

四	螺母实体造型设计过程

步骤：

1. 选择 XY 平面，创建草图。
2. 使用约束和编辑中的“移动对象”等命令，完成六边形螺母的草图创建。
3. 使用“拉伸”命令完成螺母实体的造型。
4. 拉伸求差生成螺母孔，同时生成螺纹。
5. 使用“拉伸”命令中的“拔模”命令，同时“求交”并反向，完成螺母实体造型设计，如图 1-15 所示。

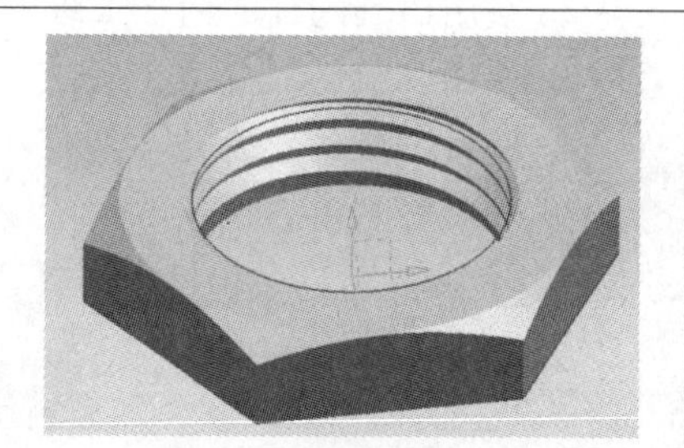

图 1-15　螺母实体造型

五	阀体实体造型设计过程

步骤：

1. 选择 XY 平面，创建草图。
2. 创建阀体回转体的截面图形，生成阀体回转体。

3. 使用“拉伸”命令中的求差。
4. 造型设计出两个圆柱，并求差。
5. 使用“拉伸求差”命令生成排气孔。
6. 生成螺纹，完成阀体实体造型，如图 1-16 所示。

注意事项：
1. 阀体造型中应注意造型的顺序。
2. 排气孔造型设计时，应选择 *YZ* 平面。
3. 造型时应注意拉伸求差计算。

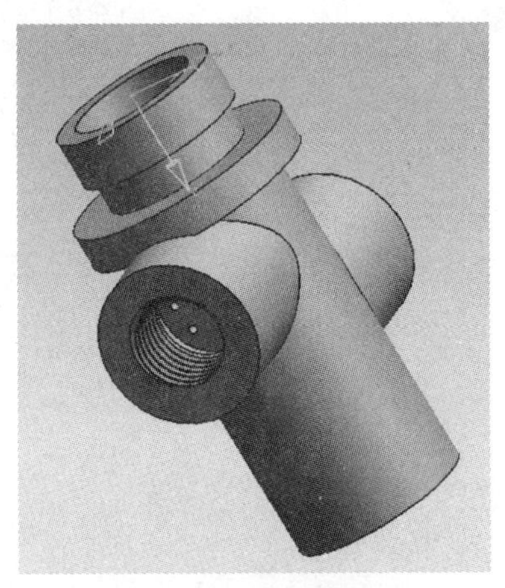

图 1-16　阀体实体造型

六	气阀杆实体造型设计过程

步骤：
1. 选择 *XY* 平面，创建气阀杆的草图。
2. 绘制出气阀杆的剖视二维图形。
3. 使用“旋转”命令，完成气阀杆的实体造型设计，如图 1-17 所示。
4. 使用“螺纹”命令生成螺纹和孔。
5. 气阀杆倒角。

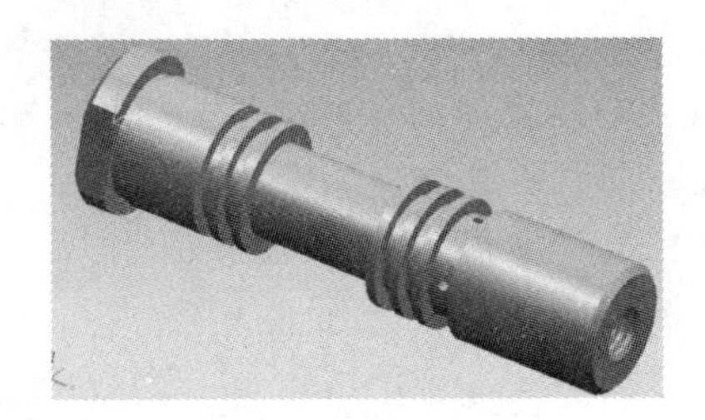

图 1-17　气阀杆实体造型

1.1.3　计划

根据任务内容制订小组任务计划，简要说明任务实施过程的步骤及注意事项。将计划内容等填入手动气阀的实体造型设计计划单，见表 1-4。

表 1-4　手动气阀的实体造型设计计划单

<table>
<tr><td>学习领域</td><td colspan="4">CAD/CAM 技术应用</td></tr>
<tr><td>学习情境 1</td><td colspan="2">实体造型设计</td><td>学时</td><td>30 学时</td></tr>
<tr><td>任务 1.1</td><td colspan="2">手动气阀的实体造型设计</td><td>学时</td><td>10 学时</td></tr>
<tr><td>计划方式</td><td colspan="4">小组讨论</td></tr>
<tr><td>序号</td><td colspan="2">实施步骤</td><td colspan="2">使用资源</td></tr>
<tr><td></td><td colspan="2"></td><td colspan="2"></td></tr>
<tr><td></td><td colspan="2"></td><td colspan="2"></td></tr>
<tr><td></td><td colspan="2"></td><td colspan="2"></td></tr>
<tr><td></td><td colspan="2"></td><td colspan="2"></td></tr>
<tr><td></td><td colspan="2"></td><td colspan="2"></td></tr>
<tr><td></td><td colspan="2"></td><td colspan="2"></td></tr>
<tr><td></td><td colspan="2"></td><td colspan="2"></td></tr>
<tr><td></td><td colspan="2"></td><td colspan="2"></td></tr>
<tr><td>制订计划说明</td><td colspan="4"></td></tr>
<tr><td>计划评价</td><td colspan="4">评语：</td></tr>
<tr><td>班级</td><td></td><td>第　　组</td><td>组长签字</td><td></td></tr>
<tr><td>教师签字</td><td colspan="2"></td><td>日期</td><td></td></tr>
</table>

1.1.4 决策

1. 小组互评，选定合适的工作计划。

2. 小组负责人对任务进行分配，组员按照负责人要求完成相关任务内容，并将自己所在小组及个人任务填入手动气阀的实体造型设计决策单，见表1-5。

表1-5 手动气阀的实体造型设计决策单

<table>
<tr><td>学习领域</td><td colspan="7">CAD/CAM 技术应用</td></tr>
<tr><td>学习情境 1</td><td colspan="5">实体造型设计</td><td>学时</td><td>30 学时</td></tr>
<tr><td>任务 1.1</td><td colspan="5">手动气阀的实体造型设计</td><td>学时</td><td>10 学时</td></tr>
<tr><td colspan="6">方案讨论</td><td>组号</td><td></td></tr>
<tr><td rowspan="16">方案决策</td><td>组别</td><td>步骤顺序性</td><td>步骤合理性</td><td>实施可操作性</td><td>选用工具合理性</td><td colspan="2">原因说明</td></tr>
<tr><td>1</td><td></td><td></td><td></td><td></td><td colspan="2"></td></tr>
<tr><td>2</td><td></td><td></td><td></td><td></td><td colspan="2"></td></tr>
<tr><td>3</td><td></td><td></td><td></td><td></td><td colspan="2"></td></tr>
<tr><td>4</td><td></td><td></td><td></td><td></td><td colspan="2"></td></tr>
<tr><td>5</td><td></td><td></td><td></td><td></td><td colspan="2"></td></tr>
<tr><td>1</td><td></td><td></td><td></td><td></td><td colspan="2"></td></tr>
<tr><td>2</td><td></td><td></td><td></td><td></td><td colspan="2"></td></tr>
<tr><td>3</td><td></td><td></td><td></td><td></td><td colspan="2"></td></tr>
<tr><td>4</td><td></td><td></td><td></td><td></td><td colspan="2"></td></tr>
<tr><td>5</td><td></td><td></td><td></td><td></td><td colspan="2"></td></tr>
<tr><td>1</td><td></td><td></td><td></td><td></td><td colspan="2"></td></tr>
<tr><td>2</td><td></td><td></td><td></td><td></td><td colspan="2"></td></tr>
<tr><td>3</td><td></td><td></td><td></td><td></td><td colspan="2"></td></tr>
<tr><td>4</td><td></td><td></td><td></td><td></td><td colspan="2"></td></tr>
<tr><td>5</td><td></td><td></td><td></td><td></td><td colspan="2"></td></tr>
<tr><td>方案评价</td><td colspan="7">评语：（根据组内的决策，对照计划进行修改并说明修改原因）</td></tr>
<tr><td>班级</td><td></td><td>组长签字</td><td></td><td>教师签字</td><td></td><td colspan="2">月　　日</td></tr>
</table>

1.1.5 实施

1. 实施准备

任务实施准备主要包括 CAD/CAM 实训室（多媒体）、UG NX 软件、资料准备等，见表 1-6。

表 1-6 手动气阀的实体造型设计实施准备

<table>
<tr><td>学习情境 1</td><td colspan="2">实体造型设计</td><td>学时</td><td>30 学时</td></tr>
<tr><td>任务 1.1</td><td colspan="2">手动气阀的实体造型设计</td><td>学时</td><td>10 学时</td></tr>
<tr><td>重点、难点</td><td colspan="4">成形特征操作功能键的使用</td></tr>
<tr><td>教学资源</td><td colspan="4">CAD/CAM 实训室（多媒体）</td></tr>
<tr><td>资料准备</td><td colspan="4">1. 张士军，韩学军. UG 设计与加工. 北京：机械工业出版社，2009。
2. 王尚林. UG NX6.0 三维建模实例教程. 北京：中国电力出版社，2010。
3. 石皋莲，吴少华. UG NX CAD 应用案例教程. 北京：机械工业出版社，2010。
4. 杨德辉. UG NX6.0 实用教程. 北京：北京理工大学出版社，2011。
5. 黎震，刘磊. UG NX6 中文版应用与实例教程. 北京：北京理工大学出版社，2009。
6. 袁锋. UG 机械设计工程范例教程（基础篇）. 2 版. 北京：机械工业出版社，2009。
7. 袁锋. UG 机械设计工程范例教程（高级篇）. 2 版. 北京：机械工业出版社，2009。
8. 赵松涛. UG NX 实训教程. 北京：北京理工大学出版社，2008。
9. 郑贞平，曹成，张小红，等. UG NX5 中文版基础教程. 北京：机械工业出版社，2008。
10. 云杰漫步多媒体科技 CAX 设计教研室. UG NX6.0 中文版数控加工. 北京：清华大学出版社，2009。
11. 郑贞平，喻德. UG NX5 中文版三维设计与 NC 加工实例精解. 北京：机械工业出版社，2008。
12. UG NX 软件使用说明书。
13. 制图员操作规程。
14. 机械设计技术要求和国家制图标准。</td></tr>
<tr><td>设备、工具</td><td colspan="4">UG NX 软件</td></tr>
<tr><td colspan="5">教学组织实施</td></tr>
<tr><td>实施步骤</td><td colspan="2">组织实施内容</td><td>教学方法</td><td>学时</td></tr>
<tr><td>1</td><td colspan="2"></td><td></td><td></td></tr>
<tr><td>2</td><td colspan="2"></td><td></td><td></td></tr>
<tr><td>3</td><td colspan="2"></td><td></td><td></td></tr>
<tr><td>4</td><td colspan="2"></td><td></td><td></td></tr>
<tr><td>5</td><td colspan="2"></td><td></td><td></td></tr>
</table>

2. 实施任务

依据计划步骤实施任务，并完成作业单的填写。手动气阀的实体造型设计作业单见表1-7。

表1-7　手动气阀的实体造型设计作业单

学习领域	CAD/CAM 技术应用		
学习情境1	实体造型设计	学时	30学时
任务1.1	手动气阀的实体造型设计	学时	10学时
作业方式	小组分析，个人软件造型，现场批阅，集体评判		
作业内容	完成固定座的实体造型设计		

固定座如图1-18所示。

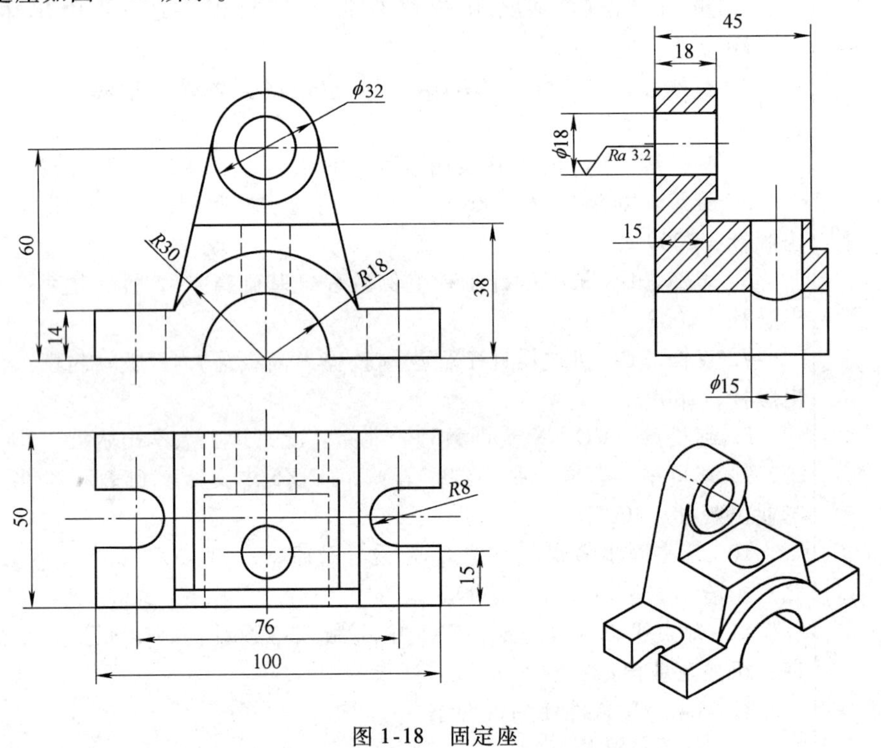

图1-18　固定座

作业描述：

用建模模块所提供的实体建模命令，完成图1-18所示固定座的实体造型设计。

作业分析：

固定座由开有半圆孔的底板、背板、棱台、圆孔和月门孔构成。在设计过程中要用到“绘制草图”“直向拉伸”“孔操作”等命令。在草图绘制中要注意形状的正确性和尺寸的准确性。要注意各形体之间的相互关系，如和、差、相交的组合。

作业评价：

班级		组别		组长签字	
学号		姓名		教师签字	
教师评分		日期			

1.1.6 检查评价

学生完成本学习任务后，应展示的结果为：计划单、决策单、作业单、检查单和评价单。

1. 手动气阀的实体造型设计检查单（见表1-8）

表1-8 手动气阀的实体造型设计检查单

<table>
<tr><td>学习领域</td><td colspan="6">CAD/CAM 技术应用</td></tr>
<tr><td>学习情境 1</td><td colspan="4">实体造型设计</td><td>学时</td><td>30 学时</td></tr>
<tr><td>任务 1.1</td><td colspan="4">手动气阀的实体造型设计</td><td>学时</td><td>10 学时</td></tr>
<tr><td>序号</td><td>检查项目</td><td colspan="2">检查标准</td><td colspan="2">学生自查</td><td>教师检查</td></tr>
<tr><td>1</td><td>手动气阀的零件图识图能力</td><td colspan="2">能够读懂任务单中的手动气阀各组成部分零件图</td><td colspan="2"></td><td></td></tr>
<tr><td>2</td><td>手动气阀的实体造型设计能力</td><td colspan="2">按照零件尺寸完成手动气阀组成零件的造型设计</td><td colspan="2"></td><td></td></tr>
<tr><td>3</td><td>手动气阀的实体造型设计中布尔运算的使用</td><td colspan="2">能够熟练使用布尔运算并完成手动气阀组成零件的求和、求差、求交</td><td colspan="2"></td><td></td></tr>
<tr><td>4</td><td>手动气阀的实体造型尺寸</td><td colspan="2">按照图样给出的尺寸要求完成手动气阀造型</td><td colspan="2"></td><td></td></tr>
<tr><td>5</td><td>手动气阀设计过程的合理性</td><td colspan="2">能够合理设计出手动气阀实体</td><td colspan="2"></td><td></td></tr>
<tr><td>6</td><td>实体设计与构建能力</td><td colspan="2">能够完成实体造型设计</td><td colspan="2"></td><td></td></tr>
<tr><td>7</td><td>造型设计缺陷的分析诊断能力</td><td colspan="2">造型设计缺陷处理得当</td><td colspan="2"></td><td></td></tr>
<tr><td>检查评价</td><td colspan="6">评语：</td></tr>
<tr><td>班级</td><td></td><td>组别</td><td></td><td>组长签字</td><td colspan="2"></td></tr>
<tr><td>教师签字</td><td colspan="3"></td><td>日期</td><td colspan="2"></td></tr>
</table>

2. 手动气阀的实体造型设计评价单（见表 1-9）

表 1-9　手动气阀的实体造型设计评价单

<table>
<tr><td>学习领域</td><td colspan="6">CAD/CAM 技术应用</td></tr>
<tr><td>学习情境 1</td><td colspan="4">实体造型设计</td><td>学时</td><td>30 学时</td></tr>
<tr><td>任务 1. 1</td><td colspan="4">手动气阀的实体造型设计</td><td>学时</td><td>10 学时</td></tr>
<tr><td>评价类别</td><td>评价项目</td><td>子项目</td><td>个人评价</td><td>组内互评</td><td colspan="2">教师评价</td></tr>
<tr><td rowspan="14">专业能力（60%）</td><td rowspan="2">资讯（8%）</td><td>搜集信息（4%）</td><td></td><td></td><td colspan="2"></td></tr>
<tr><td>引导问题回答（4%）</td><td></td><td></td><td colspan="2"></td></tr>
<tr><td>计划（5%）</td><td>计划可执行度（5%）</td><td></td><td></td><td colspan="2"></td></tr>
<tr><td rowspan="5">实施（12%）</td><td>工作步骤执行（3%）</td><td></td><td></td><td colspan="2"></td></tr>
<tr><td>功能实现（3%）</td><td></td><td></td><td colspan="2"></td></tr>
<tr><td>质量管理（2%）</td><td></td><td></td><td colspan="2"></td></tr>
<tr><td>安全保护（2%）</td><td></td><td></td><td colspan="2"></td></tr>
<tr><td>环境保护（2%）</td><td></td><td></td><td colspan="2"></td></tr>
<tr><td rowspan="2">检查（10%）</td><td>全面性、准确性（5%）</td><td></td><td></td><td colspan="2"></td></tr>
<tr><td>异常情况排除（5%）</td><td></td><td></td><td colspan="2"></td></tr>
<tr><td rowspan="2">过程（15%）</td><td>使用工具规范性（7%）</td><td></td><td></td><td colspan="2"></td></tr>
<tr><td>操作过程规范性（8%）</td><td></td><td></td><td colspan="2"></td></tr>
<tr><td>结果（5%）</td><td>结果质量（5%）</td><td></td><td></td><td colspan="2"></td></tr>
<tr><td>作业（5%）</td><td>作业质量（5%）</td><td></td><td></td><td colspan="2"></td></tr>
<tr><td rowspan="2">社会能力（20%）</td><td>团结协作（10%）</td><td rowspan="2"></td><td rowspan="2"></td><td rowspan="2"></td><td colspan="2" rowspan="2"></td></tr>
<tr><td>敬业精神（10%）</td></tr>
<tr><td rowspan="2">方法能力（20%）</td><td>计划能力（10%）</td><td rowspan="2"></td><td rowspan="2"></td><td rowspan="2"></td><td colspan="2" rowspan="2"></td></tr>
<tr><td>决策能力（10%）</td></tr>
<tr><td>评价评语</td><td colspan="6">评语：</td></tr>
<tr><td>班级</td><td></td><td>组别</td><td></td><td>学号</td><td>总评</td><td></td></tr>
<tr><td>教师签字</td><td></td><td>组长签字</td><td></td><td>日期</td><td colspan="2"></td></tr>
</table>

1.1.7 实践中常见问题解析

1. 实体模型的构建，最重要的是对构建策略的选择，不同的构建策略，意味着不同的构建难度和效率，因此在构建之前一定要对图形进行详细分析，寻找最简洁和高效的构建方法。

2. 在使用拉伸功能键之前，一般需要准备好截面。截面的准备常常使用草图，而用于拉伸实体的截面草图，其轮廓应是封闭的，若是开放的轮廓，只能拉伸出片体。另外截面草图的线框对象不能有交叉，以免产生“自交体”错误，而无法拉伸成形。

3. 拉伸矢量方向一般都是与截面所在平面相垂直，因此在构建截面时应注意其所在平面。

4. 初学者容易犯的一个错误是完全按照零件图的结构将所有截面绘制在一个草图当中，这将无法进行造型。因在拉伸时，系统将一个截面草图只作为一个整体进行选择，因此在构建时要根据模型结构构建多个截面草图，分别进行拉伸构建。

5. 既可在拉伸过程中进行布尔运算，也可在拉伸后单独用布尔运算进行处理。但显然在拉伸过程中进行布尔运算，其效率要高得多。

6. 对于实体特征的编辑功能，如倒斜角、边倒圆等，应在主体模型完成后再进行处理。

7. 对于实体当中的直孔，若是独立的（例如本任务中底板两侧的半圆孔），则可在截面草图中绘出，在拉伸后直接产生，以提高构建效率。

任务 1.2 夹紧卡爪的实体造型设计

1.2.1 任务描述

夹紧卡爪的实体造型设计任务单见表 1-10。

表 1-10 夹紧卡爪的实体造型设计任务单

<table>
<tr><td>学习领域</td><td colspan="3">CAD/CAM 技术应用</td></tr>
<tr><td>学习情境 1</td><td>实体造型设计</td><td>学时</td><td>30 学时</td></tr>
<tr><td>任务 1.2</td><td>夹紧卡爪的实体造型设计</td><td>学时</td><td>10 学时</td></tr>
<tr><td colspan="4">布置任务</td></tr>
<tr><td>学习目标</td><td colspan="3">1. 掌握草图创建的基本方法，绘制夹紧卡爪组成零件的基本曲线。
2. 掌握基本曲线的绘制方法。
3. 掌握布尔运算的基本方式，学会使用布尔运算完成夹紧卡爪组成零件的实体造型设计。
4. 掌握特征操作的基本方式，学会使用特征操作的各种方法。
5. 掌握关联复制的基本方式。
6. 掌握草图工具中各种功能键的使用。</td></tr>
</table>

<table>
<tr>
<td>任务描述</td>
<td>
夹紧卡爪是组合夹具在机床上用来夹紧工件的部件。图 1-19 所示为夹紧卡爪结构示意图和效果图，它由 8 种零件组成。卡爪 1 底部与基体 4 的凹槽相配合，螺杆 2 的外螺纹与卡爪的内螺纹联接，而螺杆的缩颈被垫铁 3 卡住，使它只能在垫铁中转动，而不能沿轴向移动。垫铁用两个紧定螺钉 8 固定在基体的弧形槽内。为了防止卡爪脱出基体，用前、后两块盖板（件 5 与件 7）和 6 个内六角圆柱头螺钉 6 联接到基体上。当用扳手旋转螺杆时，靠梯形螺纹传动，卡爪在基体内左右移动，从而夹紧或松开工件。基体底部有前后及左右方向两个凹槽，它与底板上相应凹槽用键固定。基体底部的前、后、左、右设有四个螺孔，以便用紧定螺钉固定键。
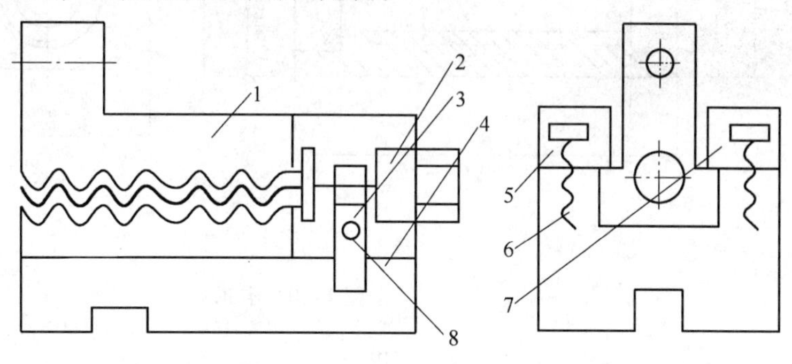

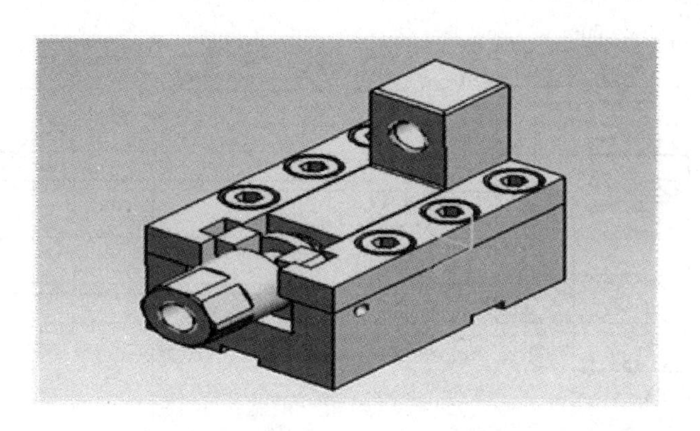
图 1-19　夹紧卡爪结构示意图和效果图
1—卡爪　2—螺杆　3—垫铁　4—基体　5—前盖板
6—内六角圆柱头螺钉　7—后盖板　8—紧定螺钉
每组分别使用 UG NX 软件完成夹紧卡爪的实体造型设计，应了解如下具体内容：
1. 了解夹紧卡爪的工作原理。
2. 了解夹紧卡爪由 8 种、共 14 个零件组成，其中内六角圆柱头螺钉 M8 × 16 为 6 个、紧定螺钉 M6 × 12 为 2 个，其他均为单件。
3. 掌握卡爪（图 1-20）、螺杆（图 1-21）、垫铁（图 1-22）、后盖板（图 1-23）、基体（图 1-24）、内六角圆柱头螺钉 M8 × 16（图 1-25）、前盖板（图 1-26）及紧定螺钉 M6 × 12（图 1-27）的实体造型设计过程。
</td>
</tr>
</table>

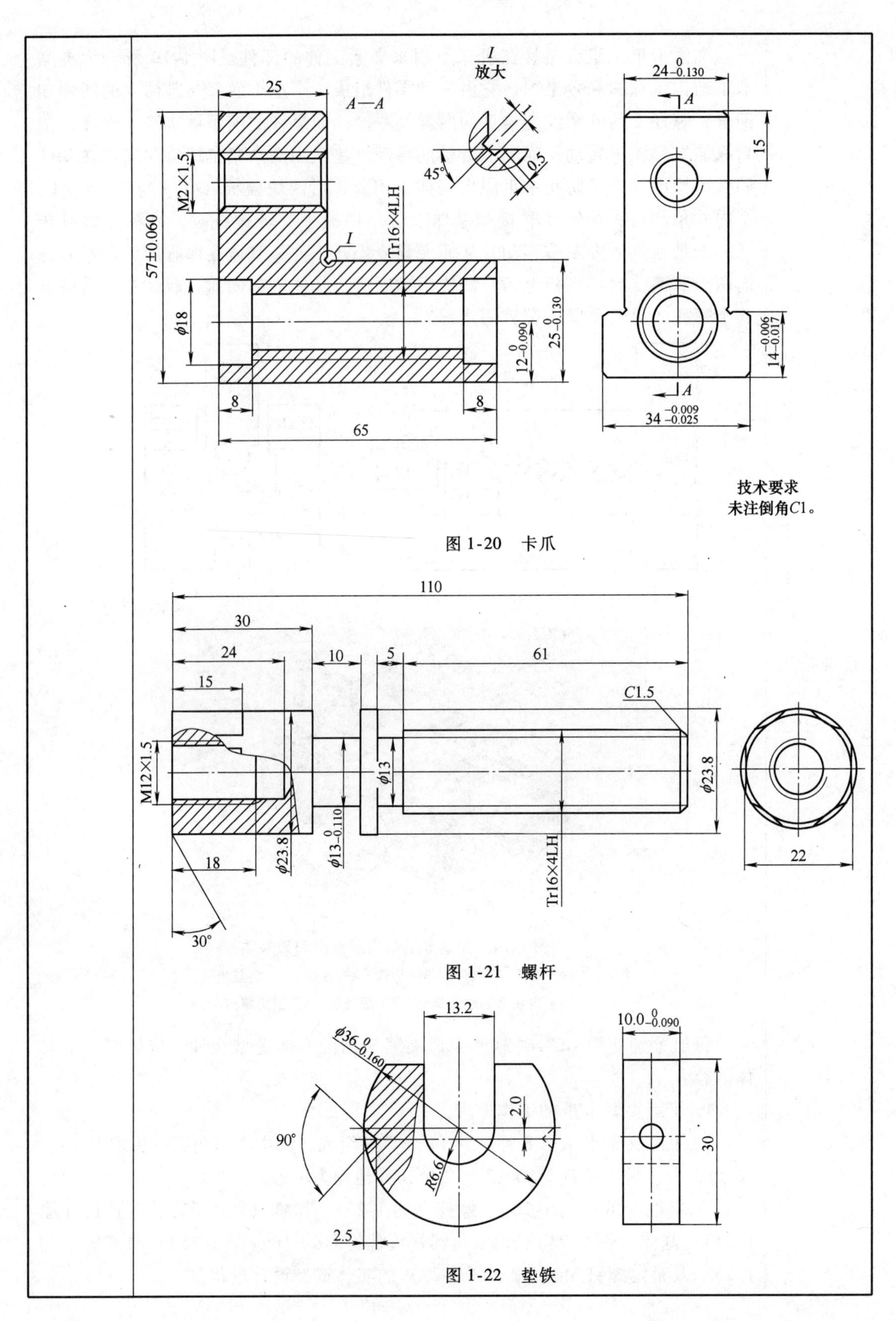

图 1-20 卡爪

图 1-21 螺杆

图 1-22 垫铁

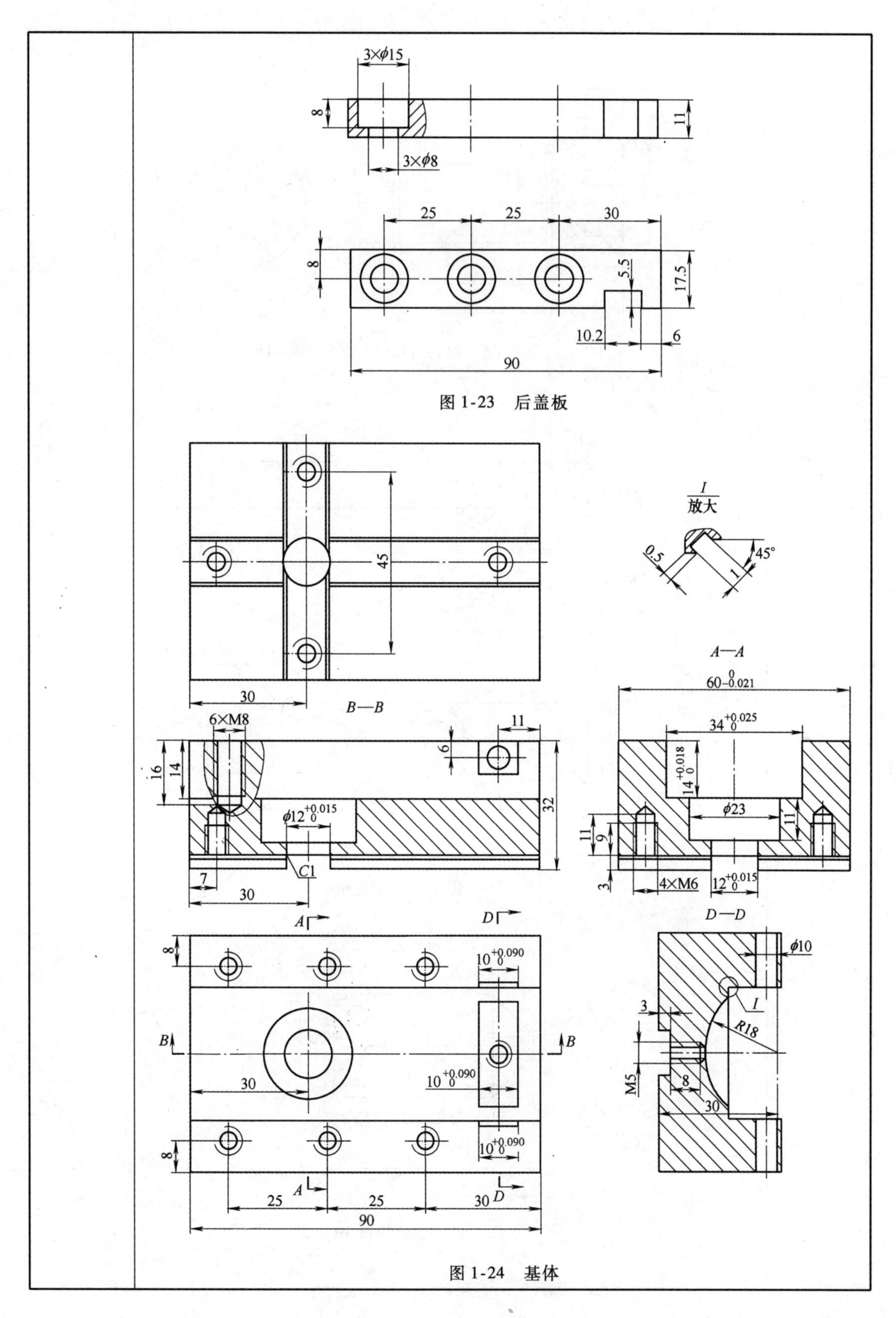

图 1-23　后盖板

图 1-24　基体

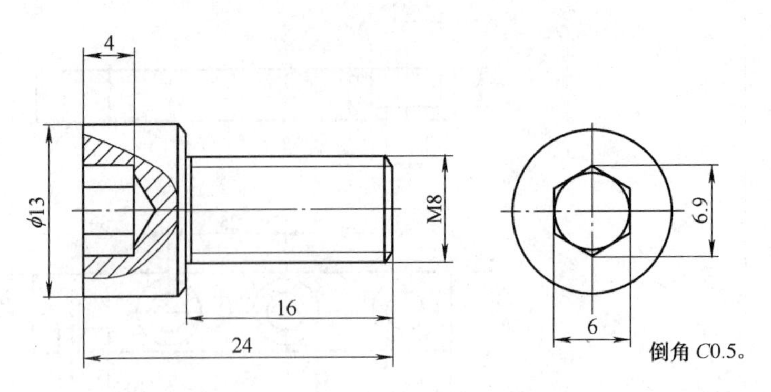

图 1-25　内六角圆柱头螺钉 M8 × 16

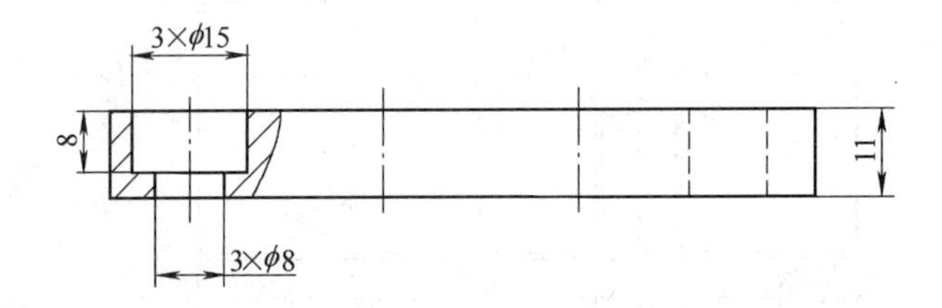

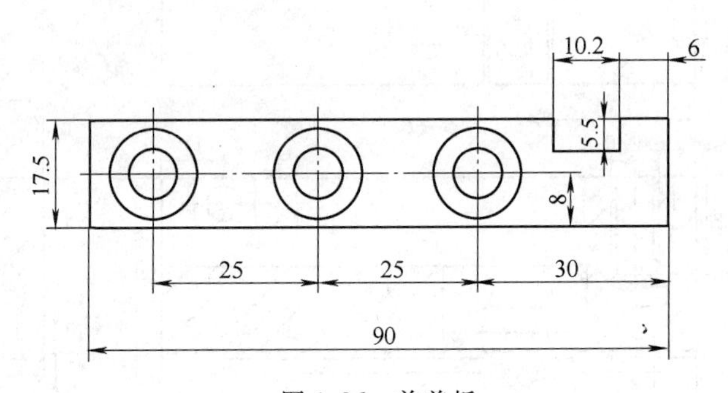

图 1-26　前盖板

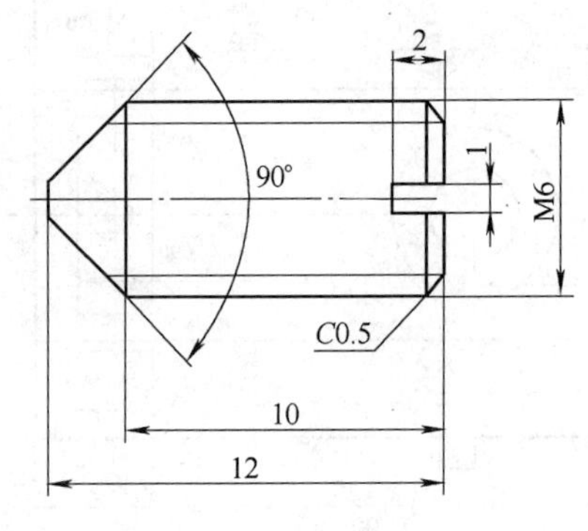

图 1-27　紧定螺钉 M6 × 12

<table>
<tr><td>任务分析</td><td colspan="5">通过夹紧卡爪的实体造型设计，完成以下具体任务：
1. 了解 UG NX 软件的基本环境和基础知识。
2. 掌握草图曲线创建、草图的基本操作，能够熟练地使用草图约束。
3. 学会使用点、点集，能够熟练地进行曲线的创建和曲线操作，并能对曲线进行编辑。
4. 学会使用基准特征、基本体素特征。
5. 学会扫描特征、设计特征和常用特征的编辑。
6. 通过学会以上特征操作和特征编辑完成卡爪、螺杆、垫铁、后盖板、基体、内六角圆柱头螺钉 M8×16、前盖板、紧定螺钉 M6×12 的实体造型设计。</td></tr>
<tr><td>学时安排</td><td>资讯
2 学时</td><td>计划
1 学时</td><td>决策
1 学时</td><td>实施
5 学时</td><td>检查评价
1 学时</td></tr>
<tr><td>提供资料</td><td colspan="5">1. 张士军，韩学军. UG 设计与加工 . 北京：机械工业出版社，2009。
2. 王尚林. UG NX6.0 三维建模实例教程. 北京：中国电力出版社，2010。
3. 石皋莲，吴少华. UG NX CAD 应用案例教程. 北京：机械工业出版社，2010。
4. 杨德辉. UG NX6.0 实用教程. 北京：北京理工大学出版社，2011。
5. 黎震，刘磊. UG NX6 中文版应用与实例教程. 北京：北京理工大学出版社，2009。
6. 袁锋. UG 机械设计工程范例教程（基础篇）. 2 版. 北京：机械工业出版社，2009。
7. 袁锋. UG 机械设计工程范例教程（高级篇）. 2 版. 北京：机械工业出版社，2009。
8. 赵松涛. UG NX 实训教程. 北京：北京理工大学出版社，2008。
9. 郑贞平，曹成，张小红，等. UG NX5 中文版基础教程. 北京：机械工业出版社，2008。
10. 云杰漫步多媒体科技 CAX 设计教研室. UG NX6.0 中文版数控加工. 北京：清华大学出版社，2009。
11. 郑贞平，喻德. UG NX5 中文版三维设计与 NC 加工实例精解. 北京：机械工业出版社，2008。
12. UG NX 软件使用说明书。
13. 制图员操作规程。
14. 机械设计技术要求和国家制图标准。</td></tr>
<tr><td>对学生的要求</td><td colspan="5">1. 能对任务书进行分析，能正确理解和描述目标要求。
2. 绘制草图时必须保证草图绘制规范和合理。
3. 具有独立思考、善于提问的学习习惯。
4. 具有查询资料和市场调研能力，具备严谨求实和开拓创新的学习态度。
5. 能执行企业“5S”质量管理体系要求，具备良好的职业意识和社会能力。
6. 上机操作时应穿鞋套，遵守机房的规章制度。
7. 具备一定的观察理解和判断分析能力。
8. 具有团队协作、爱岗敬业的精神。
9. 具有一定的创新思维和勇于创新的精神。
10. 不迟到、不早退、不旷课，否则扣分。
11. 按时按要求上交作业，并列入考核成绩。</td></tr>
</table>

1.2.2 资讯

1. 夹紧卡爪的实体造型设计资讯单（见表1-11）

表1-11 夹紧卡爪的实体造型设计资讯单

<table>
<tr><td>学习领域</td><td colspan="3">CAD/CAM 技术应用</td></tr>
<tr><td>学习情境1</td><td>实体造型设计</td><td>学时</td><td>30学时</td></tr>
<tr><td>任务1.2</td><td>夹紧卡爪的实体造型设计</td><td>学时</td><td>10学时</td></tr>
<tr><td>资讯方式</td><td colspan="3">学生根据教师给出的资讯引导进行查询解答</td></tr>
<tr><td>资讯问题</td><td colspan="3">1. 试述UG NX6.0软件各个模块及其特点。
2. 如何在UG NX6.0软件中打开或保存文件，可采用哪几种形式？各有何区别？
3. 试述在UG NX6.0软件中如何定制工具栏。
4. 如何旋转和平移工件坐标系？如何创建一个新的工件坐标系？
5. 布尔运算有哪几种？各有何特点？</td></tr>
<tr><td>资讯引导</td><td colspan="3">1. 问题1参阅《UG NX6.0实用教程》。
2. 问题2参阅《UG设计与加工》。
3. 问题3参阅《UG NX6中文版应用与实例教程》。
4. 问题4参阅《UG NX6.0三维建模实例教程》。
5. 问题5参阅《UG NX6.0实用教程》。</td></tr>
</table>

2. 夹紧卡爪的实体造型设计信息单（见表1-12）

表1-12 夹紧卡爪的实体造型设计信息单

<table>
<tr><td>学习领域</td><td colspan="3">CAD/CAM 技术应用</td></tr>
<tr><td>学习情境1</td><td>实体造型设计</td><td>学时</td><td>30学时</td></tr>
<tr><td>任务1.2</td><td>夹紧卡爪的实体造型设计</td><td>学时</td><td>10学时</td></tr>
<tr><td>序号</td><td colspan="3">信息内容</td></tr>
<tr><td>一</td><td colspan="3">卡爪实体造型设计</td></tr>
<tr><td colspan="4">步骤：
1. 选择 XY 平面，创建草图，绘制二维长方形，拉伸的高度为14mm。
2. 选择拉伸底座的上表面创建草图，继续绘制二维长方形，并使用布尔运算中的“拉伸求和”选项。
3. 选择凸台上表面创建草图，继续使用“拉伸求和”选项，完成卡爪实体图形的创建。</td></tr>
</table>

4. 创建孔，使用布尔运算中的“拉伸求差”选项。

5. 使用“螺纹”命令，生成卡爪的螺纹。

6. 完成卡爪倒角。卡爪实体造型如图 1-28 所示。

注意事项：

在卡爪实体造型设计过程中，注意布尔运算中“拉伸求和”的使用。

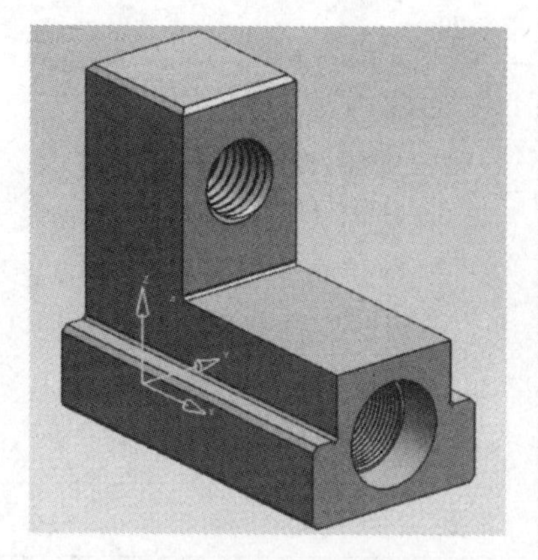

图 1-28　卡爪实体造型

二	螺杆实体造型设计

步骤：

1. 选择坐标系 XY 平面，创建螺杆草图，绘制螺杆的剖视图形。

2. 使用“回转”命令，生成螺杆的回转体。

3. 造型设计方头。

4. 完成螺杆的倒角。

5. 生成螺纹，完成螺杆实体造型设计，如图 1-29 所示。

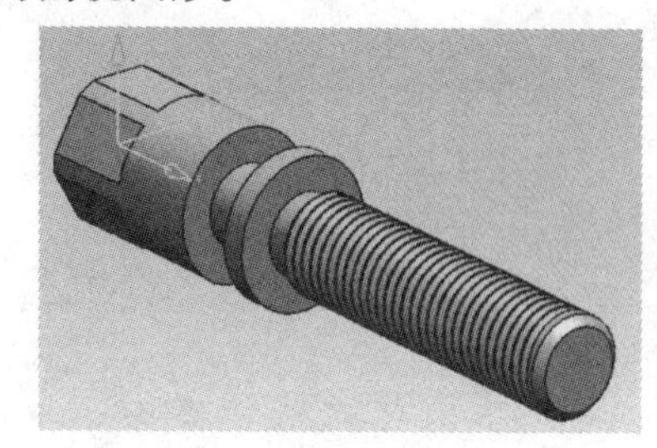

图 1-29　螺杆实体造型

注意事项：

螺杆实体造型设计时，难点为方头的造型设计，注意方头为圆弧和直线连接而成的。

三	垫铁实体造型设计

步骤：

1. 选择 XY 平面，创建草图，绘制出垫铁平面图形。

2. 拉伸完成垫铁实体造型的创建。

3. 创建草图，完成三角形二维图形的绘制，使用“回转求差”选项，完成垫铁的实体造型设计，如图 1-30所示。

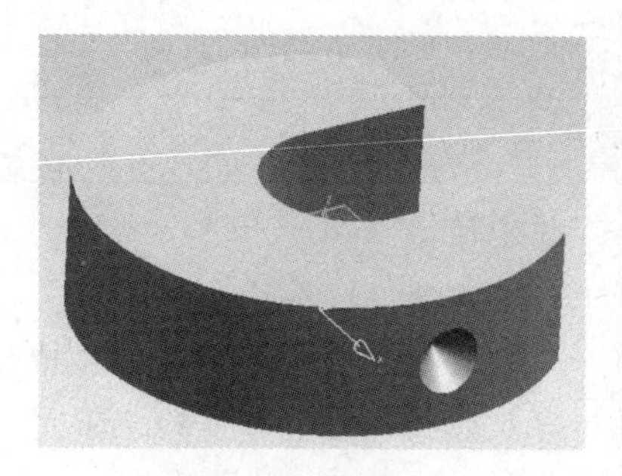

图 1-30　垫铁实体造型

注意事项：

灵活使用“创建平面”命令。

四	后盖板实体造型设计

步骤：

1. 选择 XY 平面，创建草图，绘制出长方形。
2. 使用“拉伸”命令生成长方体。
3. 使用布尔运算中的“求差”，生成孔和缺口，完成后盖板的实体造型设计，如图 1-31 所示。

注意事项：

后盖板实体造型设计时，所含孔为阶梯孔。

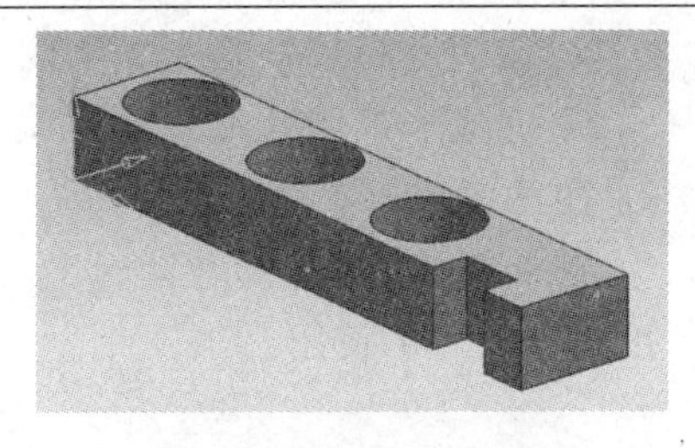

图 1-31　后盖板实体造型

五	基体实体造型设计

步骤：

1. 选择 XY 平面，创建草图，绘制出长方形。
2. 使用“拉伸”命令，生成长方体。
3. 生成螺纹孔，并生成螺纹。
4. 使用“拉伸求差”命令，生成十字槽。
5. 生成弧形槽，完成基体实体造型设计，如图 1-32所示。

注意事项：

注意弧形槽的画法。

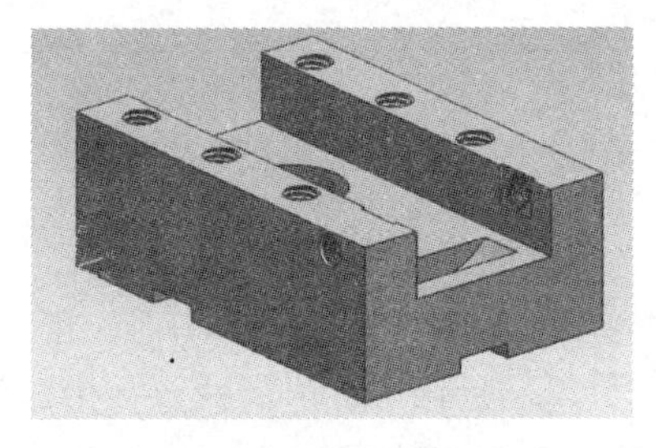

图 1-32　基体实体造型

六	内六角圆柱头螺钉 M8 × 16 实体造型设计

步骤：

1. 使用“回转”命令，完成螺钉的回转并生成实体。
2. 生成 M8 螺纹。
3. 生成内六角圆柱头螺钉的内六角孔，如图 1-33 所示。

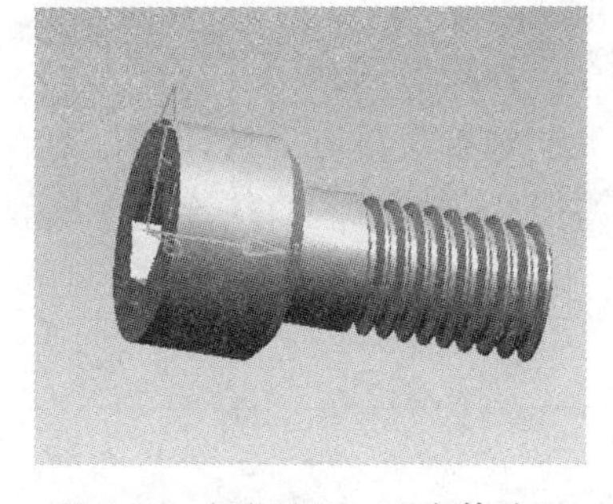

图 1-33　螺钉 M8 × 16 实体造型

七	前盖板实体造型设计

步骤：

1. 选择 XY 平面，创建草图，绘制出长方形。
2. 使用“拉伸”命令，生成长方体。
3. 使用布尔运算中的“求差”，生成孔和缺口，完成前盖板的实体造型设计，如图 1-34 所示。

注意事项：

前盖板实体造型设计时，所含孔为阶梯孔。

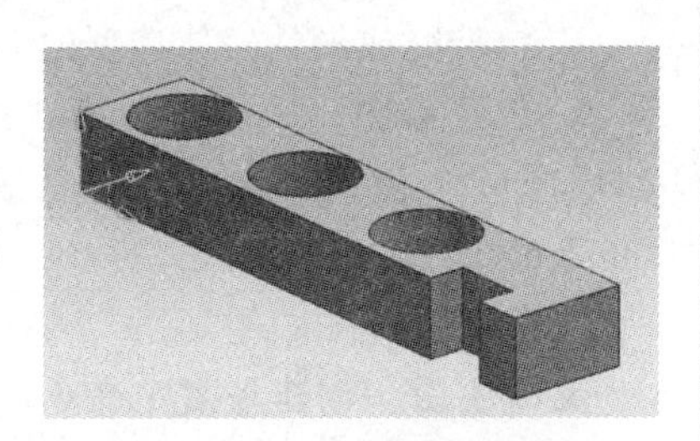

图 1-34　前盖板实体造型

八	紧定螺钉 M6×12 实体造型设计

步骤：

1. 选择 *XZ* 平面，创建草图，绘制出紧定螺钉二维图形。

2. 使用“回转”命令生成螺钉圆柱形。

3. 生成 M6 螺纹。

4. 在紧定螺钉顶面绘制草图，完成紧定螺钉开口槽的创建。紧定螺钉 M6×12 实体造型，如图 1-35 所示。

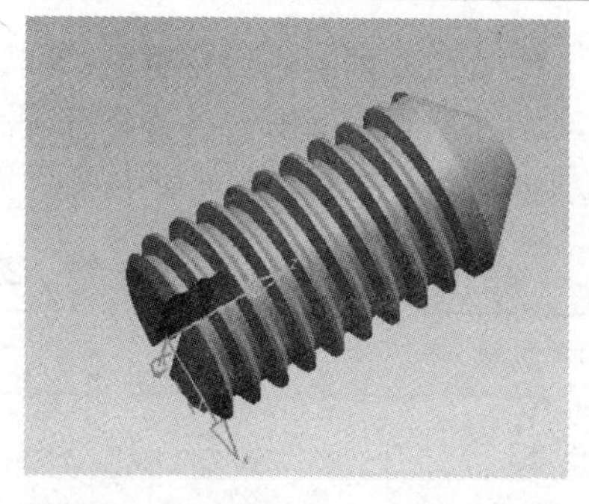

图 1-35　紧定螺钉 M6×12 实体造型

1.2.3　计划

根据任务内容制订小组任务计划，简要说明任务实施过程的步骤及注意事项。将计划内容等填入夹紧卡爪的实体造型设计计划单，见表 1-13。

表 1-13　夹紧卡爪的实体造型设计计划单

学习领域	CAD/CAM 技术应用			
学习情境 1	实体造型设计		学时	30 学时
任务 1.2	夹紧卡爪的实体造型设计		学时	10 学时
计划方式	小组讨论			
序号	实施步骤		使用资源	
制订计划说明				
计划评价	评语：			
班级		第　组	组长签字	
教师签字		日期		

1.2.4 决策

1. 小组互评，选定合适的工作计划。

2. 小组负责人对任务进行分配，组员按照负责人要求完成相关任务内容，并将自己所在小组及个人任务填入夹紧卡爪的实体造型设计决策单，见表1-14。

表1-14 夹紧卡爪的实体造型设计决策单

<table>
<tr><td>学习领域</td><td colspan="7">CAD/CAM 技术应用</td></tr>
<tr><td>学习情境 1.2</td><td colspan="5">实体造型设计</td><td>学时</td><td>30 学时</td></tr>
<tr><td>任务 1.2</td><td colspan="5">夹紧卡爪的实体造型设计</td><td>学时</td><td>10 学时</td></tr>
<tr><td colspan="6">方案讨论</td><td>组号</td><td></td></tr>
<tr><td rowspan="16">方案决策</td><td>组别</td><td>步骤顺序性</td><td>步骤合理性</td><td>实施可操作性</td><td>选用工具合理性</td><td colspan="2">原因说明</td></tr>
<tr><td>1</td><td></td><td></td><td></td><td></td><td colspan="2"></td></tr>
<tr><td>2</td><td></td><td></td><td></td><td></td><td colspan="2"></td></tr>
<tr><td>3</td><td></td><td></td><td></td><td></td><td colspan="2"></td></tr>
<tr><td>4</td><td></td><td></td><td></td><td></td><td colspan="2"></td></tr>
<tr><td>5</td><td></td><td></td><td></td><td></td><td colspan="2"></td></tr>
<tr><td>1</td><td></td><td></td><td></td><td></td><td colspan="2"></td></tr>
<tr><td>2</td><td></td><td></td><td></td><td></td><td colspan="2"></td></tr>
<tr><td>3</td><td></td><td></td><td></td><td></td><td colspan="2"></td></tr>
<tr><td>4</td><td></td><td></td><td></td><td></td><td colspan="2"></td></tr>
<tr><td>5</td><td></td><td></td><td></td><td></td><td colspan="2"></td></tr>
<tr><td>1</td><td></td><td></td><td></td><td></td><td colspan="2"></td></tr>
<tr><td>2</td><td></td><td></td><td></td><td></td><td colspan="2"></td></tr>
<tr><td>3</td><td></td><td></td><td></td><td></td><td colspan="2"></td></tr>
<tr><td>4</td><td></td><td></td><td></td><td></td><td colspan="2"></td></tr>
<tr><td>5</td><td></td><td></td><td></td><td></td><td colspan="2"></td></tr>
<tr><td>方案评价</td><td colspan="7">评语：（根据组内的决策，对照计划进行修改并说明修改原因）</td></tr>
<tr><td>班级</td><td></td><td>组长签字</td><td></td><td>教师签字</td><td></td><td colspan="2">月 日</td></tr>
</table>

1.2.5 实施

1. 实施准备

任务实施准备主要包括 CAD/CAM 实训室（多媒体）、UG NX 软件、资料准备等，见表 1-15。

表 1-15 夹紧卡爪的实体造型设计实施准备

学习情境 1	实体造型设计	学时	30 学时
任务 1.2	夹紧卡爪的实体造型设计	学时	10 学时
重点、难点	成形特征操作功能键的使用		
教学资源	CAD/CAM 实训室（多媒体）		
资料准备	1. 张士军，韩学军. UG 设计与加工. 北京：机械工业出版社，2009。 2. 王尚林. UG NX6.0 三维建模实例教程. 北京：中国电力出版社，2010。 3. 石皋莲，吴少华. UG NX CAD 应用案例教程. 北京：机械工业出版社，2010。 4. 杨德辉. UG NX6.0 实用教程. 北京：北京理工大学出版社，2011。 5. 黎震，刘磊. UG NX6 中文版应用与实例教程. 北京：北京理工大学出版社，2009。 6. 袁锋. UG 机械设计工程范例教程（基础篇）. 2 版. 北京：机械工业出版社，2009。 7. 袁锋. UG 机械设计工程范例教程（高级篇）. 2 版. 北京：机械工业出版社，2009。 8. 赵松涛. UG NX 实训教程. 北京：北京理工大学出版社，2008。 9. 郑贞平，曹成，张小红，等. UG NX5 中文版基础教程. 北京：机械工业出版社，2008。 10. 云杰漫步多媒体科技 CAX 设计教研室. UG NX6.0 中文版数控加工. 北京：清华大学出版社，2009。 11. 郑贞平，喻德. UG NX5 中文版三维设计与 NC 加工实例精解. 北京：机械工业出版社，2008。 12. UG NX 软件使用说明书。 13. 制图员操作规程。 14. 机械设计技术要求和国家制图标准。		
设备、工具	UG NX 软件		
教学组织实施			
实施步骤	组织实施内容	教学方法	学时
1			
2			
3			
4			
5			

2. 实施任务

依据计划步骤实施任务，并完成作业单的填写。夹紧卡爪的实体造型设计作业单见表 1-16。

表 1-16 夹紧卡爪的实体造型设计作业单

学习领域	CAD/CAM 技术应用		
学习情境 1	实体造型设计	学时	30 学时
任务 1.2	夹紧卡爪的实体造型设计	学时	10 学时
作业方式	小组分析，个人软件造型，现场批阅，集体评判		
作业内容	完成限位轴套的实体造型设计		

限位轴套如图 1-36 所示。

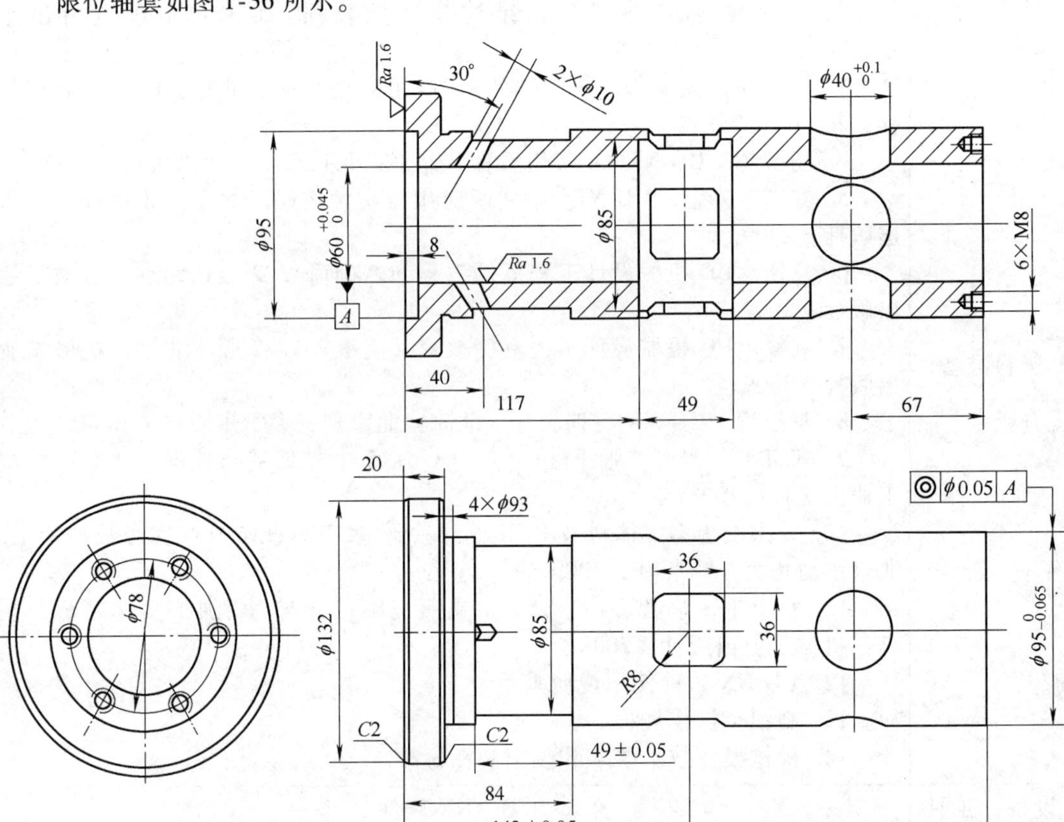

图 1-36 限位轴套

作业描述：

运用所学到的实体造型方法，完成图 1-36 所示限位轴套的实体造型设计。

作业分析：

限位轴套是一个中空的回转体，外部呈台阶状，内部是通孔并带有空槽、阶梯孔。其细节特征比较复杂，上面有十字圆孔、十字方孔、角度孔、退刀槽，并且在轴的右端面上有六个均布的螺纹孔。

在设计过程中，要用到“旋转”“拉伸”“螺纹”“构建倾斜基准面”和“圆形阵列”等新的操作命令。值得注意的是倾斜成30°角的基准面的建立，要把握它与主轴线的相互关系和准确性。

作业评价：

班级		组别		组长签字	
学号		姓名		教师签字	
教师评分		日期			

1.2.6 检查评价

学生完成本学习任务后，应展示的结果为：计划单、决策单、作业单、检查单和评价单。

1. 夹紧卡爪的实体造型设计检查单（见表 1-17）

表 1-17 夹紧卡爪的实体造型设计检查单

<table>
<tr><td>学习领域</td><td colspan="5">CAD/CAM 技术应用</td></tr>
<tr><td>学习情境 1</td><td colspan="3">实体造型设计</td><td>学时</td><td>30 学时</td></tr>
<tr><td>任务 1.2</td><td colspan="3">夹紧卡爪的实体造型设计</td><td>学时</td><td>10 学时</td></tr>
<tr><td>序号</td><td>检查项目</td><td colspan="2">检查标准</td><td>学生自查</td><td>教师检查</td></tr>
<tr><td>1</td><td>夹紧卡爪的零件图识图能力</td><td colspan="2">能够读懂任务单中的夹紧卡爪各组成零件图</td><td></td><td></td></tr>
<tr><td>2</td><td>夹紧卡爪的实体造型能力</td><td colspan="2">按照零件尺寸完成夹紧卡爪组成零件的造型设计</td><td></td><td></td></tr>
<tr><td>3</td><td>夹紧卡爪的实体造型设计中布尔运算的使用</td><td colspan="2">能够熟练使用布尔运算并完成夹紧卡爪组成零件的求和、求差及求交</td><td></td><td></td></tr>
<tr><td>4</td><td>夹紧卡爪的实体造型尺寸</td><td colspan="2">按照图样尺寸要求完成夹紧卡爪造型</td><td></td><td></td></tr>
<tr><td>5</td><td>夹紧卡爪设计过程的合理性</td><td colspan="2">能够合理设计出夹紧卡爪实体</td><td></td><td></td></tr>
<tr><td>6</td><td>实体设计与构建能力</td><td colspan="2">能够完成实体造型设计</td><td></td><td></td></tr>
<tr><td>7</td><td>造型设计缺陷的分析诊断能力</td><td colspan="2">造型设计缺陷处理得当</td><td></td><td></td></tr>
<tr><td>检查评价</td><td colspan="5">评语：</td></tr>
<tr><td>班级</td><td></td><td>组别</td><td></td><td>组长签字</td><td></td></tr>
<tr><td>教师签字</td><td colspan="3"></td><td>日期</td><td></td></tr>
</table>

2. 夹紧卡爪的实体造型设计评价单（见表1-18）

表1-18　夹紧卡爪的实体造型设计评价单

<table>
<tr><td>学习领域</td><td colspan="7">CAD/CAM技术应用</td></tr>
<tr><td>学习情境1</td><td colspan="5">实体造型设计</td><td>学时</td><td>30学时</td></tr>
<tr><td>任务1.2</td><td colspan="5">夹紧卡爪的实体造型设计</td><td>学时</td><td>10学时</td></tr>
<tr><td>评价类别</td><td>评价项目</td><td colspan="3">子项目</td><td>个人评价</td><td>组内互评</td><td>教师评价</td></tr>
<tr><td rowspan="15">专业能力（60%）</td><td rowspan="2">资讯（8%）</td><td colspan="3">搜集信息（4%）</td><td></td><td></td><td></td></tr>
<tr><td colspan="3">引导问题回答（4%）</td><td></td><td></td><td></td></tr>
<tr><td>计划（5%）</td><td colspan="3">计划可执行度（5%）</td><td></td><td></td><td></td></tr>
<tr><td rowspan="5">实施（12%）</td><td colspan="3">工作步骤执行（3%）</td><td></td><td></td><td></td></tr>
<tr><td colspan="3">功能实现（3%）</td><td></td><td></td><td></td></tr>
<tr><td colspan="3">质量管理（2%）</td><td></td><td></td><td></td></tr>
<tr><td colspan="3">安全保护（2%）</td><td></td><td></td><td></td></tr>
<tr><td colspan="3">环境保护（2%）</td><td></td><td></td><td></td></tr>
<tr><td rowspan="2">检查（10%）</td><td colspan="3">全面性、准确性（5%）</td><td></td><td></td><td></td></tr>
<tr><td colspan="3">异常情况排除（5%）</td><td></td><td></td><td></td></tr>
<tr><td rowspan="2">过程（15%）</td><td colspan="3">使用工具规范性（7%）</td><td></td><td></td><td></td></tr>
<tr><td colspan="3">操作过程规范性（8%）</td><td></td><td></td><td></td></tr>
<tr><td>结果（5%）</td><td colspan="3">结果质量（5%）</td><td></td><td></td><td></td></tr>
<tr><td>作业（5%）</td><td colspan="3">作业质量（5%）</td><td></td><td></td><td></td></tr>
<tr style="display:none"></tr>
<tr><td rowspan="2">社会能力（20%）</td><td>团结协作（10%）</td><td colspan="3" rowspan="2"></td><td rowspan="2"></td><td rowspan="2"></td><td rowspan="2"></td></tr>
<tr><td>敬业精神（10%）</td></tr>
<tr><td rowspan="2">方法能力（20%）</td><td>计划能力（10%）</td><td colspan="3" rowspan="2"></td><td rowspan="2"></td><td rowspan="2"></td><td rowspan="2"></td></tr>
<tr><td>决策能力（10%）</td></tr>
<tr><td>评价评语</td><td colspan="7">评语：</td></tr>
<tr><td>班级</td><td></td><td>组别</td><td></td><td>学号</td><td></td><td>总评</td><td></td></tr>
<tr><td>教师签字</td><td colspan="2"></td><td>组长签字</td><td></td><td>日期</td><td colspan="2"></td></tr>
</table>

1.2.7 实践中常见问题解析

1. 任何一个实体的造型设计大体上都经过绘制草图、实体拉伸和细节特征修整等步骤。

2. 绘制草图时，必须首先确定好草图所在的平面（或基准面），需要绘制多个草图时，必须明确这些草图所在平面之间的相互关系和位置。

3. 绘制图形或曲线轮廓后，必须进行位置和尺寸方面的约束。

4. 实体拉伸时，必须明确拉伸方向、拉伸参数和实体生成的组合形式（创建、相加、相减、相交）。

5. 细节特征的设计（如孔、圆柱等），应在基本实体生成后进行，并注意特征所在的位置、方向和参数的确定。

6. 用“旋转拉伸”命令创建实体的过程与“直向拉伸”命令一样，也需要先绘制草图，再进行拉伸；所不同的是在旋转拉伸过程中，不但要确定拉伸的旋转方向、旋转角度，还要确定一根旋转轴，此轴可以是坐标轴、直线、实体边缘等。

7. 创建倾斜一定角度的孔时，需要构建一个倾斜的基准面，或者直接在此平面上生成孔，或者在此平面上事先画出草图，再用拉伸的方法生成孔，因为孔的创建必须在平面上完成。

8. 均匀分布的孔或类似特征可运用圆形阵列方法来构建，如生成的六个螺纹孔就是用圆形阵列的方法来完成的。在圆形阵列中要设定好总阵列数量、间隔角度和旋转轴。值得注意的是：螺纹（无论是内螺纹，还是外螺纹）不能用圆形阵列方法来构建，只能单独用螺纹命令来构建。

9. 当需要时，可以不通过草图来构建三维空间上的曲线、点和基准面等图形要素，如在三维空间上构建一个点，再通过这个点构建一个倾斜的基准平面。

任务 1.3 螺旋千斤顶的实体造型设计

1.3.1 任务描述

螺旋千斤顶的实体造型设计任务单见表 1-19。

表 1-19 螺旋千斤顶的实体造型设计任务单

学习领域	CAD/CAM 技术应用		
学习情境 1	实体造型设计	学时	30 学时
任务 1.3	螺旋千斤顶的实体造型设计	学时	10 学时
布置任务			
学习目标	1. 掌握草图创建的基本方法，绘制螺旋千斤顶组成零件的基本曲线。 2. 掌握基本曲线的绘制的方法。 3. 掌握布尔运算的基本方式，学会使用布尔运算完成螺旋千斤顶组成零件的实体造型设计。		

<table>
<tr><td></td><td>4. 掌握特征操作的基本方式，学会使用特征操作的各种方法。
5. 掌握关联复制的基本方式。
6. 掌握草图工具中各种功能键的使用。</td></tr>
<tr><td>任务描述</td><td>图 1-37 所示为螺旋千斤顶结构图，它是用来支承重物的工具，并可根据需要调节其支承高度，共由 7 个零件组成。
螺母 2 外径与底座 1 内孔过盈配合，并用定位螺钉 3 固定在底座上使其不能转动。带有梯形螺纹的螺杆 4 与螺母为螺纹联接，实现螺纹传动。顶头 5 内孔与螺杆上端外径为间隙配合，并通过螺钉 6 固定在轴向位置上，使其承受重物。扭杆 7 横插入螺杆的径向孔中，用于转动螺杆，使螺杆通过螺纹传动上下移动，以实现竖直方向调节支承高度的功能。
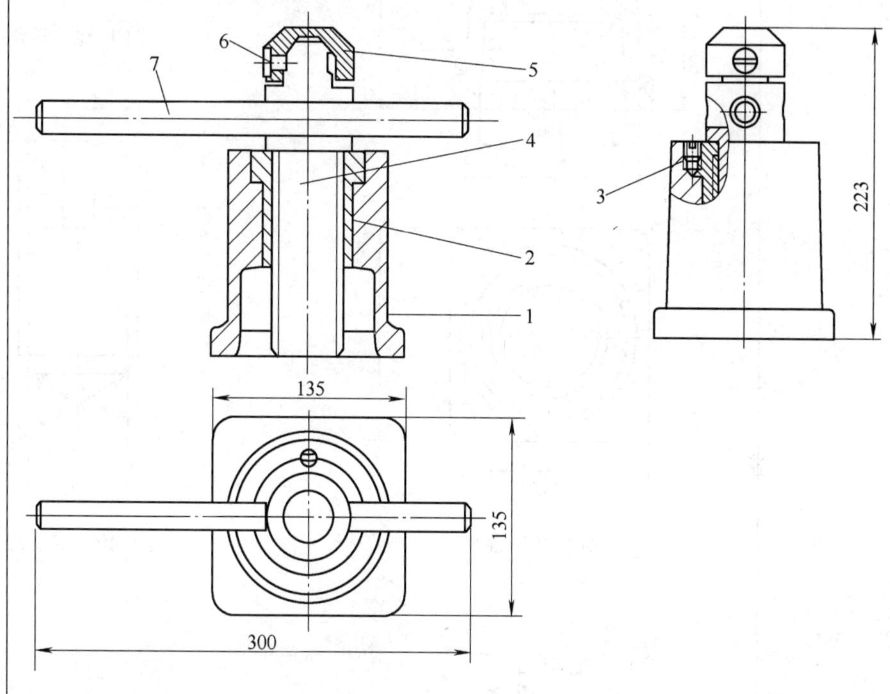

图 1-37　螺旋千斤顶结构图
1—底座　2—螺母　3—定位螺钉　4—螺杆　5—顶头　6—螺钉　7—扭杆
每组分别使用 UG NX 软件完成螺旋千斤的实体造型设计，应了解如下具体内容：
1. 了解螺旋千斤顶的工作原理。
2. 了解螺旋千斤顶由 7 种共 7 个零件组成。
3. 掌握底座（图 1-38）、螺母（图 1-39）、定位螺钉（图 1-40）、螺杆（图 1-41）、顶头（图 1-42）、螺钉（图 1-43）和扭杆（图 1-44）的实体造型设计过程。</td></tr>
</table>

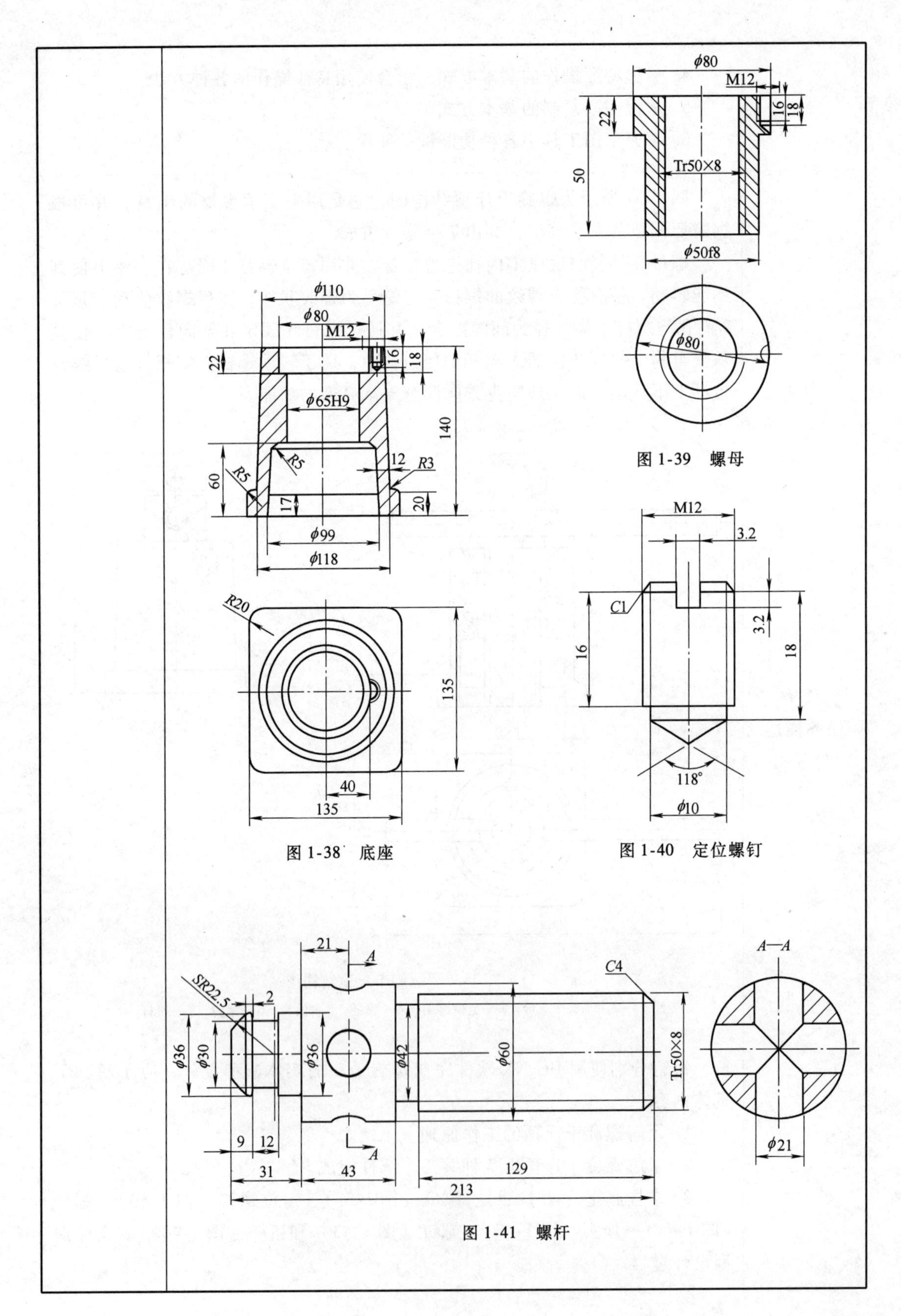

图 1-39 螺母

图 1-38 底座

图 1-40 定位螺钉

图 1-41 螺杆

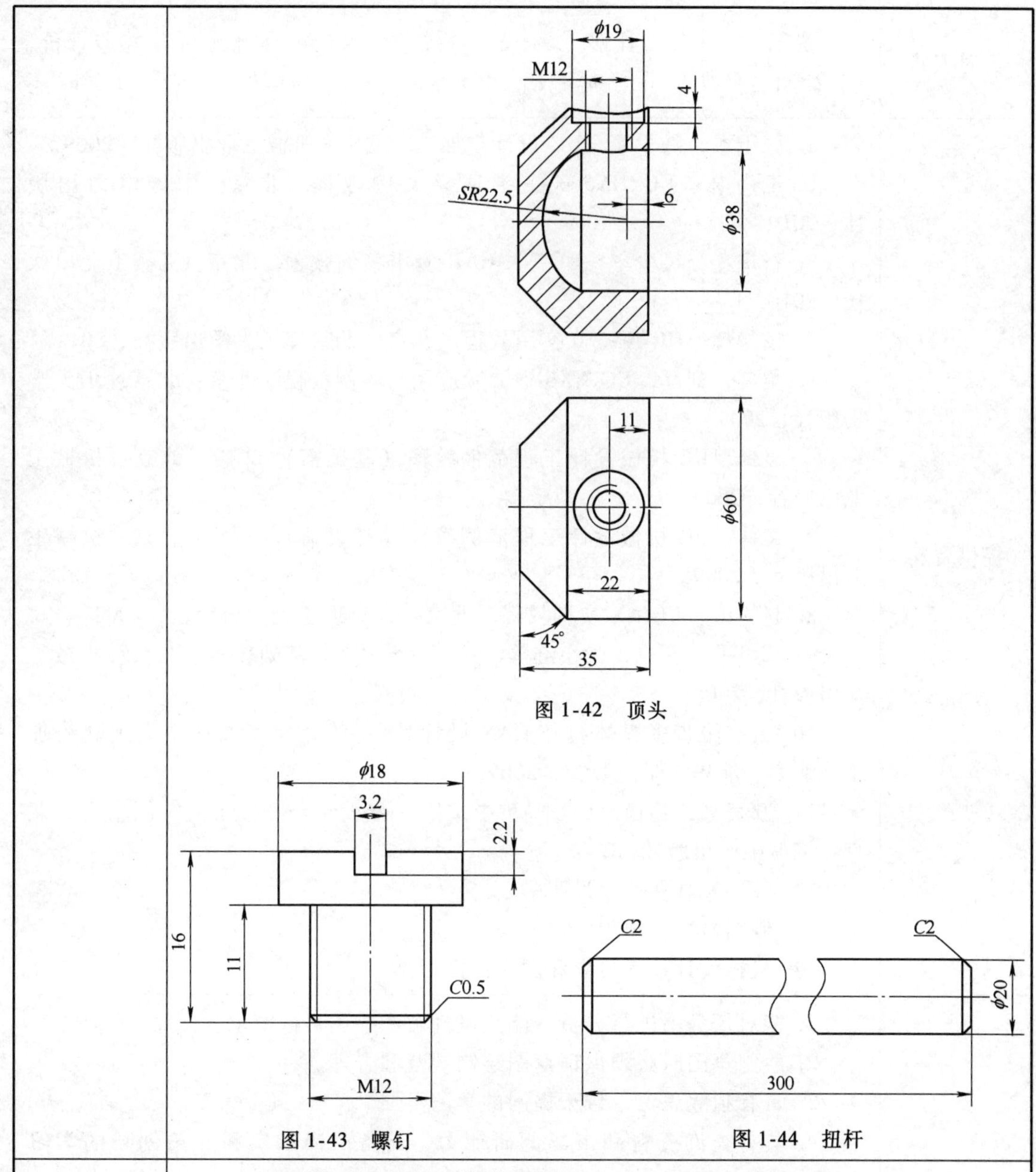

图 1-42　顶头

图 1-43　螺钉

图 1-44　扭杆

任务分析

通过螺旋千斤顶的实体造型设计，完成以下具体任务：

1. 了解 UG NX 软件的基本环境和基础知识。

2. 掌握草图曲线创建、草图的基本操作，能够熟练地使用草图约束。

3. 学会使用点、点集，能够熟练地进行曲线的创建和曲线操作，并能对曲线进行编辑。

4. 学会使用基准特征、基本体素特征。

5. 学会扫描特征、设计特征和常用特征的编辑。

6. 通过学会以上特征操作和特征编辑完成底座、螺母、定位螺钉、螺杆、顶头、螺钉及扭杆的实体造型设计。

<table>
<tr><td>学时安排</td><td>资讯
2 学时</td><td>计划
1 学时</td><td>决策
1 学时</td><td>实施
5 学时</td><td>检查评价
1 学时</td></tr>
<tr><td>提供资料</td><td colspan="5">1. 张士军，韩学军. UG 设计与加工. 北京：机械工业出版社，2009。
2. 王尚林. UG NX6.0 三维建模实例教程. 北京：中国电力出版社，2010。
3. 石皋莲，吴少华. UG NX CAD 应用案例教程. 北京：机械工业出版社，2010。
4. 杨德辉. UG NX6.0 实用教程. 北京：北京理工大学出版社，2011。
5. 黎震，刘磊. UG NX6 中文版应用与实例教程. 北京：北京理工大学出版社，2009。
6. 袁锋. UG 机械设计工程范例教程（基础篇）. 2 版. 北京：机械工业出版社，2009。
7. 袁锋. UG 机械设计工程范例教程（高级篇）. 2 版. 北京：机械工业出版社，2009。
8. 赵松涛. UG NX 实训教程. 北京：北京理工大学出版社，2008。
9. 郑贞平，曹成，张小红等. UG NX5 中文版基础教程. 北京：机械工业出版社，2008。
10. 云杰漫步多媒体科技 CAX 设计教研室. UG NX6.0 中文版数控加工. 北京：清华大学出版社，2009。
11. 郑贞平，喻德. UG NX5 中文版三维设计与 NC 加工实例精解. 北京：机械工业出版社，2008。
12. UG NX 软件使用说明书。
13. 制图员操作规程。
14. 机械设计技术要求和国家制图标准。</td></tr>
<tr><td>对学生的要求</td><td colspan="5">1. 能对任务书进行分析，能正确理解和描述目标要求。
2. 绘制草图时必须保证草图绘制规范和合理。
3. 具有独立思考、善于提问的学习习惯。
4. 具有查询资料和市场调研能力，具备严谨求实和开拓创新的学习态度。
5. 能执行企业“5S”质量管理体系要求，具备良好的职业意识和社会能力。
6. 上机操作时应穿鞋套，遵守机房的规章制度。
7. 具备一定的观察理解和判断分析能力。
8. 具有团队协作、爱岗敬业的精神。
9. 具有一定的创新思维和勇于创新的精神。
10. 不迟到、不早退、不旷课，否则扣分。
11. 按时按要求上交作业，并列入考核成绩。</td></tr>
</table>

1.3.2 资讯

1. 螺旋千斤顶的实体造型设计资讯单（见表 1-20）

表 1-20 螺旋千斤顶的实体造型设计资讯单

<table>
<tr><td>学习领域</td><td colspan="3">CAD/CAM 技术应用</td></tr>
<tr><td>学习情境 1</td><td>实体造型设计</td><td>学时</td><td>30 学时</td></tr>
<tr><td>任务 1.3</td><td>螺旋千斤顶的实体造型设计</td><td>学时</td><td>10 学时</td></tr>
<tr><td>资讯方式</td><td colspan="3">学生根据教师给出的资讯引导进行查询解答</td></tr>
<tr><td>资讯问题</td><td colspan="3">1. 螺钉千斤顶的工作过程及工作原理是什么？
2. 定位螺钉的作用是什么？
3. 螺纹如何创建？其参数如何设置？
4. 螺钉的作用是什么？
5. 如何实现旋转？
6. 实体造型设计过程中，如何使用约束？
7. 螺杆造型设计中相交孔是如何生成的？</td></tr>
<tr><td>资讯引导</td><td colspan="3">1. 问题 1 参阅《UG 设计与加工》。
2. 问题 2 参阅《UG 设计与加工》。
3. 问题 3 参阅《UG NX6 中文版应用与实例教程》。
4. 问题 4 参阅《UG 设计与加工》。
5. 问题 5 参阅《UG NX6.0 实用教程》。
6. 问题 6 参阅《UG NX 实训教程》。
7. 问题 7 参阅《UG 设计与加工》。</td></tr>
</table>

2. 螺旋千斤顶的实体造型设计信息单（见表 1-21）

表 1-21 螺旋千斤顶的实体造型设计信息单

<table>
<tr><td>学习领域</td><td colspan="3">CAD/CAM 技术应用</td></tr>
<tr><td>学习情境 1</td><td>实体造型设计</td><td>学时</td><td>30 学时</td></tr>
<tr><td>任务 1.3</td><td>螺旋千斤顶的实体造型设计</td><td>学时</td><td>10 学时</td></tr>
<tr><td>序号</td><td colspan="3">信息内容</td></tr>
<tr><td>一</td><td colspan="3">底座实体造型设计</td></tr>
<tr><td colspan="4">步骤：
1. 螺旋千斤顶底座实体造型设计时，既可以采用“回转”命令生成实体，又可以采用“拉伸”命令生成实体。
2. 用“钻孔”命令创建 M12 螺纹孔。</td></tr>
</table>

3. 对螺旋千斤顶底座进行倒角，完成底座实体造型设计，如图 1-45 所示。

注意事项：

螺旋千斤顶底座中心应置于坐标系中心。

图 1-45　底座实体造型

二	螺母实体造型设计

步骤：

1. 使用“回转”命令生成螺母实体。
2. 生成螺母的螺纹，如图 1-46 所示。

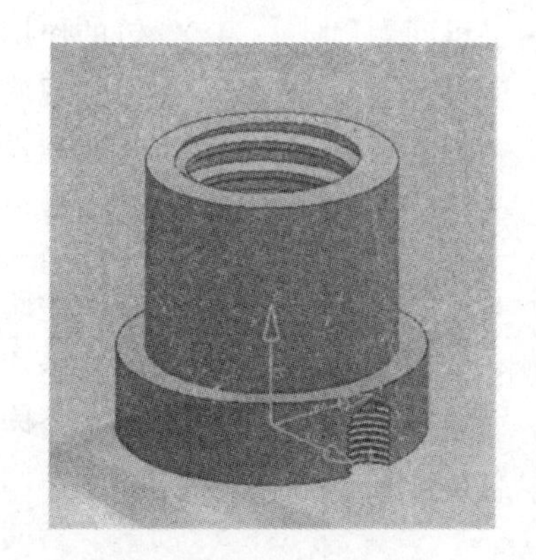

图 1-46　螺母实体造型

三	定位螺钉实体造型设计

步骤：

1. 选择 *XZ* 平面，创建草图，绘制出定位螺钉草图。
2. 使用“回转”命令生成定位螺钉圆柱体。
3. 生成螺纹。
4. 在螺钉顶面绘制草图，完成螺钉开口槽的创建。定位螺钉实体造型如图 1-47 所示。

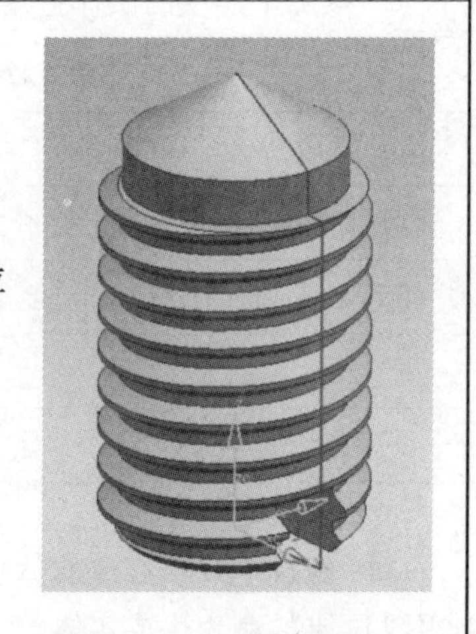

图 1-47　定位螺钉实体造型

四	螺杆实体造型设计

步骤：

1. 选择 XZ 平面，创建草图，绘制出螺杆的平面图。

2. 使用“回转”命令，完成螺杆实体的回转并倒角。

3. 生成螺纹。

4. 生成交叉孔，完成螺杆实体造型设计，如图 1-48 所示。

注意事项：

1. 螺杆孔为交叉孔，分别在 XZ 和 YZ 平面中创建。

2. 螺杆应先倒角，后生成螺纹。

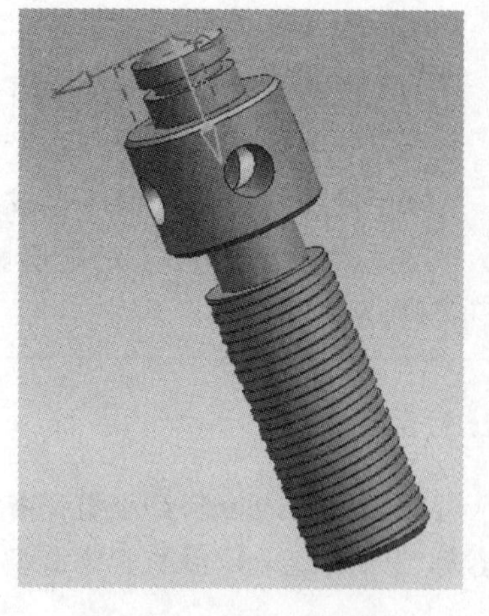

图 1-48　螺杆实体造型

五	顶头实体造型设计

步骤：

1. 绘制顶头底圆并拉伸。

2. 绘制顶头中部，使用“回转”命令完成顶头的中部造型设计。

3. 完成方头造型设计，并对方头和顶头底部“求和”。

4. 使用“拉伸求差”命令生成顶头侧面孔。

5. 生成螺纹，完成顶头实体造型设计，如图 1-49 所示。

图 1-49　顶头实体造型

注意事项：

1. 方头和顶头底座需要“求和”。

2. 顶头底部孔是回转时生成的。

六	螺钉实体造型设计

步骤：

1. 选择 XZ 平面，创建草图，绘制出螺钉草图。

2. 使用“回转”命令生成螺钉圆柱体。

3. 生成螺纹。

4. 在螺钉顶面绘制草图，完成螺钉开口槽的创建。螺钉实体造型如图 1-50 所示。

图 1-50　螺钉实体造型

七	扭杆实体造型设计
步骤： 1. 选择 *XZ* 平面，创建草图。 2. 绘制圆。 3. 使用“拉伸”命令生成圆柱。 4. 两端面倒角，完成扭杆实体造型设计，如图1-51所示。 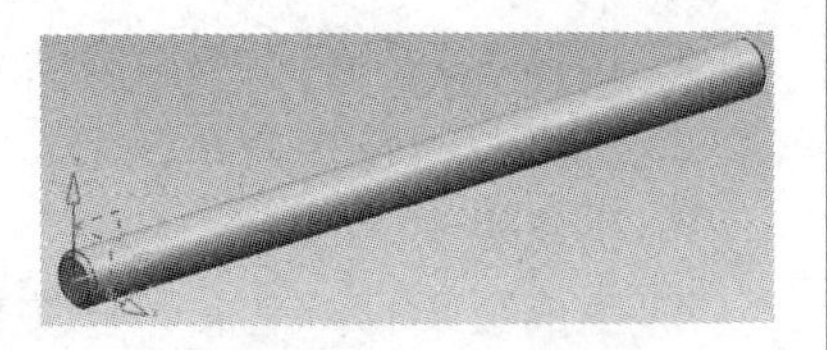 图 1-51　扭杆实体造型设计	

1.3.3　计划

根据任务内容制订小组任务计划，简要说明任务实施过程的步骤及注意事项。将计划内容等填入螺旋千斤顶的实体造型计划单，见表 1-22。

表 1-22　螺旋千斤顶的实体造型计划单

学习领域	CAD/CAM 技术应用					
学习情境 1	实体造型设计				学时	30 学时
任务 1.3	螺旋千斤顶的实体造型设计				学时	10 学时
计划方式	小组讨论					
序号	实施步骤				使用资源	
制订计划说明						
计划评价	评语：					
班级		第　　组	组长签字			
教师签字		日期				

1.3.4 决策

1. 小组互评，选定合适的工作计划。

2. 小组负责人对任务进行分配，组员按照负责人要求完成相关任务内容，并将自己所在小组及个人任务填入螺旋千斤顶的实体造型设计决策单，见表1-23。

表1-23 螺旋千斤顶的实体造型设计决策单

<table>
<tr><td>学习领域</td><td colspan="7">CAD/CAM 技术应用</td></tr>
<tr><td>学习情境1</td><td colspan="5">实体造型设计</td><td>学时</td><td>30学时</td></tr>
<tr><td>任务1.3</td><td colspan="5">螺旋千斤顶的实体造型设计</td><td>学时</td><td>10学时</td></tr>
<tr><td colspan="6">方案讨论</td><td>组号</td><td></td></tr>
<tr><td rowspan="16">方案决策</td><td>组别</td><td>步骤顺序性</td><td>步骤合理性</td><td>实施可操作性</td><td>选用工具合理性</td><td colspan="2">原因说明</td></tr>
<tr><td>1</td><td></td><td></td><td></td><td></td><td colspan="2"></td></tr>
<tr><td>2</td><td></td><td></td><td></td><td></td><td colspan="2"></td></tr>
<tr><td>3</td><td></td><td></td><td></td><td></td><td colspan="2"></td></tr>
<tr><td>4</td><td></td><td></td><td></td><td></td><td colspan="2"></td></tr>
<tr><td>5</td><td></td><td></td><td></td><td></td><td colspan="2"></td></tr>
<tr><td>1</td><td></td><td></td><td></td><td></td><td colspan="2"></td></tr>
<tr><td>2</td><td></td><td></td><td></td><td></td><td colspan="2"></td></tr>
<tr><td>3</td><td></td><td></td><td></td><td></td><td colspan="2"></td></tr>
<tr><td>4</td><td></td><td></td><td></td><td></td><td colspan="2"></td></tr>
<tr><td>5</td><td></td><td></td><td></td><td></td><td colspan="2"></td></tr>
<tr><td>1</td><td></td><td></td><td></td><td></td><td colspan="2"></td></tr>
<tr><td>2</td><td></td><td></td><td></td><td></td><td colspan="2"></td></tr>
<tr><td>3</td><td></td><td></td><td></td><td></td><td colspan="2"></td></tr>
<tr><td>4</td><td></td><td></td><td></td><td></td><td colspan="2"></td></tr>
<tr><td>5</td><td></td><td></td><td></td><td></td><td colspan="2"></td></tr>
<tr><td>方案评价</td><td colspan="7">评语：（根据组内的决策，对照计划进行修改并说明修改原因）</td></tr>
<tr><td>班级</td><td></td><td>组长签字</td><td></td><td>教师签字</td><td></td><td colspan="2">月　　日</td></tr>
</table>

1.3.5 实施

1. 实施准备

任务实施准备主要包括 CAD/CAM 实训室（多媒体）、UG NX 软件、资料准备等，见表 1-24。

表 1-24 螺旋千斤顶的实体造型设计实施准备

学习情境 1	实体造型设计	学时	30 学时
任务 1.3	螺旋千斤顶的实体造型设计	学时	10 学时
重点、难点	成形特征操作功能键的使用		
教学资源	CAD/CAM 实训室（多媒体）		
资料准备	1. 张士军，韩学军. UG 设计与加工. 北京：机械工业出版社，2009。 2. 王尚林. UG NX6.0 三维建模实例教程. 北京：中国电力出版社，2010。 3. 石皋莲，吴少华. UG NX CAD 应用案例教程. 北京：机械工业出版社，2010。 4. 杨德辉. UG NX6.0 实用教程. 北京：北京理工大学出版社，2011。 5. 黎震，刘磊. UG NX6 中文版应用与实例教程. 北京：北京理工大学出版社，2009。 6. 袁锋. UG 机械设计工程范例教程（基础篇）. 2 版. 北京：机械工业出版社，2009。 7. 袁锋. UG 机械设计工程范例教程（高级篇）. 2 版. 北京：机械工业出版社，2009。 8. 赵松涛. UG NX 实训教程. 北京：北京理工大学出版社，2008。 9. 郑贞平，曹成，张小红，等. UG NX5 中文版基础教程. 北京：机械工业出版社，2008。 10. 云杰漫步多媒体科技 CAX 设计教研室. UG NX6.0 中文版数控加工. 北京：清华大学出版社，2009。 11. 郑贞平，喻德. UG NX5 中文版三维设计与 NC 加工实例精解. 北京：机械工业出版社，2008。 12. UG NX 软件使用说明书。 13. 制图员操作规程。 14. 机械设计技术要求和国家制图标准。		
设备、工具	UG NX 软件		
教学组织实施			
实施步骤	组织实施内容	教学方法	学时
1			
2			
3			
4			
5			

2. 实施任务

依据计划步骤实施任务，并完成作业单的填写。螺旋千斤顶的实体造型设计作业单见表 1-25。

表 1-25　螺旋千斤顶的实体造型设计作业单

学习领域	CAD/CAM 技术应用		
学习情境 1	实体造型设计	学时	30 学时
任务 1.3	螺旋千斤顶的实体造型设计	学时	10 学时
作业方式	小组分析，个人软件造型，现场批阅，集体评判		
作业内容	完成托脚支架的实体造型设计		

托角支架如图 1-52 所示。

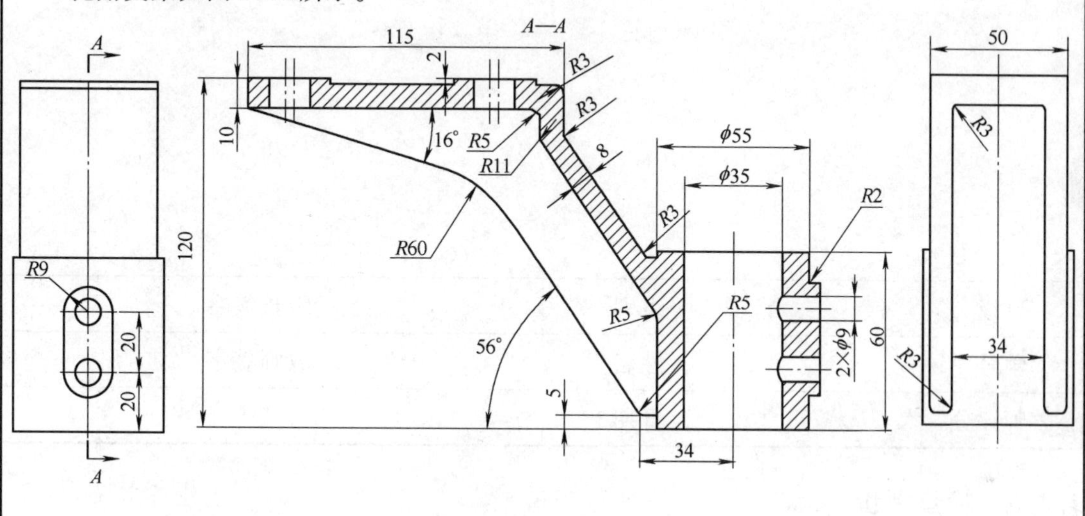

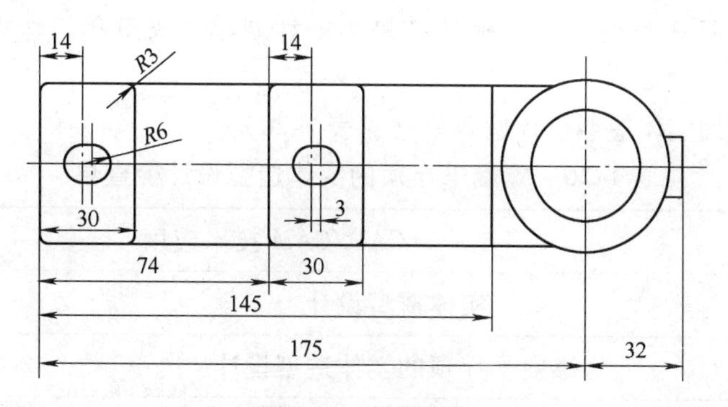

图 1-52　托脚支架

作业描述：

用建模模块所提供的实体建模命令，完成图 1-52 所示托脚支架的实体造型设计。

作业分析： 托脚支架比较复杂，总体上是一个90°角的支承结构。其右侧是一个带孔的圆柱体，左边有一个水平的支承板，上面有两个带有扁形孔的凸台，支承板由槽形肋板连接。圆柱体外侧有一个凸缘，其上有两个通孔。 在设计过程中，除前面介绍的实体造型命令外，会用到“抽壳”和“可变半径倒圆角”操作命令。另外，由于此零件的毛坯是铸造件，其上有许多棱边和拐角需要进行倒圆，形成平滑连接的整体，因此在设计过程中要重视这一点。					
作业评价：					
班级		组别		组长签字	
学号		姓名		教师签字	
教师评分		日期			

1.3.6 检查评价

学生完成本学习任务后，应展示的结果为：计划单、决策单、作业单、检查单和评价单。

1. 螺旋千斤顶的实体造型设计检查单（见表1-26）。

表1-26 螺旋千斤顶的实体造型设计检查单

学习领域	CAD/CAM技术应用			
学习情境1	实体造型设计		学时	30学时
任务1.3	螺旋千斤顶的实体造型设计		学时	10学时
序号	检查项目	检查标准	学生自查	教师检查
1	螺旋千斤顶的零件图识图能力	能够读懂任务单中的螺旋千斤顶各组成零件图		
2	螺旋千斤顶的实体造型设计能力	按照零件尺寸完成螺旋千斤顶组成零件的造型设计		

<table>
<tr><th>序号</th><th colspan="2">检查项目</th><th colspan="2">检查标准</th><th>学生自查</th><th>教师检查</th></tr>
<tr><td>3</td><td colspan="2">螺旋千斤顶的实体造型设计中布尔运算的使用</td><td colspan="2">能够熟练使用布尔运算并完成螺旋千斤顶组成零件的求和、求差及求交</td><td></td><td></td></tr>
<tr><td>4</td><td colspan="2">螺旋千斤顶的实体造型尺寸</td><td colspan="2">按照图样尺寸要求完成螺旋千斤顶造型</td><td></td><td></td></tr>
<tr><td>5</td><td colspan="2">螺旋千斤顶设计过程的合理性</td><td colspan="2">能够合理设计出螺旋千斤顶实体</td><td></td><td></td></tr>
<tr><td>6</td><td colspan="2">实体设计与构建能力</td><td colspan="2">能够完成实体造型设计</td><td></td><td></td></tr>
<tr><td>7</td><td colspan="2">造型设计缺陷的分析诊断能力</td><td colspan="2">造型设计缺陷处理得当</td><td></td><td></td></tr>
<tr><td>检查
评价</td><td colspan="6">评语：</td></tr>
<tr><td>班级</td><td></td><td>组别</td><td></td><td>组长签字</td><td colspan="2"></td></tr>
<tr><td>教师签字</td><td colspan="3"></td><td>日期</td><td colspan="2"></td></tr>
</table>

2. 螺旋千斤顶的实体造型设计评价单（见表 1-27）

1.3.7 实践中常见问题解析

1. 对于回转体的设计，除用拉伸的方法构建之外，还可用旋转（“回转”命令）的方法来构建，特别是当该回转体与后面要构建的实体有设计上的关联时，这种方法更方便一些。

表 1-27　螺旋千斤顶的实体造型设计评价单

学习领域	CAD/CAM 技术应用								
学习情境 1	实体造型设计							学时	30 学时
任务 1.3	螺旋千斤顶的实体造型设计							学时	10 学时
评价类别	评价项目	子项目	个人评价	组内互评					教师评价
专业能力（60%）	资讯（8%）	搜集信息（4%）							
		引导问题回答（4%）							
	计划（5%）	计划可执行度（5%）							
	实施（12%）	工作步骤执行（3%）							
		功能实现（3%）							
		质量管理（2%）							
		安全保护（2%）							
		环境保护（2%）							
	检查（10%）	全面性、准确性（5%）							
		异常情况排除（5%）							
	过程（15%）	使用工具规范性（7%）							
		操作过程规范性（8%）							
	结果（5%）	结果质量（5%）							
	作业（5%）	作业质量（5%）							
社会能力（20%）	团结协作（10%）								
	敬业精神（10%）								
方法能力（20%）	计划能力（10%）								
	决策能力（10%）								
评价评语	评语：								
班级		组别		学号		总评			
教师签字		组长签字		日期					

2. 对于类似型腔结构的设计，当壁厚均匀时可考虑运用“抽壳”命令，可使设计操作更为简便。使用“抽壳”命令时要注意正确选定开放面（移除面）。

3. 因设计上的需要出现两个或两个以上独立创建的实体时，不要忘记用适当的方式将它们组合到一起，最后形成一个整体。

4. 当定位参照物很明确时，尽量用“孔”命令来进行孔的造型，这会简化设计过程。

5. 绘制草图时，尽可能利用原始坐标系上的基准面，减少创建其他基准面。

学习情境2

曲面造型设计

【学习目标】

熟悉UG NX软件曲面建模模块的功能，并运用拉伸曲面、旋转曲面、扫掠曲面、直纹曲面、通过曲线组曲面、通过曲线网格曲面和曲面编辑操作等命令完成零件、部件的曲面造型设计。通过一体化教学，学生应掌握曲面的概念及分类，曲面构造的方法和一般原则，由点构造曲面的方法，由曲线构造曲面的方法和曲面编辑中的曲面延伸、修剪、分割、桥接、圆角曲面等内容。通过本学习情境，学会使用UG NX软件曲面建模模块的操作命令，完成机械零件的曲面造型设计。

【学习任务】

1. 鼠标凸模的曲面造型设计。
2. 包装瓶凸模的曲面造型设计。
3. 十字定位座的曲面造型设计。

【情境描述】

曲面造型设计是UG NX软件造型设计中一个非常重要的学习环节，通过本学习情境，学生应掌握曲面造型中功能键的使用，并能独立完成曲面零件的造型设计，逐渐具备曲面造型设计能力、分析能力、解决问题能力和团队合作能力。本学习情境包括鼠标凸模、包装瓶凸模、十字定位座的建模设计三个学习任务。通过这三个学习任务，学生的曲面造型设计能力可得到逐步提高，最终实现能够灵活地使用UG NX软件的曲面操作界面，掌握UG NX软件曲面建模的理念和一般操作步骤。

任务2.1 鼠标凸模的曲面造型设计

2.1.1 任务描述

鼠标凸模的曲面造型设计任务单见表2-1。

表 2-1　鼠标凸模的曲面造型设计任务单

<table>
<tr><td>学习领域</td><td colspan="3">CAD/CAM 技术应用</td></tr>
<tr><td>学习情境 2</td><td>曲面造型设计</td><td>学时</td><td>18 学时</td></tr>
<tr><td>任务 2.1</td><td>鼠标凸模的曲面造型设计</td><td>学时</td><td>6 学时</td></tr>
<tr><td colspan="4">布置任务</td></tr>
<tr><td>学习目标</td><td colspan="3">1. 掌握草图创建的基本方法，绘制鼠标凸模的基本曲线。
2. 掌握基本曲线的绘制方法。
3. 掌握曲面造型的基本方式，学会基本曲面的生成和编辑方法，完成鼠标凸模的曲面造型设计。
4. 掌握曲面编辑中的延伸、修剪、分割、桥接、倒圆角等操作。
5. 掌握曲面中的扫掠操作。</td></tr>
<tr><td>任务描述</td><td colspan="3">如图 2-1 所示，鼠标凸模是一个典型的多曲面零件，它由多个曲面轮廓复合而成，底座是一个矩形板台，工件的材料为 45 钢。
每组分别使用 UG NX 软件完成鼠标凸模的曲面造型设计，应了解如下具体内容：
1. 了解鼠标凸模的基本结构。
2. 掌握鼠标凸模曲面造型设计的基本方法。
3. 掌握鼠标凸模的曲面造型设计过程。 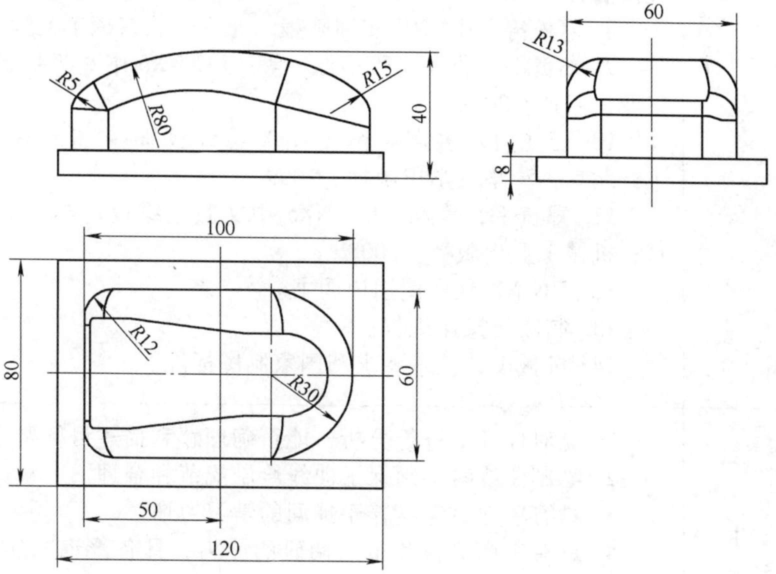
图 2-1　鼠标凸模</td></tr>
</table>

<table>
<tr><td>任务分析</td><td colspan="5">通过鼠标凸模的曲面造型设计，完成以下具体任务：
1. 了解 UG NX 软件的基本环境和基础知识。
2. 掌握曲线的绘制、编辑。
3. 掌握各种曲面的生成及编辑方法。
4. 掌握曲面工具栏中的拉伸曲面、旋转曲面、扫掠曲面、直纹曲面、通过曲线组曲面以及通过曲线网格曲面的使用方法。
5. 掌握曲面编辑中的延伸、修剪、分割、桥接和倒圆角等操作。
6. 通过以上操作完成鼠标凸模的曲面造型设计。</td></tr>
<tr><td>学时安排</td><td>资讯
0.5 学时</td><td>计划
1 学时</td><td>决策
1 学时</td><td>实施
3 学时</td><td>检查评价
0.5 学时</td></tr>
<tr><td>提供资料</td><td colspan="5">1. 张士军，韩学军. UG 设计与加工. 北京：机械工业出版社，2009。
2. 王尚林. UG NX6.0 三维建模实例教程. 北京：中国电力出版社，2010。
3. 石皋莲，吴少华. UG NXCAD 应用案例教程. 北京：机械工业出版社，2010。
4. 杨德辉. UG NX6.0 实用教程. 北京：北京理工大学出版社，2011。
5. 黎震，刘磊. UG NX 中文版应用与实例教程. 北京：北京理工大学出版社，2009。
6. 袁锋. UG 机械设计工程范例教程（基础篇）. 2 版. 北京：机械工业出版社，2009。
7. 袁锋. UG 机械设计工程范例教程.（高级篇）. 2 版. 北京：机械工业出版社，2009。
8. 赵松涛. UG NX 实训教程. 北京：北京理工大学出版社，2008。
9. 郑贞平，曹成，张小红，等. UG NX5 中文版基础教程. 北京：机械工业出版社，2008。
10. 云杰漫步多媒体科技 CAX 设计教研室. UG NX6.0 中文版数控加工. 北京：清华大学出版社，2009。
11. 郑贞平，喻德. UG NX5 中文版三维设计与 NC 加工实例精解. 北京：机械工业出版社，2008。
12. UG NX 软件使用说明书。
13. 制图员操作规程。
14. 机械设计技术要求和国家制图标准。</td></tr>
<tr><td>对学生的要求</td><td colspan="5">1. 能对任务书进行分析，能正确理解和描述目标要求。
2. 绘制曲线时必须保证曲线绘制规范和合理。
3. 具有独立思考、善于提问的学习习惯。
4. 具有查询资料和市场调研的能力，具备严谨求实和开拓创新的学习态度。
5. 能执行企业“5S”质量管理体系要求，具备良好的职业意识和社会能力。</td></tr>
</table>

对学生的要求	6. 上机操作时应穿鞋套，遵守机房的规章制度。 7. 具备一定的观察理解和判断分析能力。 8. 具有团队协作、爱岗敬业的精神。 9. 具有一定的创新思维和勇于创新的精神。 10. 不迟到、不早退、不旷课，否则扣分。 11. 按时按要求上交作业，并列入考核成绩。

2.1.2 资讯

1. 鼠标凸模的曲面造型设计资讯单（见表 2-2）

表 2-2　鼠标凸模的曲面造型设计资讯单

学习领域	CAD/CAM 技术应用		
学习情境 2	曲面造型设计	学时	18 学时
任务 2.1	鼠标凸模的曲面造型设计	学时	6 学时
资讯方式	学生根据教师给出的资讯引导进行查询解答		
资讯问题	1. 常见的曲面类型有哪些？ 2. 曲面构造方法有哪些？ 3. 构造曲面的一般原则是什么？ 4. 由点构造曲面的特征有几种方法？ 5. 桥接曲面的操作步骤是什么？ 6. *N* 边曲面的类型有哪些？ 7. 曲面延伸的类型有哪些？		
资讯引导	1. 问题 1 参阅《UG NX6 中文版应用与实例教程》。 2. 问题 2 参阅《UG NX6 中文版应用与实例教程》。 3. 问题 3 参阅《UG NX6 中文版应用与实例教程》。 4. 问题 4 参阅《UG NX6 中文版应用与实例教程》。 5. 问题 5 参阅《UG NX6.0 实用教程》。 6. 问题 6 参阅《UG 设计与加工》。 7. 问题 7 参阅《UG NX6.0 实用教程》。		

2. 鼠标凸模的曲面造型设计信息单（见表 2-3）

2.1.3 计划

根据任务内容制订小组任务计划，简要说明任务实施过程的步骤及注意事项。将计划内容等填入鼠标凸模的曲面设计计划单，见表 2-4。

表 2-3　鼠标凸模的曲面造型设计信息单

<table>
<tr><td>学习领域</td><td colspan="3">CAD/CAM 技术应用</td></tr>
<tr><td>学习情境 2</td><td>曲面造型设计</td><td>学时</td><td>18 学时</td></tr>
<tr><td>任务 2.1</td><td>鼠标凸模的曲面造型设计</td><td>学时</td><td>6 学时</td></tr>
<tr><td colspan="4">信息内容</td></tr>
<tr><td colspan="4">鼠标凸模的曲面造型设计</td></tr>
<tr><td colspan="4">步骤：
1. 使用“拉伸”命令创建鼠标凸模底板。
2. 使用“扫掠”命令创建鼠标凸模外轮廓曲面。
3. 使用“拉伸”“投影曲线”和“修剪片体”命令创建凸起的顶面。
4. 使用“通过曲面网格”命令创建凸起部分的侧面。
5. 使用“缝合”命令实现曲面的实体转化，并对各边倒圆角，完成鼠标凸模的曲面造型设计，如图 2-2 所示。
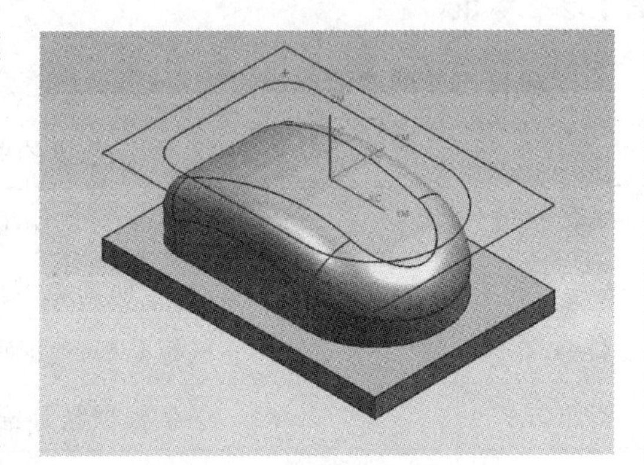
图 2-2　鼠标凸模的曲面造型设计
注意事项：
矢量不能与引导线相切。</td></tr>
</table>

表 2-4　鼠标凸模的曲面造型设计计划单

<table>
<tr><td colspan="2">学习领域</td><td colspan="3">CAD/CAM 技术应用</td></tr>
<tr><td colspan="2">学习情境 2</td><td>曲面造型设计</td><td>学时</td><td>18 学时</td></tr>
<tr><td colspan="2">任务 2.1</td><td>鼠标凸模的曲面造型设计</td><td>学时</td><td>6 学时</td></tr>
<tr><td colspan="2">计划方式</td><td colspan="3">小组讨论</td></tr>
<tr><td>序号</td><td colspan="2">实施步骤</td><td colspan="2">使用资源</td></tr>
<tr><td></td><td colspan="2"></td><td colspan="2"></td></tr>
<tr><td></td><td colspan="2"></td><td colspan="2"></td></tr>
<tr><td></td><td colspan="2"></td><td colspan="2"></td></tr>
<tr><td></td><td colspan="2"></td><td colspan="2"></td></tr>
<tr><td></td><td colspan="2"></td><td colspan="2"></td></tr>
<tr><td></td><td colspan="2"></td><td colspan="2"></td></tr>
</table>

<table>
<tr><td>制订计划说明</td><td colspan="4"></td></tr>
<tr><td>计划评价</td><td colspan="4">评语：</td></tr>
<tr><td>班级</td><td></td><td>第　　组</td><td>组长签字</td><td></td></tr>
<tr><td>教师签字</td><td colspan="2"></td><td>日期</td><td></td></tr>
</table>

2.1.4　决策

1. 小组互评，选定合适的工作计划。

2. 小组负责人对任务进行分配，组员按照负责人要求完成相关任务内容，并将自己所在小组及个人任务填入鼠标凸模的曲面造型设计决策单，见表 2-5。

表 2-5　鼠标凸模的曲面造型设计决策单

<table>
<tr><td>学习领域</td><td colspan="7">CAD/CAM 技术应用</td></tr>
<tr><td>学习情境 2</td><td colspan="5">曲面造型设计</td><td>学时</td><td>18 学时</td></tr>
<tr><td>任务 2.1</td><td colspan="5">鼠标凸模的曲面造型设计</td><td>学时</td><td>6 学时</td></tr>
<tr><td colspan="6">方案讨论</td><td>组号</td><td></td></tr>
<tr><td rowspan="16">方案决策</td><td>组别</td><td>步骤顺序性</td><td>步骤合理性</td><td>实施可操作性</td><td>选用工具合理性</td><td colspan="2">原因说明</td></tr>
<tr><td>1</td><td></td><td></td><td></td><td></td><td colspan="2"></td></tr>
<tr><td>2</td><td></td><td></td><td></td><td></td><td colspan="2"></td></tr>
<tr><td>3</td><td></td><td></td><td></td><td></td><td colspan="2"></td></tr>
<tr><td>4</td><td></td><td></td><td></td><td></td><td colspan="2"></td></tr>
<tr><td>5</td><td></td><td></td><td></td><td></td><td colspan="2"></td></tr>
<tr><td>1</td><td></td><td></td><td></td><td></td><td colspan="2"></td></tr>
<tr><td>2</td><td></td><td></td><td></td><td></td><td colspan="2"></td></tr>
<tr><td>3</td><td></td><td></td><td></td><td></td><td colspan="2"></td></tr>
<tr><td>4</td><td></td><td></td><td></td><td></td><td colspan="2"></td></tr>
<tr><td>5</td><td></td><td></td><td></td><td></td><td colspan="2"></td></tr>
<tr><td>1</td><td></td><td></td><td></td><td></td><td colspan="2"></td></tr>
<tr><td>2</td><td></td><td></td><td></td><td></td><td colspan="2"></td></tr>
<tr><td>3</td><td></td><td></td><td></td><td></td><td colspan="2"></td></tr>
<tr><td>4</td><td></td><td></td><td></td><td></td><td colspan="2"></td></tr>
<tr><td>5</td><td></td><td></td><td></td><td></td><td colspan="2"></td></tr>
</table>

方案评价	评语：（根据组内的决策，对照计划进行修改并说明修改原因）					
班级		组长签字		教师签字		月　　日

2.1.5 实施

1. 实施准备

任务实施准备主要包括 CAD/CAM 实训室（多媒体）、UG NX 软件、资料准备等，见表 2-6。

表 2-6　鼠标凸模的曲面造型设计实施准备

学习情境 2	曲面造型设计	学时	18 学时
任务 2.1	鼠标凸模的曲面造型设计	学时	6 学时
重点、难点	曲面建模功能键的使用		
教学资源	CAD/CAM 实训室（多媒体）		
资料准备	1. 张士军，韩学军. UG 设计与加工. 北京：机械工业出版社，2009。 2. 王尚林. UG NX6.0 三维建模实例教程. 北京：中国电力出版社，2010。 3. 石皋莲，吴少华. UG NX CAD 应用案例教程. 北京：机械工业出版社，2010。 4. 杨德辉 . UG NX6.0 实用教程. 北京：北京理工大学出版社，2011。 5. 黎震，刘磊. UG NX6 中文版应用与实例教程. 北京：北京理工大学出版社，2009。 6. 袁锋. UG 机械设计工程范例教程（基础篇）. 2 版. 北京：机械工业出版社，2009。 7. 袁锋. UG 机械设计工程范例教程（高级篇）. 2 版. 北京：机械工业出版社，2009。 8. 赵松涛. UG NX 实训教程. 北京：北京理工大学出版社，2008。 9. 郑贞平，曹成，张小红，等. UG NX5 中文版基础教程. 北京：机械工业出版社，2008。 10. 云杰漫步多媒体科技 CAX 设计教研室. UG NX6.0 中文版数控加工. 北京：清华大学出版社，2009。 11. 郑贞平，喻德. UG NX5 中文版三维设计与 NC 加工实例精解. 北京：机械工业出版社，2008。 12. UG NX 软件使用说明书。 13. 制图员操作规程。 14. 机械设计技术要求和国家制图标准。		
设备、工具	UG NX 软件		

教学组织实施			
实施步骤	组织实施内容	教学方法	学时
1			
2			
3			
4			
5			

2. 实施任务

依据计划步骤实施任务，并完成作业单的填写。鼠标凸模的曲面造型设计作业单见表2-7。

表2-7 鼠标凸模的曲面造型设计作业单

学习领域	CAD/CAM 技术应用		
学习情境2	曲面造型设计	学时	18学时
任务2.1	鼠标凸模的曲面造型设计	学时	6学时
作业方式	小组分析，个人软件造型，现场批阅，集体评判		
作业内容	完成吊钩的曲面造型设计		

吊钩如图2-3所示。

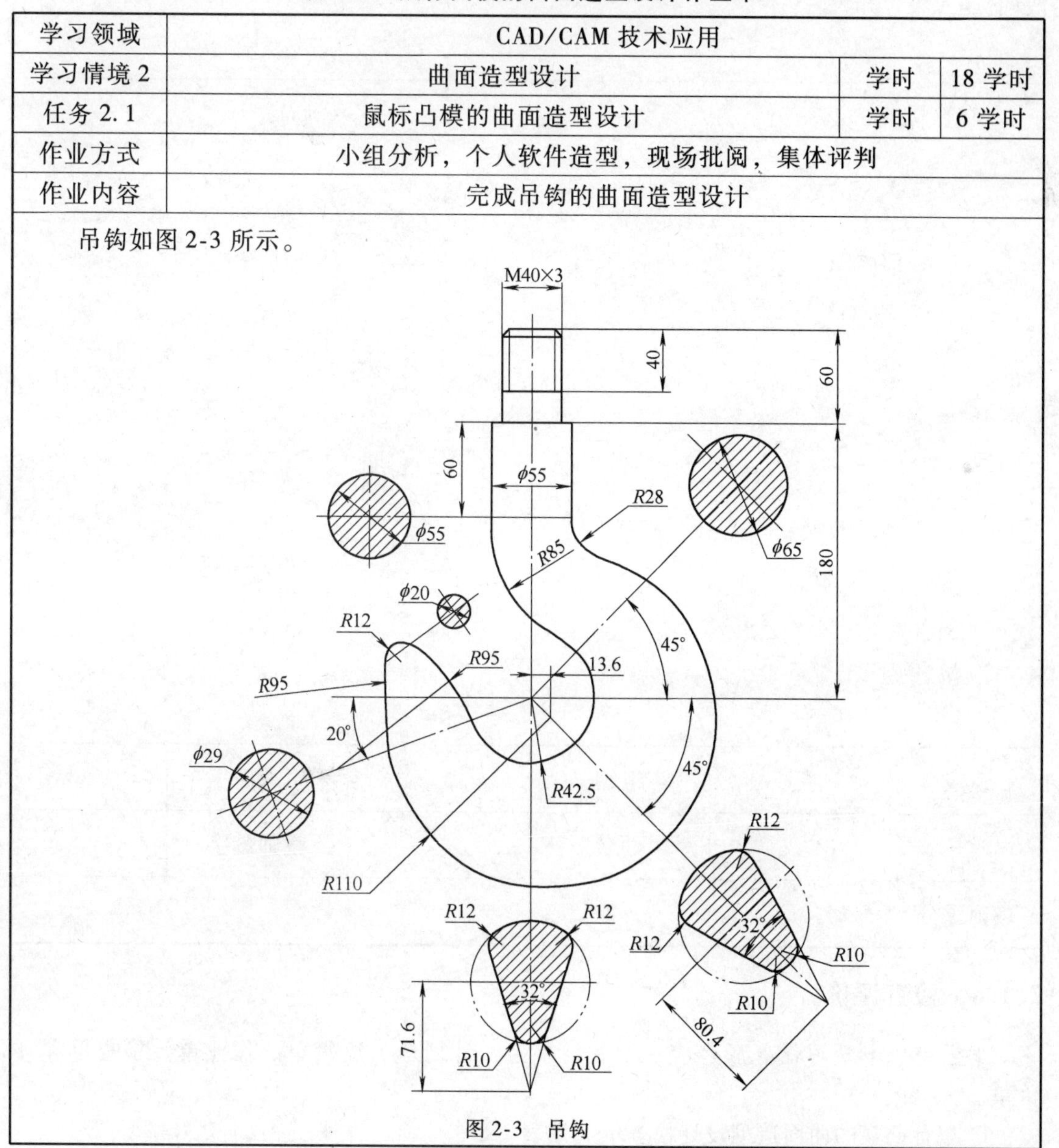

图2-3 吊钩

<table>
<tr><td colspan="6">作业描述：
用曲面建模模块所提供的曲面建模命令，完成图 2-3 所示吊钩的造型设计。</td></tr>
<tr><td colspan="6">作业分析：
本作业是完成吊钩的三维造型设计。吊钩的外形为曲面，其不同部位的截面形状不同，在造型过程中涉及曲面的创建和编辑修改，这是不同于之前实体造型设计的，需要学生熟练掌握曲线的绘制、编辑，掌握各种曲面的生成及编辑方法，还需要用到前面所讲的实体造型设计知识。</td></tr>
<tr><td colspan="6">作业评价：</td></tr>
<tr><td>班级</td><td></td><td>组别</td><td></td><td>组长签字</td><td></td></tr>
<tr><td>学号</td><td></td><td>姓名</td><td></td><td>教师签字</td><td></td></tr>
<tr><td>教师评分</td><td></td><td>日期</td><td colspan="3"></td></tr>
</table>

2.1.6 检查评价

学生完成本学习任务后，应展示的结果为：计划单、决策单、作业单、检查单和评价单。

1. 鼠标凸模的曲面造型设计检查单（见表 2-8）

表 2-8　鼠标凸模的曲面造型设计检查单

<table>
<tr><td>学习领域</td><td colspan="6">CAD/CAM 技术应用</td></tr>
<tr><td>学习情境 2</td><td colspan="4">曲面造型设计</td><td>学时</td><td>18 学时</td></tr>
<tr><td>任务 2.1</td><td colspan="4">鼠标凸模的曲面造型设计</td><td>学时</td><td>6 学时</td></tr>
<tr><td>序号</td><td colspan="2">检查项目</td><td>检查标准</td><td colspan="2">学生自查</td><td>教师检查</td></tr>
<tr><td>1</td><td colspan="2">鼠标凸模的识图能力</td><td>读懂任务单中的鼠标凸模零件图</td><td colspan="2"></td><td></td></tr>
<tr><td>2</td><td colspan="2">鼠标凸模曲面造型设计的过程</td><td>能够熟练地按照步骤完成鼠标凸模曲面造型设计</td><td colspan="2"></td><td></td></tr>
<tr><td>3</td><td colspan="2">鼠标凸模曲面建模模块的熟练使用</td><td>能够熟练使用曲面造型设计各命令并完成鼠标凸模建模设计</td><td colspan="2"></td><td></td></tr>
<tr><td>4</td><td colspan="2">鼠标凸模曲面造型设计尺寸</td><td>根据任务单中的零件图尺寸完成鼠标凸模曲面造型设计</td><td colspan="2"></td><td></td></tr>
<tr><td>5</td><td colspan="2">曲面设计与构建能力</td><td>能够完成曲面造型的创建</td><td colspan="2"></td><td></td></tr>
<tr><td>6</td><td colspan="2">曲面编辑各功能键的使用</td><td>熟练地使用曲面编辑各功能键并完成曲面零件的造型设计</td><td colspan="2"></td><td></td></tr>
<tr><td>7</td><td colspan="2">曲面造型设计缺陷的分析诊断能力</td><td>曲面造型设计缺陷处理得当</td><td colspan="2"></td><td></td></tr>
<tr><td>检查评价</td><td colspan="6">评语：</td></tr>
<tr><td>班级</td><td></td><td>组别</td><td></td><td>组长签字</td><td colspan="2"></td></tr>
<tr><td>教师签字</td><td colspan="3"></td><td>日期</td><td colspan="2"></td></tr>
</table>

2. 鼠标凸模的曲面造型设计评价单（见表 2-9）

表 2-9 鼠标凸模的曲面造型设计评价单

<table>
<tr><td>学习领域</td><td colspan="9">CAD/CAM 技术应用</td></tr>
<tr><td>学习情境 2</td><td colspan="6">曲面造型设计</td><td colspan="2">学时</td><td>18 学时</td></tr>
<tr><td>任务 2.1</td><td colspan="6">鼠标凸模的曲面造型设计</td><td colspan="2">学时</td><td>6 学时</td></tr>
<tr><td>评价类别</td><td>评价项目</td><td>子项目</td><td>个人
评价</td><td colspan="5">组内互评</td><td>教师
评价</td></tr>
<tr><td rowspan="14">专业能力
（60%）</td><td rowspan="2">资讯
（8%）</td><td>搜集信息（4%）</td><td></td><td></td><td></td><td></td><td></td><td></td><td></td></tr>
<tr><td>引导问题回答（4%）</td><td></td><td></td><td></td><td></td><td></td><td></td><td></td></tr>
<tr><td>计划
（5%）</td><td>计划可执行度（5%）</td><td></td><td></td><td></td><td></td><td></td><td></td><td></td></tr>
<tr><td rowspan="5">实施
（12%）</td><td>工作步骤执行（3%）</td><td></td><td></td><td></td><td></td><td></td><td></td><td></td></tr>
<tr><td>功能实现（3%）</td><td></td><td></td><td></td><td></td><td></td><td></td><td></td></tr>
<tr><td>质量管理（2%）</td><td></td><td></td><td></td><td></td><td></td><td></td><td></td></tr>
<tr><td>安全保护（2%）</td><td></td><td></td><td></td><td></td><td></td><td></td><td></td></tr>
<tr><td>环境保护（2%）</td><td></td><td></td><td></td><td></td><td></td><td></td><td></td></tr>
<tr><td rowspan="2">检查
（10%）</td><td>全面性、准确性（5%）</td><td></td><td></td><td></td><td></td><td></td><td></td><td></td></tr>
<tr><td>异常情况排除（5%）</td><td></td><td></td><td></td><td></td><td></td><td></td><td></td></tr>
<tr><td rowspan="2">过程
（15%）</td><td>使用工具规范性（7%）</td><td></td><td></td><td></td><td></td><td></td><td></td><td></td></tr>
<tr><td>操作过程规范性（8%）</td><td></td><td></td><td></td><td></td><td></td><td></td><td></td></tr>
<tr><td>结果
（5%）</td><td>结果质量（5%）</td><td></td><td></td><td></td><td></td><td></td><td></td><td></td></tr>
<tr><td>作业
（5%）</td><td>作业质量（5%）</td><td></td><td></td><td></td><td></td><td></td><td></td><td></td></tr>
<tr><td rowspan="2">社会能力
（20%）</td><td>团结协作
（10%）</td><td></td><td></td><td></td><td></td><td></td><td></td><td></td><td></td></tr>
<tr><td>敬业精神
（10%）</td><td></td><td></td><td></td><td></td><td></td><td></td><td></td><td></td></tr>
<tr><td rowspan="2">方法能力
（20%）</td><td>计划能力
（10%）</td><td></td><td></td><td></td><td></td><td></td><td></td><td></td><td></td></tr>
<tr><td>决策能力
（10%）</td><td></td><td></td><td></td><td></td><td></td><td></td><td></td><td></td></tr>
<tr><td>评价
评语</td><td colspan="9">评语：</td></tr>
<tr><td>班级</td><td></td><td>组别</td><td></td><td colspan="2">学号</td><td colspan="2"></td><td>总评</td><td></td></tr>
<tr><td>教师签字</td><td colspan="2"></td><td colspan="2">组长签字</td><td colspan="2"></td><td>日期</td><td colspan="2"></td></tr>
</table>

2.1.7 实践中常见问题解析

1. 学生应学习必要的基础知识，包括自由曲线（曲面）的构建原理。这对正确地理解软件功能和构建造型思路是十分重要的。其实，曲面造型设计所需要的基础知识并没有人们所想象的那么难，只要掌握正确的学习方法就能理解这些知识。

2. 要有针对性地学习软件功能。这包括两方面意思：一方面是学习软件功能切忌贪多，UG NX 软件中的各种功能复杂多样，但在实际工作中使用的功能只占其中很小一部分，完全没有必要求全；另一方面，对于必要的、常用的功能应重点学习，真正领会其基本原理和应用方法，做到融会贯通。

3. 重点学习造型设计基本思路。造型设计的核心是造型设计思路，而不是软件功能本身。要真正掌握造型设计思路和技巧。

4. 应培养严谨的工作作风，切忌“跟着感觉走”，在造型设计的每一步骤都应有充分的依据，不能凭感觉和猜测进行，否则贻害无穷。

任务 2.2　包装瓶凸模的曲面造型设计

2.2.1 任务描述

包装瓶凸模的曲面造型设计任务单见表 2-10。

表 2-10　包装瓶凸模的曲面造型设计任务单

<table>
<tr><td>学习领域</td><td colspan="3">CAD/CAM 技术应用</td></tr>
<tr><td>学习情境 2</td><td>曲面造型设计</td><td>学时</td><td>18 学时</td></tr>
<tr><td>任务 2.2</td><td>包装瓶凸模的曲面造型设计</td><td>学时</td><td>6 学时</td></tr>
<tr><td colspan="4">布置任务</td></tr>
<tr><td>学习目标</td><td colspan="3">1. 掌握草图创建的基本方法，绘制包装瓶凸模的基本曲线。
2. 掌握基本曲线的绘制方法。
3. 掌握曲面造型的基本方式，学会基本曲面的生成和编辑方法，完成包装瓶凸模的曲面造型设计。
4. 掌握曲面编辑中的延伸、修剪、分割、桥接、倒圆角等操作。
5. 掌握曲面中的扫掠操作。</td></tr>
</table>

<table>
<tr>
<td>任务描述
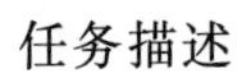</td>
<td>

如图 2-4 所示，包装瓶凸模是一个多曲面零件。它由多个曲面轮廓复合而成，底座是一个矩形板台。此零件可由 UG NX 软件建模模块构建三维实体模型，工件坐标系原点建立在模型的顶面中心处。

每组分别使用 UG NX 软件完成包装瓶凸模的曲面造型设计，应了解如下具体内容：

1. 了解包装瓶凸模的基本结构。

2. 掌握包装瓶凸模曲面造型设计的基本方法。

3. 掌握包装瓶凸模的曲面造型设计过程。

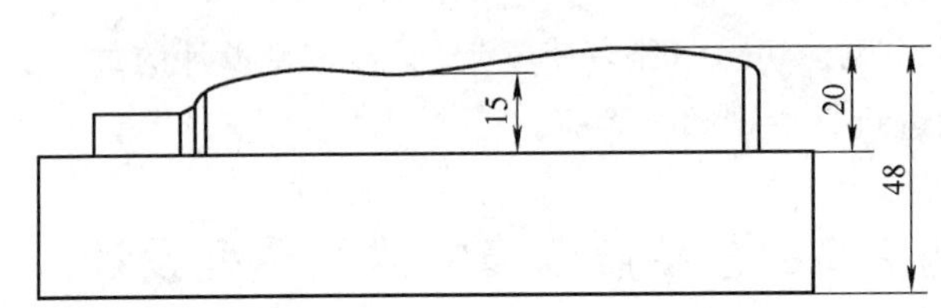

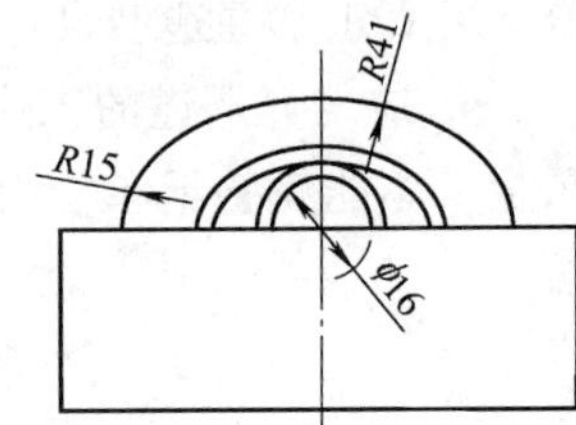

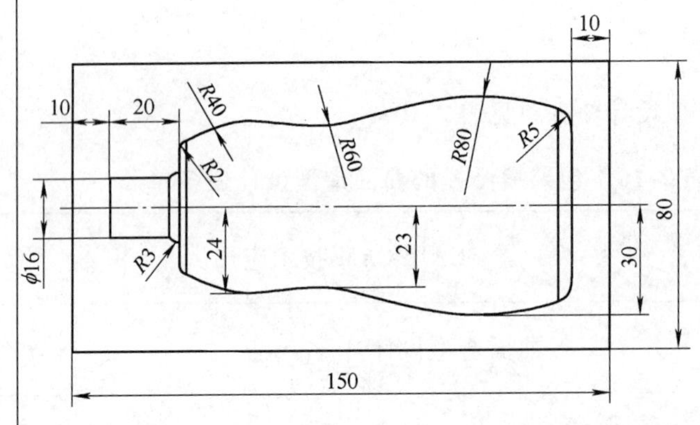

图 2-4　包装瓶凸模

</td>
</tr>
<tr>
<td>任务分析</td>
<td>

通过包装瓶凸模的曲面造型设计，完成以下具体任务：

1. 了解 UG NX 软件的基本环境和基础知识。

2. 掌握曲线的绘制、编辑。

3. 掌握各种曲面的生成及编辑方法。

4. 掌握曲面工具栏中的拉伸曲面、旋转曲面、扫掠曲面、直纹曲面、通过曲线组曲面以及通过曲线网格曲面的使用方法。

5. 掌握曲面编辑中的延伸、修剪、分割、桥接和倒圆角等操作。

6. 通过以上操作完成包装瓶凸模的曲面造型设计。

</td>
</tr>
</table>

学时安排	资讯 0.5学时	计划 1学时	决策 1学时	实施 3学时	检查评价 0.5学时
提供资料	1. 张士军，韩学军. UG设计与加工. 北京：机械工业出版社，2009。 2. 王尚林 . UG NX6.0 三维建模实例教程. 北京：中国电力出版社，2010。 3. 石皋莲，吴少华. UG NX CAD应用案例教程. 北京：机械工业出版社，2011。 4. 杨德辉. UG NX6.0实用教程. 北京：北京理工大学出版社，2011。 5. 黎震，刘磊. UG NX6中文版应用与实例教程. 北京：北京理工大学出版社，2009。 6. 袁锋. UG机械设计工程范例教程（基础篇）. 2版. 北京：机械工业出版社，2009。 7. 袁锋. UG机械设计工程范例教程（高级篇）. 2版. 北京：机械工业出版社，2009。 8. 赵松涛. UG NX实训教程. 北京：北京理工大学出版社，2008。 9. 郑贞平，曹成，张小红，等. UG NX5中文版基础教程. 北京：机械工业出版社，2008。 10. 云杰漫步多媒体科技CAX设计教研室. UG NX6.0中文版数控加工. 北京：清华大学出版社，2009。 11. 郑贞平，喻德. UG NX5中文版三维设计与NC加工实例精解. 北京：机械工业出版社，2008。 12. UG NX软件使用说明书。 13. 制图员操作规程。 14. 机械设计技术要求和国家制图标准。				
对学生的要求	1. 能对任务书进行分析，能正确理解和描述目标要求。 2. 绘制曲线时必须保证曲线绘制规范和合理。 3. 具有独立思考、善于提问的学习习惯。 4. 具有查询资料和市场调研的能力，具备严谨求实和开拓创新的学习态度。 5. 能执行企业“5S”质量管理体系要求，具备良好的职业意识和社会能力。 6. 上机操作时应穿鞋套，遵守机房的规章制度。 7. 具备一定的观察理解和判断分析能力。 8. 具有团队协作、爱岗敬业的精神。 9. 具有一定的创新思维和勇于创新的精神。 10. 不迟到、不早退、不旷课，否则扣分。 11. 按时按要求上交作业，并列入考核成绩。				

2.2.2 资讯

1. 包装瓶凸模的曲面造型设计资讯单（见表2-11）

表2-11 包装瓶凸模的曲面造型设计资讯单

学习领域	CAD/CAM 技术应用		
学习情境2	曲面造型设计	学时	18学时
任务2.2	包装瓶凸模的曲面造型设计	学时	6学时
资讯方式	学生根据教师给出的资讯引导进行查询解答		
资讯问题	1. 曲面中的倒圆角类型有哪些？ 2. 曲面倒圆角的控制方式有哪些？ 3. 扩大曲面的类型有哪些？ 4. 修剪片体的选择步骤是什么？ 5. 片体边界的选项有哪些？ 6. 改变边的方法有哪些？ 7. 边和交叉切线的求作方法有哪些？		
资讯引导	1. 问题1参阅《UG机械设计工程范例教程（基础篇）》第2版。 2. 问题2参阅《UG设计与加工》。 3. 问题3参阅《UG机械设计工程范例教程（基础篇）》第2版。 4. 问题4参阅《UG NX6中文版应用与实例教程》。 5. 问题5参阅《UG NX实训教程》。 6. 问题6参阅《UG NX6.0实用教程》。 7. 问题7参阅《UG机械设计工程范例教程（高级篇）》第2版。		

2. 包装瓶凸模的曲面造型设计信息单（见表2-12）

表2-12 包装瓶凸模的曲面造型设计信息单

学习领域	CAD/CAM 技术应用		
学习情境2	曲面造型设计	学时	18学时
任务2.2	包装瓶凸模的曲面造型设计	学时	6学时
信息内容			
包装瓶凸模的曲面造型设计			
步骤： 1. 使用“拉伸”命令创建包装瓶凸模底板。 2. 使用“拉伸”命令创建包装瓶凸模瓶口。 3. 使用“通过曲面网格”命令创建包装瓶凸模。 4. 使用“缝合”命令实现曲面的实体转化，并对各边倒圆角，完成包装瓶凸模的曲面造型设计，如图2-5所示。 注意事项： 矢量不能与引导线相切。	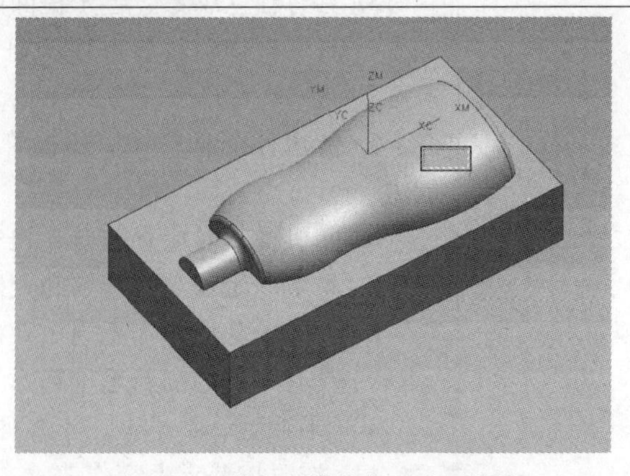 图2-5 包装瓶凸模的曲面造型设计		

2.2.3 计划

根据任务内容制订小组任务计划，简要说明任务实施过程的步骤及注意事项。将计划内容等填入。包装瓶凸模的曲面设计计划单，见表2-13。

表2-13 包装瓶凸模的曲面造型设计计划单

<table>
<tr><td>学习领域</td><td colspan="5">CAD/CAM技术应用</td></tr>
<tr><td>学习情境2</td><td colspan="3">曲面造型设计</td><td>学时</td><td>18学时</td></tr>
<tr><td>任务2.2</td><td colspan="3">包装瓶凸模的曲面造型设计</td><td>学时</td><td>6学时</td></tr>
<tr><td>计划方式</td><td colspan="5">小组讨论</td></tr>
<tr><td>序号</td><td colspan="3">实施步骤</td><td colspan="2">使用资源</td></tr>
<tr><td></td><td colspan="3"></td><td colspan="2"></td></tr>
<tr><td></td><td colspan="3"></td><td colspan="2"></td></tr>
<tr><td></td><td colspan="3"></td><td colspan="2"></td></tr>
<tr><td></td><td colspan="3"></td><td colspan="2"></td></tr>
<tr><td></td><td colspan="3"></td><td colspan="2"></td></tr>
<tr><td></td><td colspan="3"></td><td colspan="2"></td></tr>
<tr><td>制订计划说明</td><td colspan="5"></td></tr>
<tr><td>计划评价</td><td colspan="5">评语：</td></tr>
<tr><td>班级</td><td></td><td>第　　组</td><td>组长签字</td><td colspan="2"></td></tr>
<tr><td>教师签字</td><td colspan="2"></td><td>日期</td><td colspan="2"></td></tr>
</table>

2.2.4 决策

1. 小组互评，选定合适的工作计划。

2. 小组负责人对任务进行分配，组员按照负责人要求完成相关任务内容，并将自己所在小组及个人任务填入包装瓶凸模的曲面造型设计决策单，见表2-14。

表 2-14　包装瓶凸模的曲面造型设计决策单

<table>
<tr><td>学习领域</td><td colspan="6">CAD/CAM 技术应用</td></tr>
<tr><td>学习情境 2</td><td colspan="4">曲面造型设计</td><td>学时</td><td>18 学时</td></tr>
<tr><td>任务 2.2</td><td colspan="4">包装瓶凸模的曲面造型设计</td><td>学时</td><td>6 学时</td></tr>
<tr><td colspan="5">方案讨论</td><td>组号</td><td></td></tr>
<tr><td rowspan="16">方案决策</td><td>组别</td><td>步骤顺序性</td><td>步骤合理性</td><td>实施可操作性</td><td>选用工具合理性</td><td>原因说明</td></tr>
<tr><td>1</td><td></td><td></td><td></td><td></td><td></td></tr>
<tr><td>2</td><td></td><td></td><td></td><td></td><td></td></tr>
<tr><td>3</td><td></td><td></td><td></td><td></td><td></td></tr>
<tr><td>4</td><td></td><td></td><td></td><td></td><td></td></tr>
<tr><td>5</td><td></td><td></td><td></td><td></td><td></td></tr>
<tr><td>1</td><td></td><td></td><td></td><td></td><td></td></tr>
<tr><td>2</td><td></td><td></td><td></td><td></td><td></td></tr>
<tr><td>3</td><td></td><td></td><td></td><td></td><td></td></tr>
<tr><td>4</td><td></td><td></td><td></td><td></td><td></td></tr>
<tr><td>5</td><td></td><td></td><td></td><td></td><td></td></tr>
<tr><td>1</td><td></td><td></td><td></td><td></td><td></td></tr>
<tr><td>2</td><td></td><td></td><td></td><td></td><td></td></tr>
<tr><td>3</td><td></td><td></td><td></td><td></td><td></td></tr>
<tr><td>4</td><td></td><td></td><td></td><td></td><td></td></tr>
<tr><td>5</td><td></td><td></td><td></td><td></td><td></td></tr>
<tr><td>方案评价</td><td colspan="6">评语：（根据组内的决策，对照计划进行修改并说明修改原因）</td></tr>
<tr><td>班级</td><td></td><td>组长签字</td><td></td><td>教师签字</td><td></td><td>月　　日</td></tr>
</table>

2.2.5 实施

1. 实施准备

任务实施准备主要包括CAD/CAM实训室（多媒体）、UG NX软件、资料准备等，见表2-15。

表2-15 包装瓶凸模的曲面造型设计实施准备

<table>
<tr><td>学习情境2</td><td colspan="2">曲面造型设计</td><td>学时</td><td>18学时</td></tr>
<tr><td>任务2.2</td><td colspan="2">包装瓶凸模的曲面造型设计</td><td>学时</td><td>6学时</td></tr>
<tr><td>重点、难点</td><td colspan="4">曲面建模功能键的使用</td></tr>
<tr><td>教学资源</td><td colspan="4">CAD/CAM实训室（多媒体）</td></tr>
<tr><td>资料准备</td><td colspan="4">1. 张士军，韩学军. UG设计与加工. 北京：机械工业出版社，2009。
2. 王尚林. UG NX6.0三维建模实例教程. 北京：中国电力出版社，2010。
3. 石皋莲，吴少华. UG NX CAD应用案例教程. 北京：机械工业出版社，2010。
4. 杨德辉. UG NX6.0实用教程. 北京：北京理工大学出版社，2011。
5. 黎震，刘磊. UG NX6中文版应用与实例教程. 北京：北京理工大学出版社，2009。
6. 袁锋. UG机械设计工程范例教程（基础篇）. 2版. 北京：机械工业出版社，2009。
7. 袁锋. UG机械设计工程范例教程（高级篇）. 2版. 北京：机械工业出版社，2009。
8. 赵松涛. UG NX实训教程. 北京：北京理工大学出版社，2008。
9. 郑贞平，曹成，张小红，等. UG NX5中文版基础教程. 北京：机械工业出版社，2008。
10. 云杰漫步多媒体科技CAX设计教研室. UG NX6.0中文版数控加工. 北京：清华大学出版社，2009。
11. 郑贞平，喻德. UG NX5中文版三维设计与NC加工实例精解. 北京：机械工业出版社，2008。
12. UG NX软件使用说明书。
13. 制图员操作规程。
14. 机械设计技术要求和国家制图标准。</td></tr>
<tr><td>设备、工具</td><td colspan="4">UG NX软件</td></tr>
<tr><td colspan="5">教学组织实施</td></tr>
<tr><td>实施步骤</td><td>组织实施内容</td><td>教学方法</td><td colspan="2">学时</td></tr>
<tr><td>1</td><td></td><td></td><td colspan="2"></td></tr>
<tr><td>2</td><td></td><td></td><td colspan="2"></td></tr>
<tr><td>3</td><td></td><td></td><td colspan="2"></td></tr>
<tr><td>4</td><td></td><td></td><td colspan="2"></td></tr>
<tr><td>5</td><td></td><td></td><td colspan="2"></td></tr>
</table>

2. 实施任务

依据计划步骤实施任务，并完成作业单的填写。包装瓶凸模的曲面造型设计作业单见表2-16。

表 2-16　包装瓶凸模的曲面造型设计作业单

<table>
<tr><td>学习领域</td><td colspan="5">CAD/CAM 技术应用</td></tr>
<tr><td>学习情境 2</td><td colspan="3">曲面造型设计</td><td>学时</td><td>18 学时</td></tr>
<tr><td>任务 2.2</td><td colspan="3">包装瓶凸模的曲面造型设计</td><td>学时</td><td>6 学时</td></tr>
<tr><td>作业方式</td><td colspan="5">小组分析，个人软件造型，现场批阅，集体评判</td></tr>
<tr><td>作业内容</td><td colspan="5">完成凸心模板的曲面造型设计</td></tr>
<tr><td colspan="6">凸心模板如图 2-6 所示。
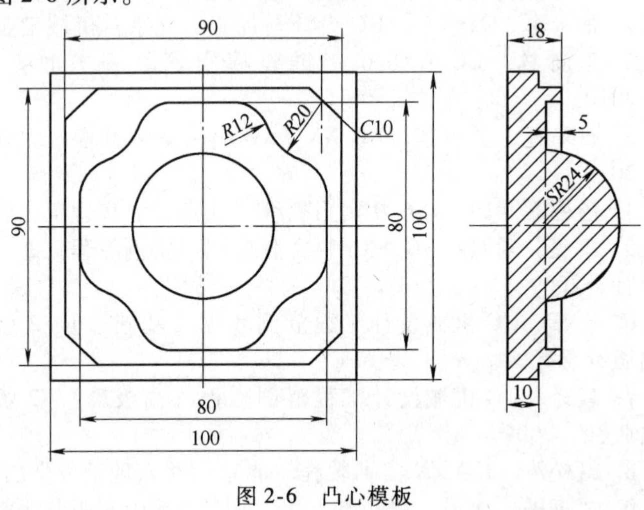

图 2-6　凸心模板</td></tr>
<tr><td colspan="6">作业描述：
用曲面建模模块所提供的曲面建模命令，完成图 2-6 所示凸心模板的造型设计。</td></tr>
<tr><td colspan="6">作业分析：
本作业是完成凸心模板的三维造型设计。凸心模板底座平面和四个周边已加工至尺寸，顶面尚留有 3mm 的余量，毛坯为 100mm × 100mm × 40mm 的板料。</td></tr>
<tr><td colspan="6">作业评价：</td></tr>
<tr><td>班级</td><td></td><td>组别</td><td></td><td>组长签字</td><td></td></tr>
<tr><td>学号</td><td></td><td>姓名</td><td></td><td>教师签字</td><td></td></tr>
<tr><td>教师评分</td><td></td><td>日期</td><td colspan="3"></td></tr>
</table>

2.2.6 检查评价

学生完成本学习任务后，应展示的结果为：计划单、决策单、作业单、检查单和评价单。

1. 包装瓶凸模的曲面造型设计检查单（见表2-17）

表2-17 包装瓶凸模的曲面造型设计检查单

<table>
<tr><td>学习领域</td><td colspan="4">CAD/CAM技术应用</td></tr>
<tr><td>学习情境2</td><td colspan="2">曲面造型设计</td><td>学时</td><td>18学时</td></tr>
<tr><td>任务2.2</td><td colspan="2">包装瓶凸模的曲面造型设计</td><td>学时</td><td>6学时</td></tr>
<tr><td>序号</td><td>检查项目</td><td>检查标准</td><td>学生自查</td><td>教师检查</td></tr>
<tr><td>1</td><td>包装瓶凸模的识图能力</td><td>读懂任务单中的包装瓶凸模零件图</td><td></td><td></td></tr>
<tr><td>2</td><td>包装瓶凸模曲面建模设计的过程</td><td>能够熟练地按照步骤完成包装瓶凸模曲面造型设计</td><td></td><td></td></tr>
<tr><td>3</td><td>包装瓶凸模曲面建模模块的熟练使用</td><td>能够熟练使用曲面造型设计各命令并完成包装瓶凸模造型设计</td><td></td><td></td></tr>
<tr><td>4</td><td>包装瓶凸模曲面造型设计尺寸</td><td>根据任务单中的零件图尺寸完成包装瓶凸模曲面造型设计</td><td></td><td></td></tr>
<tr><td>5</td><td>曲面设计与构建能力</td><td>能够完成曲面造型的创建</td><td></td><td></td></tr>
<tr><td>6</td><td>曲面编辑各功能键的使用</td><td>熟练地使用曲面编辑各功能键并完成曲面零件的造型设计</td><td></td><td></td></tr>
<tr><td>7</td><td>曲面造型设计缺陷的分析诊断能力</td><td>曲面造型设计缺陷处理得当</td><td></td><td></td></tr>
<tr><td>检查评价</td><td colspan="4">评语：</td></tr>
<tr><td>班级</td><td></td><td>组别</td><td></td><td>组长签字</td></tr>
<tr><td>教师签字</td><td colspan="2"></td><td>日期</td><td></td></tr>
</table>

2. 包装瓶凸模的曲面造型设计评价单（见表2-18）

表2-18　包装瓶凸模的曲面造型设计评价单

<table>
<tr><td>学习领域</td><td colspan="9">CAD/CAM技术应用</td></tr>
<tr><td>学习情境2</td><td colspan="6">曲面造型设计</td><td colspan="2">学时</td><td>18学时</td></tr>
<tr><td>任务2.2</td><td colspan="6">包装瓶凸模的曲面造型设计</td><td colspan="2">学时</td><td>6学时</td></tr>
<tr><td>评价类别</td><td>评价项目</td><td>子项目</td><td>个人
评价</td><td colspan="5">组内互评</td><td>教师
评价</td></tr>
<tr><td rowspan="14">专业能力
（60%）</td><td rowspan="2">资讯
（8%）</td><td>搜集信息（4%）</td><td></td><td></td><td></td><td></td><td></td><td></td><td></td></tr>
<tr><td>引导问题回答（4%）</td><td></td><td></td><td></td><td></td><td></td><td></td><td></td></tr>
<tr><td>计划
（5%）</td><td>计划可执行度（5%）</td><td></td><td></td><td></td><td></td><td></td><td></td><td></td></tr>
<tr><td rowspan="5">实施
（12%）</td><td>工作步骤执行（3%）</td><td></td><td></td><td></td><td></td><td></td><td></td><td></td></tr>
<tr><td>功能实现（3%）</td><td></td><td></td><td></td><td></td><td></td><td></td><td></td></tr>
<tr><td>质量管理（2%）</td><td></td><td></td><td></td><td></td><td></td><td></td><td></td></tr>
<tr><td>安全保护（2%）</td><td></td><td></td><td></td><td></td><td></td><td></td><td></td></tr>
<tr><td>环境保护（2%）</td><td></td><td></td><td></td><td></td><td></td><td></td><td></td></tr>
<tr><td rowspan="2">检查
（10%）</td><td>全面性、准确性（5%）</td><td></td><td></td><td></td><td></td><td></td><td></td><td></td></tr>
<tr><td>异常情况排除（5%）</td><td></td><td></td><td></td><td></td><td></td><td></td><td></td></tr>
<tr><td rowspan="2">过程
（15%）</td><td>使用工具规范性（7%）</td><td></td><td></td><td></td><td></td><td></td><td></td><td></td></tr>
<tr><td>操作过程规范性（8%）</td><td></td><td></td><td></td><td></td><td></td><td></td><td></td></tr>
<tr><td>结果
（5%）</td><td>结果质量（5%）</td><td></td><td></td><td></td><td></td><td></td><td></td><td></td></tr>
<tr><td>作业
（5%）</td><td>作业质量（5%）</td><td></td><td></td><td></td><td></td><td></td><td></td><td></td></tr>
<tr><td rowspan="2">社会能力
（20%）</td><td>团结协作
（10%）</td><td></td><td></td><td></td><td></td><td></td><td></td><td></td><td></td></tr>
<tr><td>敬业精神
（10%）</td><td></td><td></td><td></td><td></td><td></td><td></td><td></td><td></td></tr>
<tr><td rowspan="2">方法能力
（20%）</td><td>计划能力
（10%）</td><td></td><td></td><td></td><td></td><td></td><td></td><td></td><td></td></tr>
<tr><td>决策能力
（10%）</td><td></td><td></td><td></td><td></td><td></td><td></td><td></td><td></td></tr>
<tr><td>评价
评语</td><td colspan="9">评语：</td></tr>
<tr><td>班级</td><td></td><td>组别</td><td></td><td colspan="2">学号</td><td colspan="2"></td><td>总评</td><td></td></tr>
<tr><td>教师签字</td><td colspan="2"></td><td>组长签字</td><td colspan="2"></td><td colspan="2">日期</td><td colspan="2"></td></tr>
</table>

2.2.7 实践中常见问题解析

1. 当用曲面建模模块构建工件实体模型时，应分别在 *XC-YC* 和 *XC-ZC* 基准平面上绘制轮廓草图；在实体拉伸时，应将坐标系原点设定在工件上表面中心处。

2. 利用自由形状特征既能生成曲面，也能生成实体。要用好自由形状特征，曲线构造是基础，可通过点、线、片体或实体的边界和表面来定义自由曲面等。

3. 通过自由曲面操作，可以构造标准特征建模方法无法创建的复杂形状，如修剪一个实体从而获得一个特殊的形状、将封闭片体缝合成一个实体、对一个线框模型进行蒙皮等。

任务 2.3 十字定位座的曲面造型设计

2.3.1 任务描述

十字定位座的曲面造型设计任务单见表 2-19。

表 2-19 十字定位座的曲面造型设计任务单

<table>
<tr><td>学习领域</td><td colspan="3">CAD/CAM 技术应用</td></tr>
<tr><td>学习情境 2</td><td>曲面造型设计</td><td>学时</td><td>18 学时</td></tr>
<tr><td>任务 2.3</td><td>十字定位座的曲面造型设计</td><td>学时</td><td>6 学时</td></tr>
<tr><td colspan="4">布置任务</td></tr>
<tr><td>学习目标</td><td colspan="3">1. 掌握草图创建的基本方法，绘制十字定位座的基本曲线。
2. 掌握基本曲线的绘制方法。
3. 掌握曲面造型的基本方式，学会基本曲面的生成和编辑方法，完成十字定位座的曲面造型设计。
4. 掌握曲面编辑中的延伸、修剪、分割、桥接和倒圆角等操作。
5. 掌握曲面中的扫掠。
6. 掌握曲面编辑。</td></tr>
<tr><td>任务描述</td><td colspan="3">图 2-7 所示为十字定位座。十字定位座是在某装置上用于坐标定位的零件。从俯视图看，外轮廓呈十字形凹槽，凹槽底部是一个球面，并且所有边角都为圆角，半径为 R5mm；座板上有 6 个 ϕ12mm 通孔和 4 个 ϕ10mm 通孔；在球形凹槽底部有一个 ϕ30mm 通孔。
每组分别使用 UG NX 软件完成十字定位座的曲面造型设计，应了解如下具体内容：
1. 了解十字定位座的基本结构。
2. 掌握十字定位座曲面造型设计的基本方法。
3. 掌握十字定位座的曲面造型设计过程。</td></tr>
</table>

任务描述

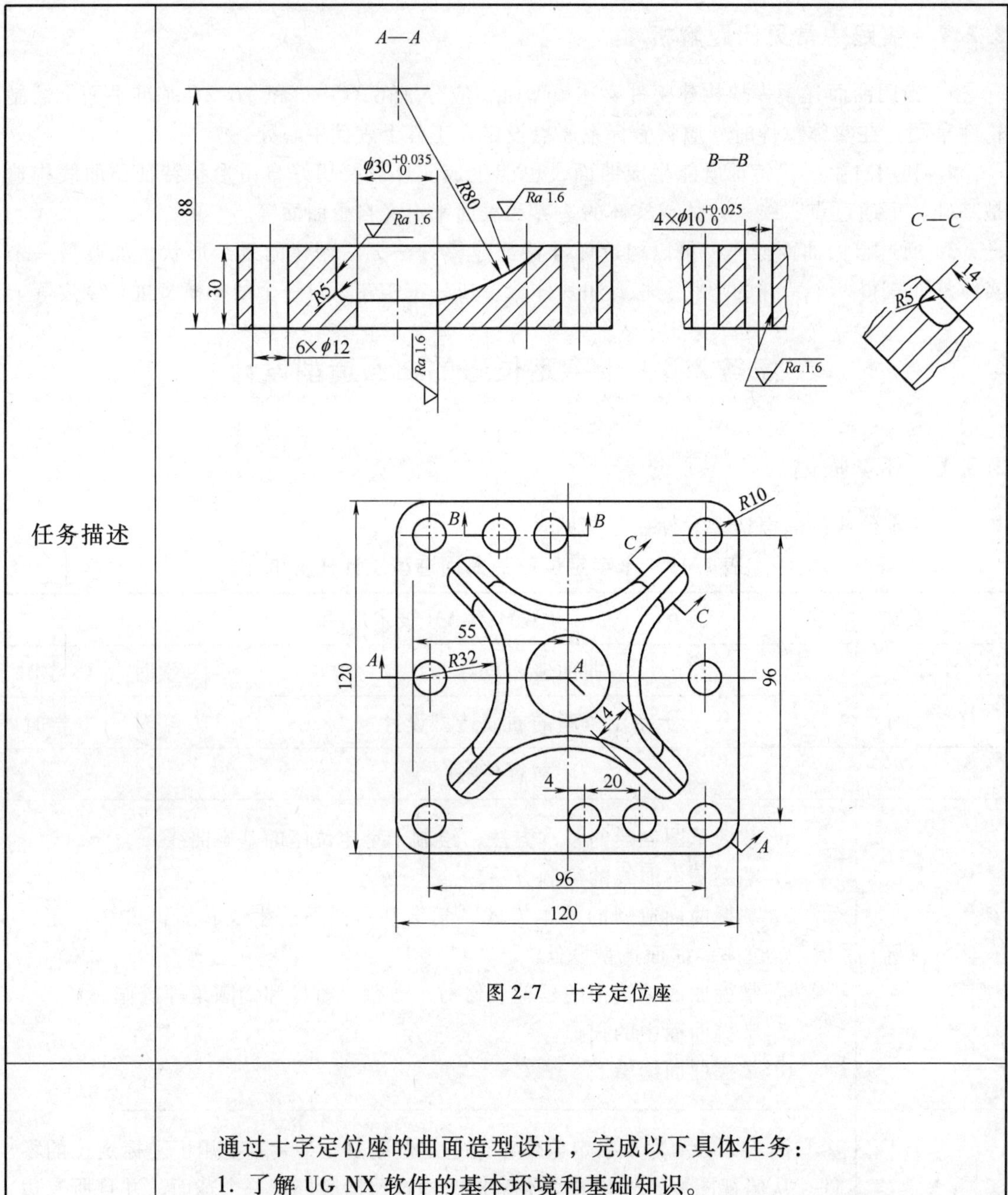

图 2-7　十字定位座

任务分析

通过十字定位座的曲面造型设计，完成以下具体任务：

1. 了解 UG NX 软件的基本环境和基础知识。

2. 掌握曲线的绘制、编辑方法。

3. 掌握各种曲面的生成、修改及编辑方法。

4. 掌握曲面工具栏中的拉伸曲面、旋转曲面、扫掠曲面、直纹曲面、通过曲线组曲面、通过曲线网格曲面的使用方法。

5. 掌握曲面编辑中的延伸、修剪、分割、桥接、倒圆角等操作。

6. 通过以上操作完成十字定位座的曲面造型设计。

<table>
<tr><td>学时安排</td><td>资讯
0.5 学时</td><td>计划
1 学时</td><td>决策
1 学时</td><td>实施
3 学时</td><td>检查评价
0.5 学时</td></tr>
<tr><td>提供资料</td><td colspan="5">1. 张士军，韩学军. UG设计与加工. 北京：机械工业出版社，2009。
2. 王尚林. UG NX6.0 三维建模实例教程. 北京：中国电力出版社，2010。
3. 石皋莲，吴少华. UG NX CAD应用案例教程. 北京：机械工业出版社，2010。
4. 杨德辉. UG NX6.0 实用教程. 北京：北京理工大学出版社，2011。
5. 黎震，刘磊. UG NX6 中文版应用与实例教程. 北京：北京理工大学出版社，2009。
6. 袁锋. UG机械设计工程范例教程（基础篇）. 2版. 北京：机械工业出版社，2009。
7. 袁锋. UG机械设计工程范例教程（高级篇）. 2版. 北京：机械工业出版社，2009。
8. 赵松涛. UG NX实训教程. 北京：北京理工大学出版社，2008。
9. 郑贞平，曹成，张小红，等. UG NX5 中文版基础教程. 北京：机械工业出版社，2008。
10. 云杰漫步多媒体科技CAX设计教研室. UG NX6.0 中文版数控加工. 北京：清华大学出版社，2009。
11. 郑贞平，喻德. UG NX5 中文版三维设计与NC加工实例精解. 北京：机械工业出版社，2008。
12. UG NX软件使用说明书。
13. 制图员操作规程。
14. 机械设计技术要求和国家制图标准。</td></tr>
<tr><td>对学生的要求</td><td colspan="5">1. 能对任务书进行分析，能正确理解和描述目标要求。
2. 绘制曲线时必须保证曲线绘制规范和合理。
3. 具有独立思考、善于提问的学习习惯。
4. 具有查询资料和市场调研的能力，具备严谨求实和开拓创新的学习态度。
5. 能执行企业“5S”质量管理体系要求，具备良好的职业意识和社会能力。
6. 上机操作时应穿鞋套，遵守机房的规章制度。
7. 具备一定的观察理解和判断分析能力。
8. 具有团队协作、爱岗敬业的精神。
9. 具有一定的创新思维和勇于创新的精神。
10. 不迟到、不早退、不旷课，否则扣分。
11. 按时按要求上交作业，并列入考核成绩。</td></tr>
</table>

2.3.2 资讯

1. 十字定位座的曲面造型设计资讯单（见表2-20）

表2-20 十字定位座的曲面造型设计资讯单

学习领域	CAD/CAM技术应用		
学习情境2	曲面造型设计	学时	18学时
任务2.3	十字定位座的曲面造型设计	学时	6学时
资讯方式	学生根据教师给出的资讯引导进行查询解答		
资讯问题	1. 自由曲面建模的基本原则有哪些？ 2. 通过曲线组的调整方式有哪些？ 3. 创建扫掠曲面的基本操作步骤有哪些？ 4. N边曲面的基本操作步骤有哪些？ 5. 桥接的基本操作步骤有哪些？ 6. 规律延伸的基本操作步骤有哪些？ 7. 面倒圆角的操作步骤有哪些？ 8. 缝合的操作步骤有哪些？		
资讯引导	1. 问题1参阅《UG NX实训教程》。 2. 问题2参阅《UG NX5中文版三维设计与NC加工实例精解》。 3. 问题3参阅《UG NX实训教程》。 4. 问题4参阅《UG NX5中文版基础教程》。 5. 问题5参阅《UG NX5中文版三维设计与NC加工实例精解》。 6. 问题6参阅《UG NX5中文版基础教程》。 7. 问题7参阅《UG NX CAD应用案例教程》。 8. 问题8参阅《UG NX CAD应用案例教程》。		

2. 十字定位座的曲面建模设计信息单（见表 2-21）

表 2-21　十字定位座的曲面造型设计信息单

学习领域	CAD/CAM 技术应用		
学习情境 2	曲面造型设计	学时	18 学时
任务 2.3	十字定位座的曲面造型设计	学时	6 学时
信息内容			
十字定位座的曲面造型设计			
步骤： 1. 选择 *XY* 平面，创建草图，绘制矩形并拉伸高度为 30mm 的实体。 2. 选择 *XZ* 平面，绘制草图，使用“回转”命令，完成十字定位座中间槽的生成。 3. 选择十字定位座顶面创建草图，绘制 *R*32mm 四个半圆并拉伸求和。 4. 选择十字定位座顶面创建草图，绘制通孔并拉伸完成各通孔。 5. 使用“倒圆角”命令，完成十字定位座倒角。 6. 选择 *XY* 平面创建草图，绘制中心孔，拉伸并求差，完成十字定位座的曲面造型设计，如图 2-8 所示。 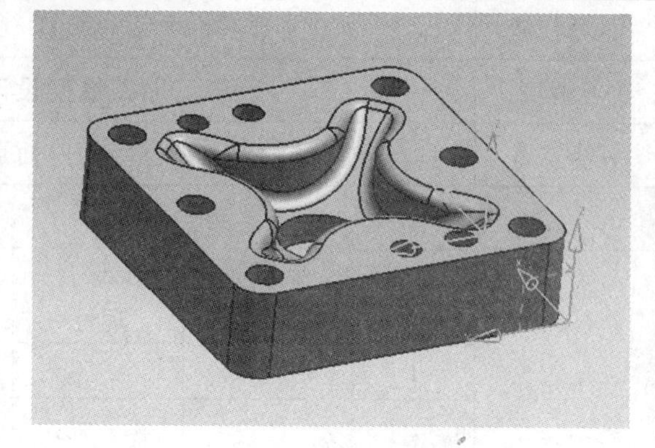 图 2-8　十字定位座的曲面造型设计			

2.3.3　计划

根据任务内容制订小组任务计划，简要说明任务实施过程的步骤及注意事项。将计划内容等填入十字定位座的曲面造型计划单，见表 2-22。

表 2-22　十字定位座的曲面造型设计计划单

学习领域	CAD/CAM 技术应用			
学习情境 2	曲面造型设计		学时	18 学时
任务 2.3	十字定位座的曲面造型设计		学时	6 学时
计划方式	小组讨论			
序号	实施步骤		使用资源	
制订计划说明				
计划评价	评语：			
班级		第　　组	组长签字	
教师签字			日期	

2.3.4 决策

1. 小组互评，选定合适的工作计划。

2. 小组负责人对任务进行分配，组员按照负责人要求完成相关任务内容，并将自己所在小组及个人任务填入十字定位座的曲面造型设计决策单，见表2-23。

表2-23 十字定位座的曲面造型设计决策单

<table>
<tr><td>学习领域</td><td colspan="7">CAD/CAM 技术应用</td></tr>
<tr><td>学习情境2</td><td colspan="5">曲面造型设计</td><td>学时</td><td>18 学时</td></tr>
<tr><td>任务2.3</td><td colspan="5">十字定位座的曲面造型设计</td><td>学时</td><td>6 学时</td></tr>
<tr><td colspan="6">方案讨论</td><td>组号</td><td></td></tr>
<tr><td rowspan="16">方案决策</td><td>组别</td><td>步骤顺序性</td><td>步骤合理性</td><td>实施可操作性</td><td>选用工具合理性</td><td colspan="2">原因说明</td></tr>
<tr><td>1</td><td></td><td></td><td></td><td></td><td colspan="2"></td></tr>
<tr><td>2</td><td></td><td></td><td></td><td></td><td colspan="2"></td></tr>
<tr><td>3</td><td></td><td></td><td></td><td></td><td colspan="2"></td></tr>
<tr><td>4</td><td></td><td></td><td></td><td></td><td colspan="2"></td></tr>
<tr><td>5</td><td></td><td></td><td></td><td></td><td colspan="2"></td></tr>
<tr><td>1</td><td></td><td></td><td></td><td></td><td colspan="2"></td></tr>
<tr><td>2</td><td></td><td></td><td></td><td></td><td colspan="2"></td></tr>
<tr><td>3</td><td></td><td></td><td></td><td></td><td colspan="2"></td></tr>
<tr><td>4</td><td></td><td></td><td></td><td></td><td colspan="2"></td></tr>
<tr><td>5</td><td></td><td></td><td></td><td></td><td colspan="2"></td></tr>
<tr><td>1</td><td></td><td></td><td></td><td></td><td colspan="2"></td></tr>
<tr><td>2</td><td></td><td></td><td></td><td></td><td colspan="2"></td></tr>
<tr><td>3</td><td></td><td></td><td></td><td></td><td colspan="2"></td></tr>
<tr><td>4</td><td></td><td></td><td></td><td></td><td colspan="2"></td></tr>
<tr><td>5</td><td></td><td></td><td></td><td></td><td colspan="2"></td></tr>
<tr><td>方案评价</td><td colspan="7">评语：（根据组内的决策，对照计划进行修改并说明修改原因）</td></tr>
<tr><td>班级</td><td></td><td>组长签字</td><td></td><td>教师签字</td><td></td><td colspan="2">月　　日</td></tr>
</table>

2.3.5 实施

1. 实施准备

任务实施准备主要包括 CAD/CAM 实训室（多媒体）、UG NX 软件、资料准备等，见表 2-24。

表 2-24 十字定位座的曲面造型设计实施准备

<table>
<tr><td>学习情境 2</td><td>曲面造型设计</td><td>学时</td><td>18 学时</td></tr>
<tr><td>任务 2.3</td><td>十字定位座的曲面造型设计</td><td>学时</td><td>6 学时</td></tr>
<tr><td>重点、难点</td><td colspan="3">曲面建模功能键的使用</td></tr>
<tr><td>教学资源</td><td colspan="3">CAD/CAM 实训室（多媒体）</td></tr>
<tr><td>资料准备</td><td colspan="3">1. 张士军，韩学军. UG 设计与加工. 北京：机械工业出版社，2009。
2. 王尚林. UG NX6.0 三维建模实例教程. 北京：中国电力出版社，2010。
3. 石皋莲，吴少华. UG NX CAD 应用案例教程. 北京：机械工业出版社，2010。
4. 杨德辉. UG NX6.0 实用教程. 北京：北京理工大学出版社，2011。
5. 黎震，刘磊. UG NX6 中文版应用与实例教程. 北京：北京理工大学出版社，2009。
6. 袁锋. UG 机械设计工程范例教程（基础篇）. 2 版. 北京：机械工业出版社，2009。
7. 袁锋. UG 机械设计工程范例教程（高级篇）. 2 版. 北京：机械工业出版社，2009。
8. 赵松涛. UG NX 实训教程. 北京：北京理工大学出版社，2008。
9. 郑贞平，曹成，张小红，等. UG NX5 中文版基础教程. 北京：机械工业出版社，2008。
10. 云杰漫步多媒体科技 CAX 设计教研室. UG NX6.0 中文版数控加工. 北京：清华大学出版社，2009。
11. 郑贞平，喻德. UG NX5 中文版三维设计与 NC 加工实例精解. 北京：机械工业出版社，2008。
12. UG NX 软件使用说明书。
13. 制图员操作规程。
14. 机械设计技术要求和国家制图标准。</td></tr>
<tr><td>设备、工具</td><td colspan="3">UG NX 软件</td></tr>
<tr><td colspan="4">教学组织实施</td></tr>
<tr><td>实施步骤</td><td>组织实施内容</td><td>教学方法</td><td>学时</td></tr>
<tr><td>1</td><td></td><td></td><td></td></tr>
<tr><td>2</td><td></td><td></td><td></td></tr>
<tr><td>3</td><td></td><td></td><td></td></tr>
<tr><td>4</td><td></td><td></td><td></td></tr>
<tr><td>5</td><td></td><td></td><td></td></tr>
</table>

2. 实施任务

依据计划步骤实施任务，并完成作业单的填写。十字定位座的曲面造型设计作业单见表2-25。

表 2-25　十字定位座的曲面造型设计作业单

<table>
<tr><td>学习领域</td><td colspan="5">CAD/CAM 技术应用</td></tr>
<tr><td>学习情境 2</td><td colspan="3">曲面造型设计</td><td>学时</td><td>18 学时</td></tr>
<tr><td>任务 2.3</td><td colspan="3">十字定位座的曲面造型设计</td><td>学时</td><td>6 学时</td></tr>
<tr><td>作业方式</td><td colspan="5">小组分析，个人软件造型，现场批阅，集体评判</td></tr>
<tr><td>作业内容</td><td colspan="5">完成三星轮盘的曲面造型设计</td></tr>
<tr><td colspan="6">三星轮盘如图 2-9 所示。
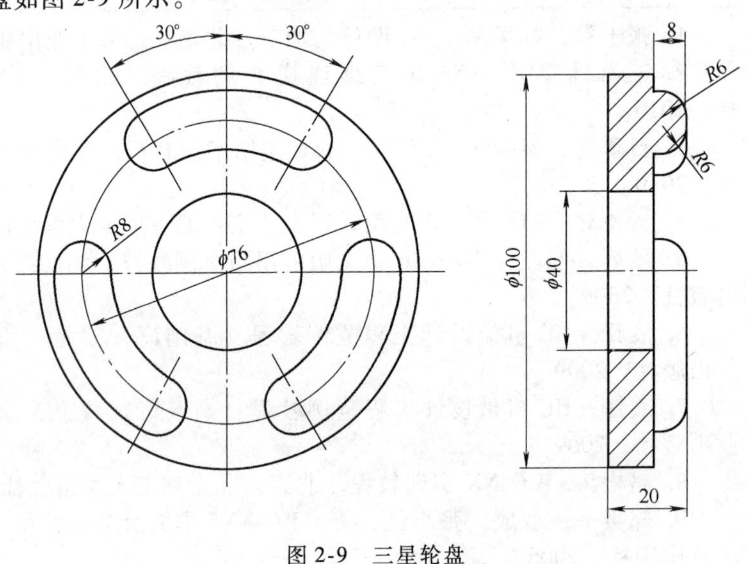

图 2-9　三星轮盘</td></tr>
<tr><td colspan="6">作业描述：
用曲面建模模块所提供的曲面建模命令，完成图 2-9 所示三星轮盘的造型设计。</td></tr>
<tr><td colspan="6">作业分析：
本作业是完成三星轮盘的三维造型设计。三星轮盘的外形为曲面，轮盘外径已经加工完成，厚度尚有 2mm 余量，毛坯尺寸为 $\phi100\text{mm} \times 22\text{mm}$。</td></tr>
<tr><td colspan="6">作业评价：</td></tr>
<tr><td>班级</td><td></td><td>组别</td><td></td><td>组长签字</td><td></td></tr>
<tr><td>学号</td><td></td><td>姓名</td><td></td><td>教师签字</td><td></td></tr>
<tr><td>教师评分</td><td></td><td>日期</td><td colspan="3"></td></tr>
</table>

2.3.6 检查评价

学生完成本学习任务后，应展示的结果为：计划单、决策单、作业单、检查单和评价单。

1. 十字定位座的曲面造型设计检查单（见表2-26）

表2-26　十字定位座的曲面造型设计检查单

学习领域	CAD/CAM技术应用			
学习情境2	曲面造型设计		学时	18学时
任务2.3	十字定位座的曲面造型设计		学时	6学时
序号	检查项目	检查标准	学生自查	教师检查
1	十字定位座的识图能力	读懂任务单中的十字定位座零件图		
2	十字定位座曲面造型设计的过程	能够熟练地按照步骤完成十字定位座曲面造型设计		
3	十字定位座曲面造型模块的熟练使用	能够熟练使用曲面造型设计各命令并完成十字定位座曲面造型设计		
4	十字定位座曲面造型设计尺寸	根据任务单给出的零件图尺寸完成十字定位座曲面造型设计		
5	曲面设计与构建能力	能够完成曲面造型的创建		
6	曲面编辑各功能键的使用	熟练地使用曲面编辑各功能键并完成曲面零件的造型设计		
7	曲面造型设计缺陷的分析诊断能力	曲面造型设计缺陷处理得当		
检查评价	评语：			
班级		组别		组长签字
教师签字			日期	

2. 十字定位座的曲面造型设计评价单（见表2-27）

表2-27　十字定位座的曲面造型设计评价单

学习领域	CAD/CAM技术应用								
学习情境2	曲面造型设计							学时	18学时
任务2.3	十字定位座的曲面造型设计							学时	6学时
评价类别	评价项目	子项目	个人评价	组内互评					教师评价
专业能力（60%）	资讯（8%）	搜集信息（4%）							
		引导问题回答（4%）							
	计划（5%）	计划可执行度（5%）							
	实施（12%）	工作步骤执行（3%）							
		功能实现（3%）							
		质量管理（2%）							
		安全保护（2%）							
		环境保护（2%）							
	检查（10%）	全面性、准确性（5%）							
		异常情况排除（5%）							
	过程（15%）	使用工具规范性（7%）							
		操作过程规范性（8%）							
	结果（5%）	结果质量（5%）							
	作业（5%）	作业质量（5%）							
社会能力（20%）	团结协作（10%）								
	敬业精神（10%）								
方法能力（20%）	计划能力（10%）								
	决策能力（10%）								
评价评语	评语：								
班级		组别		学号		总评			
教师签字		组长签字		日期					

2.3.7 实践中常见问题解析

1. 在同样数据点的情况下，点云方式逼近的曲面比通过点方法生成的曲面要光滑得多，但有误差，点不一定落在曲面上。

2. 在直纹曲面中，第二条曲线的箭头方向应与第一条曲线的箭头方向一致，否则会导致曲面扭曲。

3. 当曲面由三条曲线边构造时，可以将两点所构成的曲线作为第一条截面线或最后一条截面线，其余两条曲线作为交叉曲线。

4. 圆角-桥接、端点-斜率-Rho及端点-斜率-三次构造方法不能用于二次曲线类型。

5. 在偏置曲面的时候，可激活列表选项卡，选取任何类型单一曲面或多个曲面同时进行偏置操作。

6. 主匹配边必须长于从属片的边，从属片的边投影到主匹配边，使得主匹配边的一部分代替从属片的边。

学习情境3 三维装配设计

【学习目标】

熟悉UG NX软件装配模块的功能，运用所提供的操作界面、操作命令、常用的装配关系及设计技巧，将已完成设计的零部件按照产品的功能要求组装成相对独立的产品。通过一体化的教学，学生应掌握组件装配中的装配方式、添加组件、组件配对、组件阵列；掌握装配爆炸图中的创建爆炸图和编辑爆炸图，装配序列中的创建装配序列、装配和拆卸动画；掌握装配的基本术语、装配的特点和装配导航器的使用等内容。

【学习任务】

1. 手动气阀的装配设计。
2. 夹紧卡爪的装配设计。
3. 螺旋千斤顶的装配设计。

【情境描述】

在本学习情境中，学生要熟悉UG NX软件装配模块的功能，运用UG NX软件所提供的装配模块，掌握自下向上装配的方法、引用集的建立、组件间装配约束的建立、组件的重新定位、镜像装配、装配导航器的应用、装配爆炸图的创建和零件明细栏的创建与编辑等内容。本学习情境指导学生运用UG NX软件完成手动气阀、夹紧卡爪和螺旋千斤顶的装配设计，每个学习任务由易到难。本学习情境培养学生完成产品的装配设计，使学生在装配设计中逐渐养成独立的资料查阅能力、装配设计能力和团队合作能力，通过手动气阀、夹紧卡爪和螺旋千斤顶三个装配设计任务的实施，学生能够独立完成中等复杂零件的装配设计，为成为今后的造型设计师做好铺垫。

任务3.1 手动气阀的装配设计

3.1.1 任务描述

手动气阀的装配设计任务单见表3-1。

表 3-1　手动气阀的装配设计任务单

学习领域	CAD/CAM 技术应用		
学习情境 3	三维装配设计	学时	18 学时
任务 3.1	手动气阀的装配设计	学时	6 学时
布置任务			
学习目标	1. 掌握添加组件的方法。 2. 掌握装配约束的一般步骤。 3. 掌握装配约束类型。 4. 掌握装配组件中的组件阵列的使用方法。 5. 掌握装配中引用集的使用方法。 6. 掌握装配导航器的使用方法。 7. 能够熟练地创建装配序列、装配体和拆卸动画。 8. 能够熟练地创建爆炸图和编辑爆炸图。		
任务描述	图 3-1 所示为手动气阀装配图，其由 6 种共 9 个零件组成，其中 O 形密封圈 4 个，其他均为单件。在这些零件中，气阀杆与其他零件装配关系最多，其上装有 4 个 O 形密封圈，与芯杆、螺母是螺纹联接，与阀体是间隙配合关系。 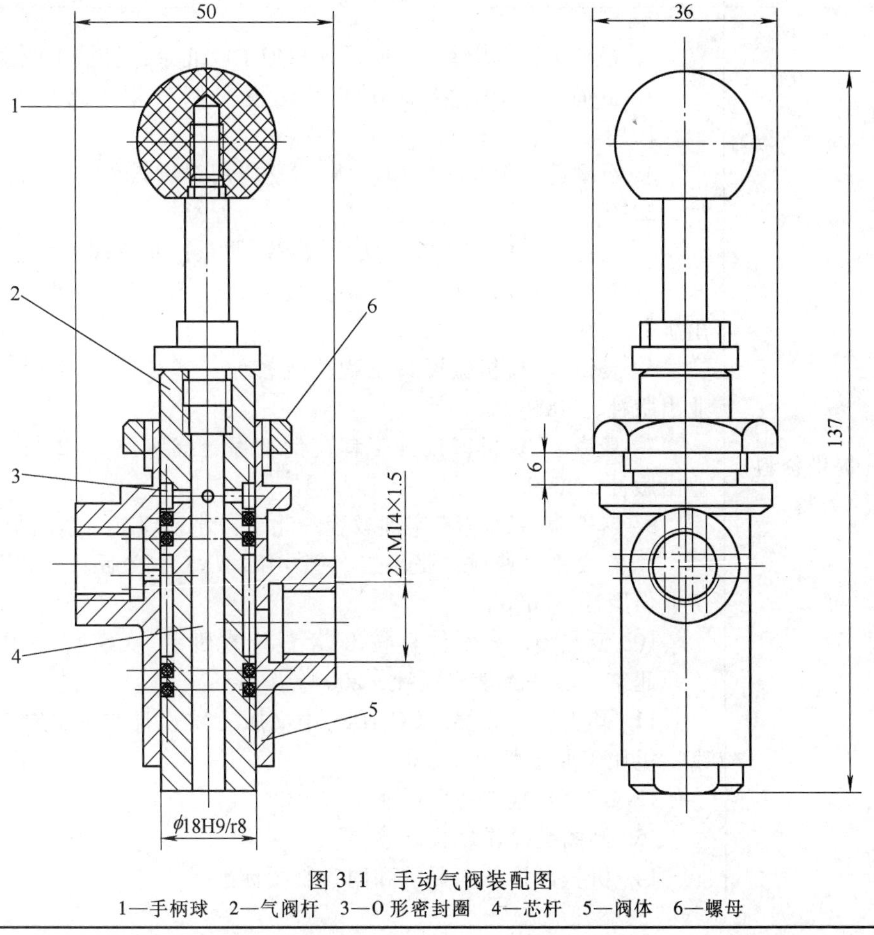 图 3-1　手动气阀装配图 1—手柄球　2—气阀杆　3—O 形密封圈　4—芯杆　5—阀体　6—螺母		

<table>
<tr><td></td><td colspan="5">每组分别使用 UG NX 软件完成手动气阀的装配设计，应了解如下具体内容：
1. 了解手动气阀的基本结构和工作原理。
2. 掌握手动气阀装配的基本方法。
3. 掌握装配各对话框的使用方法。</td></tr>
<tr><td>任务分析</td><td colspan="5">通过手动气阀的装配设计，完成以下具体任务：
1. 了解 UG NX 软件装配的基本环境和基础知识。
2. 掌握手动气阀装配特点。
3. 掌握手动气阀装配过程中使用的角度、中心、胶合、接触对齐、同心、距离、固定、平行及垂直等约束。
4. 掌握手动气阀装配过程中装配和拆卸动画的创建方法。
5. 掌握手动气阀爆炸图的创建和编辑方法。
6. 熟练、准确地完成手动气阀的装配设计。</td></tr>
<tr><td>学时安排</td><td>资讯
0.5 学时</td><td>计划
1 学时</td><td>决策
1 学时</td><td>实施
3 学时</td><td>检查评价
0.5 学时</td></tr>
<tr><td>提供资料</td><td colspan="5">1. 张士军，韩学军. UG 设计与加工. 北京：机械工业出版社，2009。
2. 王尚林. UG NX 6.0 三维建模实例教程. 北京：中国电力出版社，2010。
3. 石皋莲，吴少华. UG NX CAD 应用案例教程. 北京：机械工业出版社，2010。
4. 杨德辉. UG NX 6.0 实用教程. 北京：北京理工大学出版社，2011。
5. 黎震，刘磊. UG NX6 中文版应用与实例教程. 北京：北京理工大学出版社，2009。
6. 袁锋. UG 机械设计工程范例教程（基础篇）. 2 版. 北京：机械工业出版社，2009。
7. 袁锋. UG 机械设计工程范例教程（高级篇）. 2 版. 北京：机械工业出版社，2009。
8. 赵松涛. UG NX 实训教程. 北京：北京理工大学出版社，2008。
9. 郑贞平，曹成，张小红，等. UG NX5 中文版基础教程. 北京：机械工业出版社，2008。
10. 云杰漫步多媒体科技 CAX 设计教研室. UG NX 6.0 中文版数控加工. 北京：清华大学出版社，2009。
11. 郑贞平，喻德. UG NX5 中文版三维设计与 NC 加工实例精解. 北京：机械工业出版社，2008。
12. UG NX 软件使用说明书。
13. 制图员操作规程。
14. 机械设计技术要求和国家制图标准。</td></tr>
</table>

对学生的要求	1. 能对任务书进行分析，能正确理解和描述目标要求。 2. 装配时必须保证零件装配的规范和合理。 3. 具有独立思考、善于提问的学习习惯。 4. 具有查询资料和市场调研的能力，具备严谨求实和开拓创新的学习态度。 5. 能执行企业“5S”质量管理体系要求，具备良好的职业意识和社会能力。 6. 上机操作时应穿鞋套，遵守机房的规章制度。 7. 具备一定的观察理解和判断分析能力。 8. 具有团队协作、爱岗敬业的精神。 9. 具有一定的创新思维和勇于创新的精神。 10. 不迟到、不早退、不旷课，否则扣分。 11. 按时按要求上交作业，并列入考核成绩。

3.1.2 资讯

1. 手动气阀的装配设计资讯单（见表3-2）

表3-2 手动气阀的装配设计资讯单

学习领域	CAD/CAM 技术应用		
学习情境3	三维装配设计	学时	18学时
任务3.1	手动气阀的装配设计	学时	6学时
资讯方式	学生根据教师给出的资讯引导进行查询解答		
资讯问题	1. 如何添加组件？ 2. 如何调入零件？ 3. 如何重定位组件？ 4. 如何装配O形密封圈？ 5. 配对类型有哪些？ 6. 芯杆如何装配？ 7. 手柄球如何装配？ 8. 阀体如何装配？		
资讯引导	1. 问题1参阅《UG设计与加工》。 2. 问题2参阅《UG设计与加工》。 3. 问题3参阅《UG NX 6中文版应用与实例教程》。 4. 问题4参阅《UG NX 6中文版应用与实例教程》。 5. 问题5参阅《UG NX 6.0实用教程》。 6. 问题6参阅《UG设计与加工》。 7. 问题7参阅《UG NX 6.0实用教程》。 8. 问题8参阅《UG设计与加工》。		

2. 手动气阀的装配设计信息单（见表3-3）

表 3-3　手动气阀的装配设计信息单

<table>
<tr><td>学习领域</td><td colspan="3">CAD/CAM 技术应用</td></tr>
<tr><td>学习情境 3</td><td>三维装配设计</td><td>学时</td><td>18 学时</td></tr>
<tr><td>任务 3.1</td><td>手动气阀的装配设计</td><td>学时</td><td>6 学时</td></tr>
<tr><td>序号</td><td colspan="3">信息内容</td></tr>
<tr><td>一</td><td colspan="3">气阀杆的重定位</td></tr>
<tr><td colspan="4">步骤：
1. 选择气阀杆部件。
2. 调入气阀杆部件。
3. 添加现有部件和组件预览。
4. 重定位气阀杆组件，如图 3-2 所示。
注意事项：
气阀杆需要重定位才能进行装配。
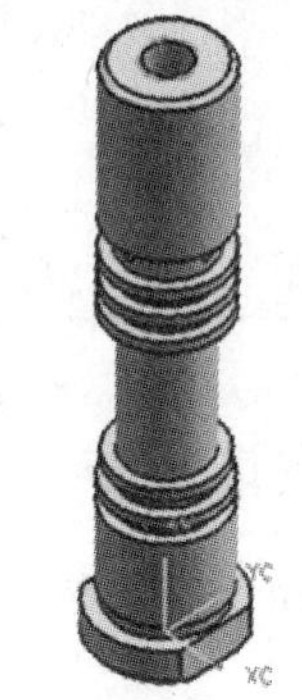

图 3-2　重定位后的气阀杆</td></tr>
<tr><td>二</td><td colspan="3">4 个 O 形密封圈的装配</td></tr>
<tr><td colspan="4">步骤：
1. 选择配对条件对话框中的“中心”。
2. 选择 O 形密封圈旋转轴和沟槽的径向面进行“配对”定位。
3. 选择 O 形密封圈中径向基准轴和沟槽侧平面，输入距离值“1.05”。
4. 预览装配情况。
5. 将余下的 3 个 O 形密封圈用相同方法进行装配，组装完成的 4 个 O 形密封圈。
注意事项：
密封圈在气阀杆沟槽中的旋转角度可任意。
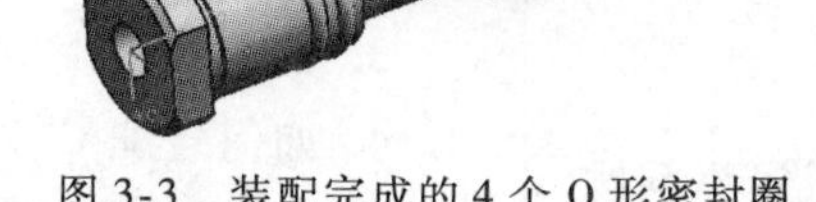
图 3-3　装配完成的 4 个 O 形密封圈</td></tr>
<tr><td>三</td><td colspan="3">芯杆的装配</td></tr>
<tr><td colspan="4">步骤：
1. 选择芯杆外螺纹面和气阀杆内螺纹面进行“配对”定位。
2. 选择芯杆 ϕ20mm 圆柱面和气阀杆 ϕ18mm 圆柱面进行“面对接”定位。
3. 选择芯杆和气阀杆侧平面进行“平行”定位，装配完成的芯杆如图 3-4 所示。
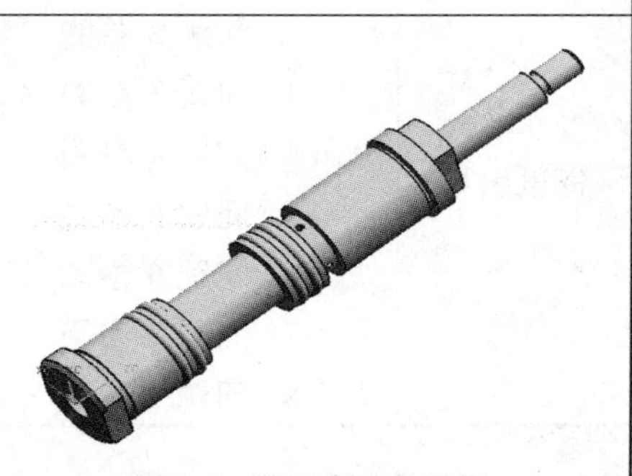
图 3-4　装配完成的芯杆</td></tr>
</table>

四	手柄球的装配

步骤：

1. 选择手柄球内螺纹和芯杆外螺纹进行“配对”定位。

2. 选择手柄球下端平面和芯杆圆柱端面进行“配对”定位，装配完成的手柄球如图 3-5 所示。

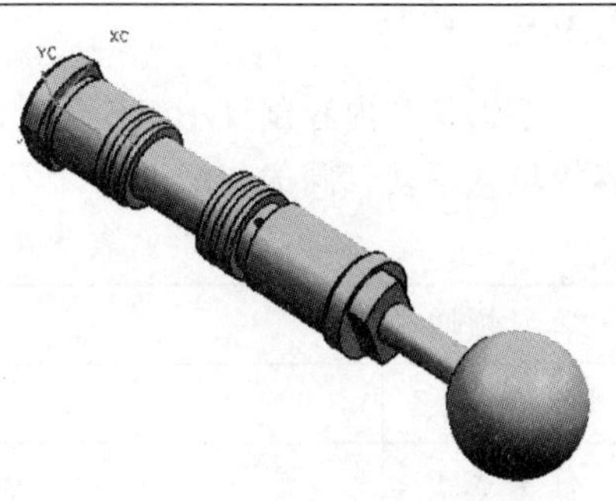

图 3-5 装配完成的手柄球

五	阀体的装配

步骤：

1. 选择阀体内圆柱面与气阀杆外圆柱面“进行”中心定位。

2. 选择阀体底平面和气阀杆下部平面进行“对齐”定位。

3. 选择零件两个侧平面进行“平行”定位，装配完成的阀体如图 3-6 所示。

图 3-6 装配完成的阀体

六	螺母的装配

步骤：

1. 选择螺母内螺纹面和阀体外螺纹面进行“中心”定位。

2. 选择螺母上端平面和阀体上端平面进行“对齐”定位。

3. 选择螺母侧平面和阀体侧平面进行“平行”定位，组装完成的螺母如图 3-7 所示。

图 3-7 组装完成的螺母

3.1.3 计划

根据任务内容制订小组任务计划，简要说明任务实施过程的步骤及注意事项。将计划内容等填入手动气阀的装配设计计划单，见表 3-4。

表 3-4 手动气阀的装配设计计划单

<table>
<tr><td>学习领域</td><td colspan="4">CAD/CAM 技术应用</td></tr>
<tr><td>学习情境 3</td><td colspan="2">三维装配设计</td><td>学时</td><td>18 学时</td></tr>
<tr><td>任务 3.1</td><td colspan="2">手动气阀的装配设计</td><td>学时</td><td>6 学时</td></tr>
<tr><td>计划方式</td><td colspan="4">小组讨论</td></tr>
<tr><td>序号</td><td colspan="2">实施步骤</td><td colspan="2">使用资源</td></tr>
<tr><td></td><td colspan="2"></td><td colspan="2"></td></tr>
<tr><td></td><td colspan="2"></td><td colspan="2"></td></tr>
<tr><td></td><td colspan="2"></td><td colspan="2"></td></tr>
<tr><td></td><td colspan="2"></td><td colspan="2"></td></tr>
<tr><td></td><td colspan="2"></td><td colspan="2"></td></tr>
<tr><td></td><td colspan="2"></td><td colspan="2"></td></tr>
<tr><td></td><td colspan="2"></td><td colspan="2"></td></tr>
<tr><td></td><td colspan="2"></td><td colspan="2"></td></tr>
<tr><td>制订计划说明</td><td colspan="4"></td></tr>
<tr><td>计划评价</td><td colspan="4">评语：</td></tr>
<tr><td>班级</td><td></td><td>第　　组</td><td>组长签字</td><td></td></tr>
<tr><td>教师签字</td><td colspan="2"></td><td>日期</td><td></td></tr>
</table>

3.1.4 决策

1. 小组互评，选定合适的工作计划。

2. 小组负责人对任务进行分配，组员按照负责人要求完成相关任务内容，并将自己所在小组及个人任务填入手动气阀的装配设计决策单，见表3-5。

表3-5 手动气阀的装配设计决策单

<table>
<tr><td>学习领域</td><td colspan="7">CAD/CAM技术应用</td></tr>
<tr><td>学习情境3</td><td colspan="5">三维装配设计</td><td>学时</td><td>18学时</td></tr>
<tr><td>任务3.1</td><td colspan="5">手动气阀的装配设计</td><td>学时</td><td>6学时</td></tr>
<tr><td colspan="6">方案讨论</td><td>组号</td><td></td></tr>
<tr><td rowspan="16">方案决策</td><td>组别</td><td>步骤顺序性</td><td>步骤合理性</td><td>实施可操作性</td><td>选用工具合理性</td><td colspan="2">原因说明</td></tr>
<tr><td>1</td><td></td><td></td><td></td><td></td><td colspan="2"></td></tr>
<tr><td>2</td><td></td><td></td><td></td><td></td><td colspan="2"></td></tr>
<tr><td>3</td><td></td><td></td><td></td><td></td><td colspan="2"></td></tr>
<tr><td>4</td><td></td><td></td><td></td><td></td><td colspan="2"></td></tr>
<tr><td>5</td><td></td><td></td><td></td><td></td><td colspan="2"></td></tr>
<tr><td>1</td><td></td><td></td><td></td><td></td><td colspan="2"></td></tr>
<tr><td>2</td><td></td><td></td><td></td><td></td><td colspan="2"></td></tr>
<tr><td>3</td><td></td><td></td><td></td><td></td><td colspan="2"></td></tr>
<tr><td>4</td><td></td><td></td><td></td><td></td><td colspan="2"></td></tr>
<tr><td>5</td><td></td><td></td><td></td><td></td><td colspan="2"></td></tr>
<tr><td>1</td><td></td><td></td><td></td><td></td><td colspan="2"></td></tr>
<tr><td>2</td><td></td><td></td><td></td><td></td><td colspan="2"></td></tr>
<tr><td>3</td><td></td><td></td><td></td><td></td><td colspan="2"></td></tr>
<tr><td>4</td><td></td><td></td><td></td><td></td><td colspan="2"></td></tr>
<tr><td>5</td><td></td><td></td><td></td><td></td><td colspan="2"></td></tr>
<tr><td>方案评价</td><td colspan="7">评语：（根据组内的决策，对照计划进行修改并说明修改原因）</td></tr>
<tr><td>班级</td><td></td><td>组长签字</td><td></td><td>教师签字</td><td></td><td colspan="2">月　日</td></tr>
</table>

3.1.5 实施

1. 实施准备

任务实施准备主要包括CAD/CAM实训室（多媒体）、UG NX软件、资料准备等，见表3-6。

2. 实施任务

依据计划步骤实施任务，并完成作业单的填写。手动气阀的装配设计作业单见表3-7。

表 3-6　手动气阀的装配设计实施准备

<table>
<tr><td>学习情境 3</td><td colspan="2">三维装配设计</td><td>学时</td><td>18 学时</td></tr>
<tr><td>任务 3.1</td><td colspan="2">手动气阀的装配设计</td><td>学时</td><td>6 学时</td></tr>
<tr><td>重点、难点</td><td colspan="4">装配设计功能键的使用</td></tr>
<tr><td>教学资源</td><td colspan="4">CAD/CAM 实训室（多媒体）</td></tr>
<tr><td>资料准备</td><td colspan="4">1. 张士军，韩学军. UG 设计与加工. 北京：机械工业出版社，2009。
2. 王尚林. UG NX6.0 三维建模实例教程. 北京：中国电力出版社，2010。
3. 石皋莲，吴少华. UG NX CAD 应用案例教程. 北京：机械工业出版社，2010。
4. 杨德辉. UG NX6.0 实用教程. 北京：北京理工大学出版社，2011。
5. 黎震，刘磊. UG NX6 中文版应用与实例教程. 北京：北京理工大学出版社，2009。6. 袁锋. UG 机械设计工程范例教程（基础篇）. 2 版. 北京：机械工业出版社，2009。
6. 袁锋. UG 机械设计工程范例教程（高级篇）. 2 版. 北京：机械工业出版社，2009。
7. 赵松涛. UG NX 实训教程. 北京：北京理工大学出版社，2008。
8. 郑贞平，曹成，张小红，等. UG NX5（中文版）基础教程. 北京：机械工业出版社，2008。
9. 云杰漫步多媒体科技 CAX 设计教研室. UG NX6.0 中文版数控加工. 北京：清华大学出版社，2009。
10. 郑贞平，喻德. UG NX5 中文版三维设计与 NC 加工实例精解. 北京：机械工业出版社，2008。
11. UG NX 软件使用说明书。
12. 制图员操作规程。
13. 机械设计技术要求和国家制图标准。</td></tr>
<tr><td>设备、工具</td><td colspan="4">UG NX 软件</td></tr>
<tr><td colspan="5">教学组织实施</td></tr>
<tr><td>实施步骤</td><td>组织实施内容</td><td colspan="2">教学方法</td><td>学时</td></tr>
<tr><td>1</td><td></td><td colspan="2"></td><td></td></tr>
<tr><td>2</td><td></td><td colspan="2"></td><td></td></tr>
<tr><td>3</td><td></td><td colspan="2"></td><td></td></tr>
<tr><td>4</td><td></td><td colspan="2"></td><td></td></tr>
<tr><td>5</td><td></td><td colspan="2"></td><td></td></tr>
</table>

表 3-7　手动气阀的装配设计作业单

<table>
<tr><td>学习领域</td><td colspan="3">CAD/CAM 技术应用</td></tr>
<tr><td>学习情境 3</td><td>三维装配设计</td><td>学时</td><td>18 学时</td></tr>
<tr><td>任务 3.1</td><td>手动气阀的装配设计</td><td>学时</td><td>6 学时</td></tr>
<tr><td>作业方式</td><td colspan="3">小组分析，个人软件造型，现场批阅，集体评判</td></tr>
<tr><td>作业内容</td><td colspan="3">完成装配模板的装配设计</td></tr>
<tr><td colspan="4">装配模板装配图如图 3-8 所示，图 3-9 ~ 图 3-15 所示分别为底座、轴、钻模板、衬套、开口垫圈、特制螺母和钻套。</td></tr>
</table>

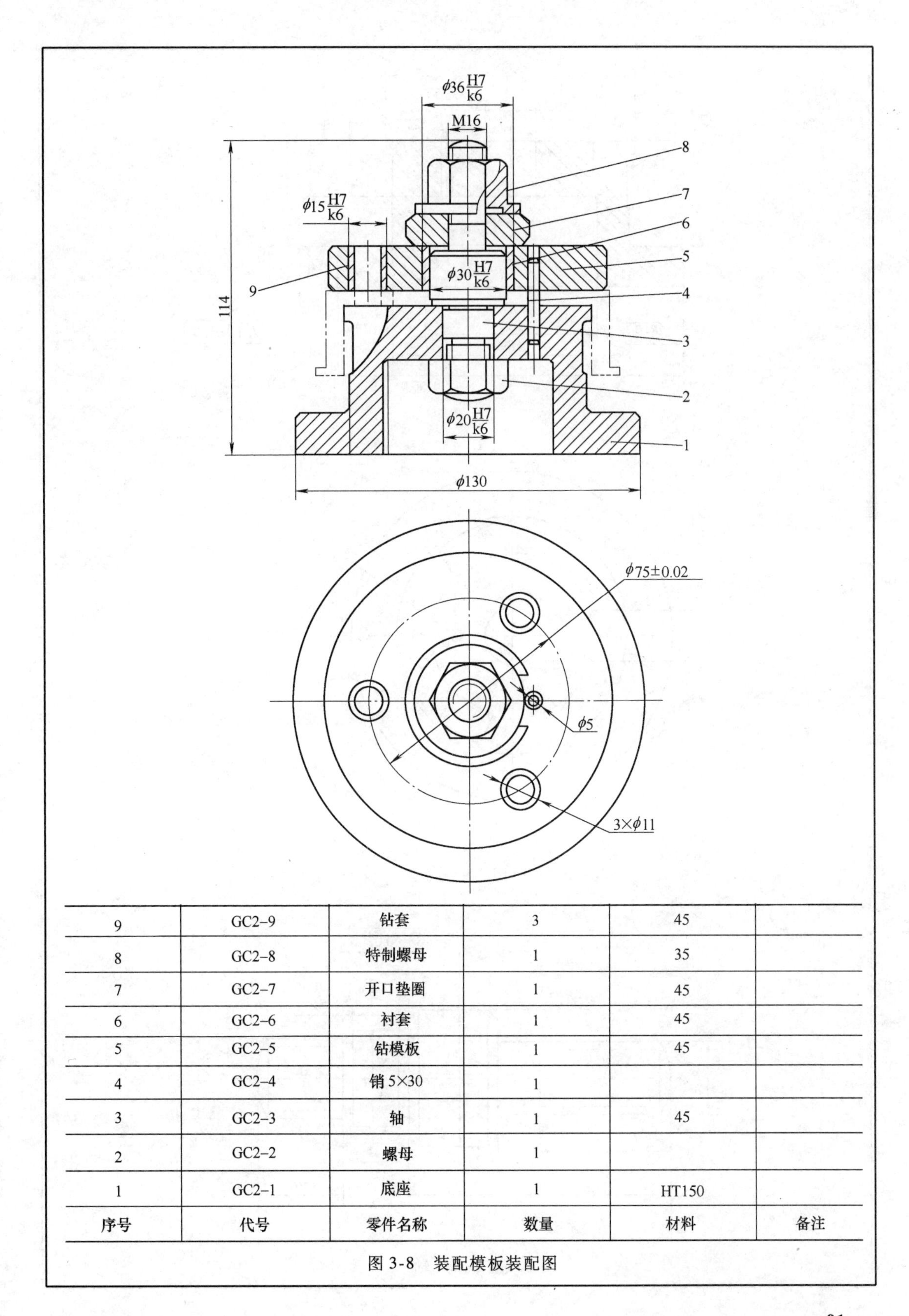

序号	代号	零件名称	数量	材料	备注
9	GC2–9	钻套	3	45	
8	GC2–8	特制螺母	1	35	
7	GC2–7	开口垫圈	1	45	
6	GC2–6	衬套	1	45	
5	GC2–5	钻模板	1	45	
4	GC2–4	销 5×30	1		
3	GC2–3	轴	1	45	
2	GC2–2	螺母	1		
1	GC2–1	底座	1	HT150	

图 3-8　装配模板装配图

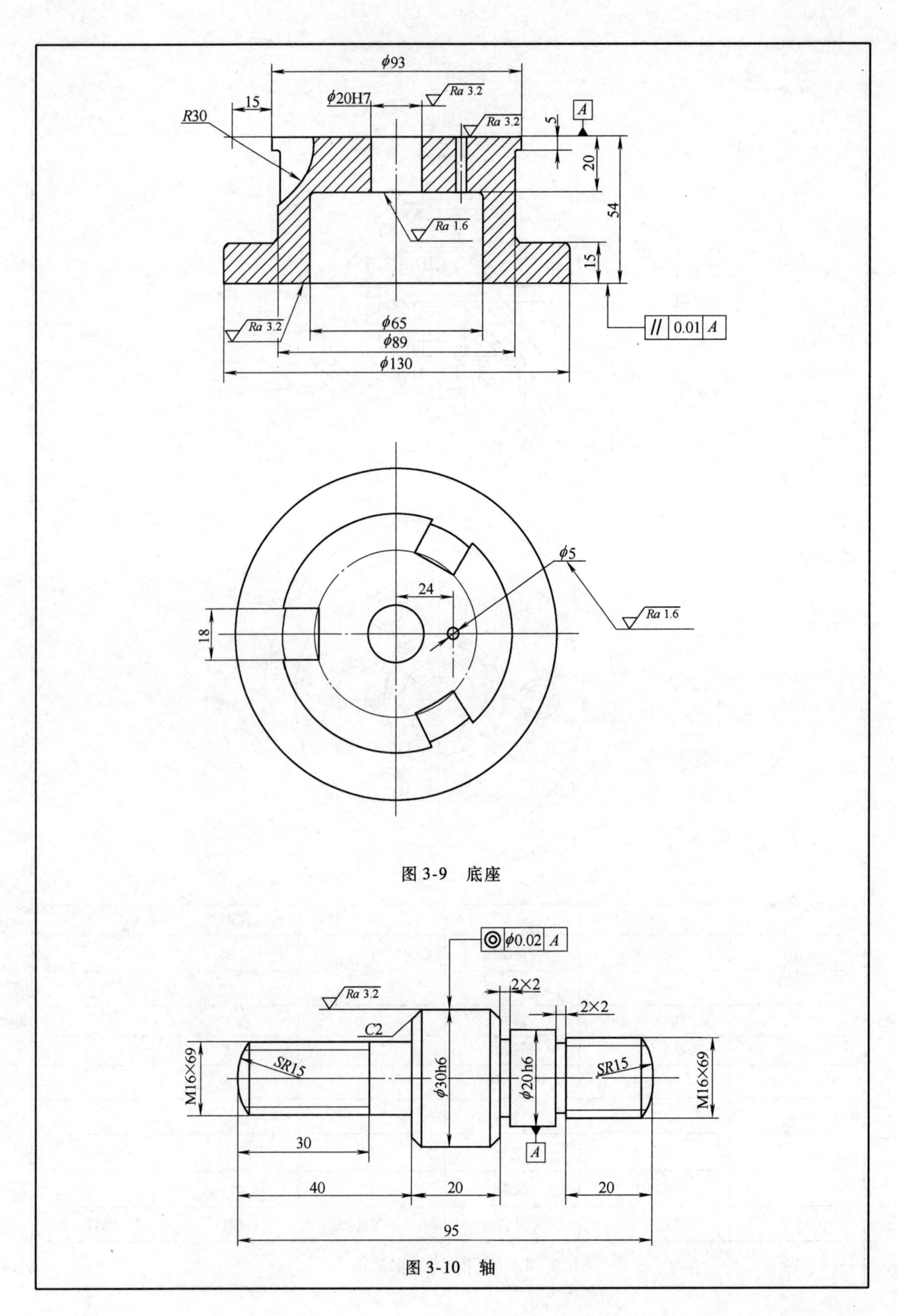

ϕ93
ϕ20H7
Ra 3.2
15
R30
Ra 3.2
5
A
20
54
Ra 1.6
15
Ra 3.2
ϕ65
ϕ89
ϕ130
// 0.01 A
ϕ5
24
Ra 1.6
18

图 3-9 底座

ϕ0.02 A
2×2
Ra 3.2
2×2
C2
M16×69
SR15
ϕ30h6
ϕ20h6
SR15
M16×69
A
30
40
20
20
95

图 3-10 轴

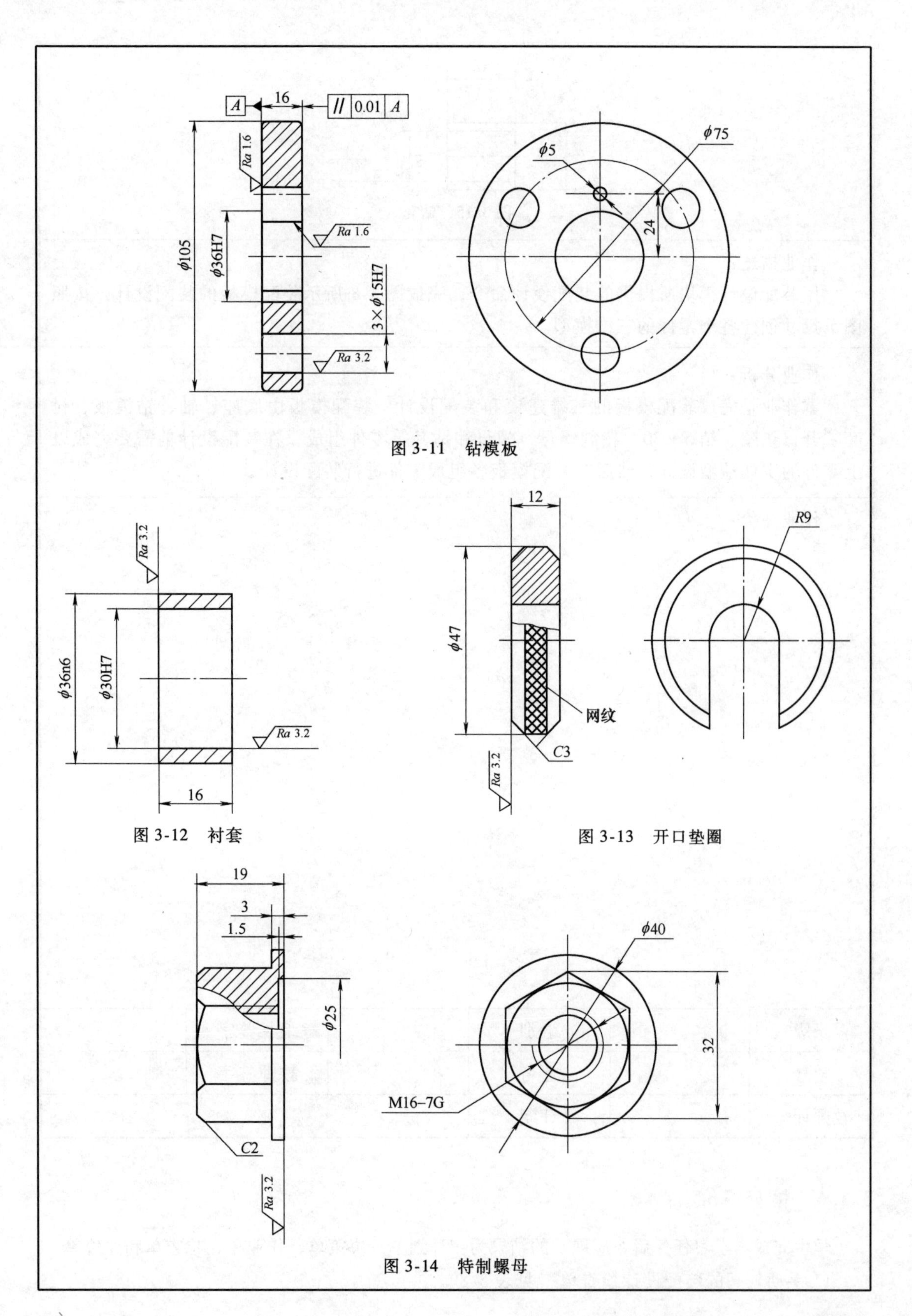

图 3-11　钻模板

图 3-12　衬套

图 3-13　开口垫圈

图 3-14　特制螺母

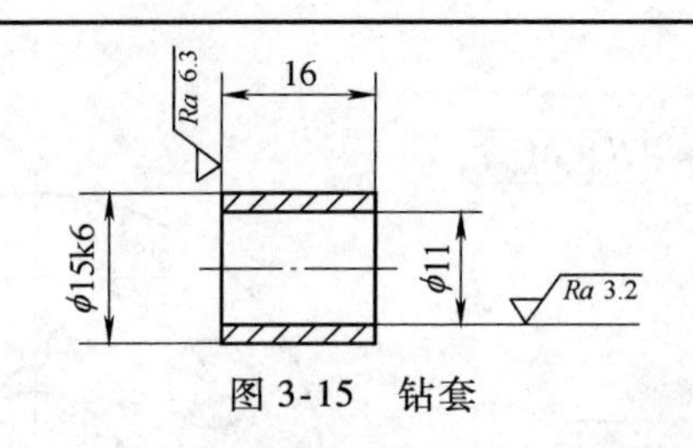

图 3-15　钻套

作业描述：

用装配设计模块所提供的装配设计命令，完成图 3-8 所示装配模板的装配设计，按照图示尺寸创建各个零件的三维模型。

作业分析：

本作业是完成装配模板的三维建模和装配设计。装配模板由底座、轴、钻模板、衬套、开口垫圈、销 5×30、特制螺母、螺母和钻套等零件组成，在装配设计前需要完成以上零件的实体造型设计，然后对装配模板各组成零件进行装配设计。

作业评价：

班级		组别		组长签字	
学号		姓名		教师签字	
教师评分		日期			

3.1.6　检查评价

学生完成本学习任务后，应展示的结果为：计划单、决策单、作业单、检查单和评价单。

1. 手动气阀的装配设计检查单（见表 3-8）

表 3-8　手动气阀的装配设计检查单

学习领域	CAD/CAM 技术应用				
学习情境 3	三维装配设计			学时	18 学时
任务 3.1	手动气阀的装配设计			学时	6 学时
序号	检查项目	检查标准	学生自查	教师检查	
1	O 形密封圈的装配设计	准确、合理地将 O 形密封圈装配到气阀杆上			
2	芯杆的装配设计	准确、合理地将芯杆装配到气阀杆上			
3	手柄球的装配设计	准确、合理地将手柄球装配到芯杆上			
4	阀体的装配设计	准确、合理地将装配阀体气阀杆到上			
5	螺母的装配设计	准确、合理地将螺母装配到阀体上			
6	装配设计与构建能力	能够完成手动气阀的装配设计			
7	装配设计缺陷的分析诊断能力	装配设计缺陷处理得当			
检查评价	评语：				
班级		组别		组长签字	
教师签字				日期	

2. 手动气阀的装配设计评价单（见表3-9）

表 3-9　手动气阀的装配设计评价单

学习领域	CAD/CAM 技术应用				
学习情境 3	三维装配设计			学时	18 学时
任务 3.1	手动气阀的装配设计			学时	6 学时
评价类别	评价项目	子项目	个人评价	组内互评	教师评价
专业能力（60%）	资讯（8%）	搜集信息（4%）			
		引导问题回答（4%）			
	计划（5%）	计划可执行度（5%）			
	实施（12%）	工作步骤执行（3%）			
		功能实现（3%）			
		质量管理（2%）			
		安全保护（2%）			
		环境保护（2%）			
	检查（10%）	全面性、准确性（5%）			
		异常情况排除（5%）			
	过程（15%）	使用工具规范性（7%）			
		操作过程规范性（8%）			
	结果（5%）	结果质量（5%）			
	作业（5%）	作业质量（5%）			
社会能力（20%）	团结协作（10%）				
	敬业精神（10%）				
方法能力（20%）	计划能力（10%）				
	决策能力（10%）				
评价评语	评语：				

班级		组别		学号		总评	
教师签字		组长签字		日期			

3.1.7 实践中常见问题解析

1. 在装配设计之前，需要了解将要装配的产品或部件的功能及各个零件之间的相互配合关系，确定装配顺序。

2. 根据装配操作的需要，恰当地设定调入零件的“参考集”，如“整个部件”“模型”等。

任务3.2 夹紧卡爪的装配设计

3.2.1 任务描述

夹紧卡爪的装配设计任务单见表3-10。

表3-10 夹紧卡爪的装配设计任务单

学习领域	CAD/CAM技术应用		
学习情境3	三维装配设计	学时	18学时
任务3.2	夹紧卡爪的装配设计	学时	6学时
布置任务			
学习目标	1. 掌握添加组件的方法。 2. 掌握装配约束的一般步骤。 3. 掌握装配约束类型。 4. 掌握装配组件中的组件阵列的使用方法。 5. 掌握装配中引用集的使用方法。 6. 掌握装配导航器的使用方法。 7. 能够熟练地创建装配序列、装配体和拆卸动画。 8. 能够熟练地创建爆炸图和编辑爆炸图。		
任务描述	夹紧卡爪是组合夹具在机床上用来夹紧工件的部件，如图3-16所示。它由8种零件组成，分别是卡爪1、螺杆2、垫铁3、基体4、前盖板5、内六角圆柱头螺钉6、后盖板7、紧定螺钉8。 每组分别使用UG NX软件完成夹紧卡爪的装配设计，应了解如下具体内容： 1. 了解夹紧卡爪的基本结构和工作原理。 2. 掌握夹紧卡爪装配的基本方法。 3. 掌握装配各对话框的使用方法。		

<table>
<tr><td></td><td colspan="5">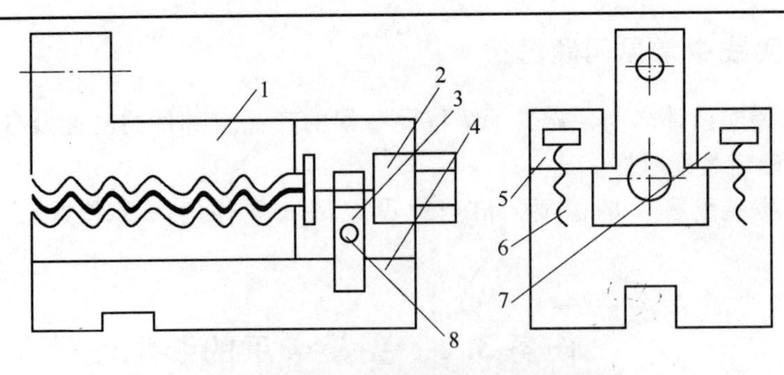

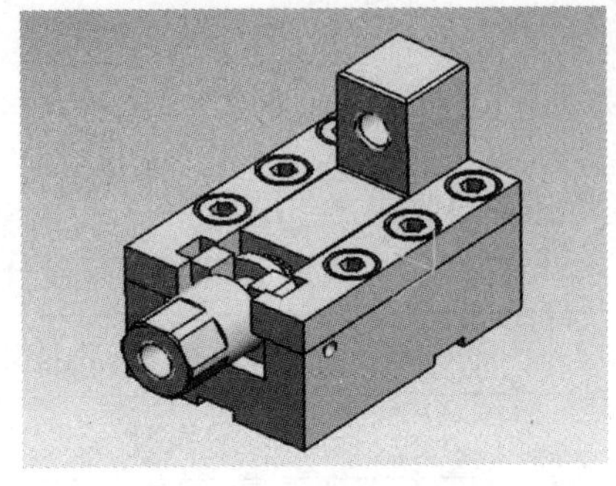
图 3-16　夹紧卡爪
1—卡爪　2—螺杆　3—垫铁　4—基体　5—前盖板
6—内六角圆柱头螺钉　7—后盖板　8—紧定螺钉</td></tr>
<tr><td>任务分析</td><td colspan="5">通过夹紧卡爪的装配设计，完成以下具体任务：
1. 了解 UG NX 软件装配的基本环境和基础知识。
2. 掌握夹紧卡爪的装配特点。
3. 掌握夹紧卡爪在装配过程中使用的角度、中心、胶合、接触对齐、同心、距离、固定、平行及垂直等约束。
4. 掌握夹紧卡爪在装配过程中的装配和拆卸动画的创建方法。
5. 掌握夹紧卡爪爆炸图的创建和编辑方法。
6. 熟练、准确地完成夹紧卡爪的装配设计。</td></tr>
<tr><td>学时安排</td><td>资讯
0.5 学时</td><td>计划
1 学时</td><td>决策
1 学时</td><td>实施
3 学时</td><td>检查评价
0.5 学时</td></tr>
<tr><td>提供资料</td><td colspan="5">1. 张士军，韩学军. UG 设计与加工. 北京：机械工业出版社，2009。
2. 王尚林. UG NX6.0 三维建模实例教程. 北京：中国电力出版社，2010。
3. 石皋莲，吴少华. UG NX CAD 应用案例教程. 北京：机械工业出版社，2010。
4. 杨德辉. UG NX6.0 实用教程. 北京：北京理工大学出版社，2011。</td></tr>
</table>

提供资料	5. 黎震，刘磊．UG NX6 中文版应用与实例教程．北京：北京理工大学出版社，2009。 6. 袁锋．UG 机械设计工程范例教程（基础篇）．2 版．北京：机械工业出版社，2009。 7. 袁锋．UG 机械设计工程范例教程（高级篇）．2 版．北京：机械工业出版社，2009。 8. 赵松涛．UG NX 实训教程．北京：北京理工大学出版社，2008。 9. 郑贞平，曹成，张小红，等．UG NX5 中文版基础教程．北京：机械工业出版社，2008。 10. 云杰漫步多媒体科技 CAX 设计教研室．UG NX6.0 中文版数控加工．北京：清华大学出版社，2009。 11. 郑贞平，喻德．UG NX5 中文版三维设计与 NC 加工实例精解．北京：机械工业出版社，2008。 12. UG NX 软件使用说明书。 13. 制图员操作规程。 14. 机械设计技术要求和国家制图标准。
对学生的要求	1. 能对任务书进行分析，能正确理解和描述目标要求。 2. 装配时必须保证零件装配的规范和合理。 3. 具有独立思考、善于提问的学习习惯。 4. 具有查询资料和市场调研的能力，具备严谨求实和开拓创新的学习态度。 5. 能执行企业“5S”质量管理体系要求，具备良好的职业意识和社会能力。 6. 上机操作时应穿鞋套，遵守机房的规章制度。 7. 具备一定的观察理解和判断分析能力。 8. 具有团队协作、爱岗敬业的精神。 9. 具有一定的创新思维和勇于创新的精神。 10. 不迟到、不早退、不旷课，否则扣分。 11. 按时按要求上交作业，并列入考核成绩。

3.2.2 资讯

1. 夹紧卡爪的装配设计资讯单（见表 3-11）
2. 夹紧卡爪的装配设计信息单（见表 3-12）

表 3-11　夹紧卡爪的装配设计资讯单

学习领域	CAD/CAM 技术应用		
学习情境 3	三维装配设计	学时	18 学时
任务 3.2	夹紧卡爪的装配设计	学时	6 学时
资讯方式	学生根据教师给出的资讯引导进行查询解答		
资讯问题	1. 如何调入夹紧卡爪的基体？调入时需注意什么？ 2. 垫铁是如何调入的？什么是中心定位？ 3. 螺钉是如何实现配对的？ 4. 螺杆是如何调入的？ 5. 卡爪是如何调入的？ 6. 后盖板是如何调入的？ 7. 螺钉是如何调入的？		
资讯引导	1. 问题 1 参阅《UG 设计与加工》。 2. 问题 2 参阅《UG 设计与加工》。 3. 问题 3 参阅《UG NX6 中文版应用与实例教程》。 4. 问题 4 参阅《UG 设计与加工》。 5. 问题 5 参阅《UG NX6.0 实用教程》。 6. 问题 6 参阅《UG 设计与加工》。 7. 问题 7 参阅《UG NX6.0 实用教程》。		

表 3-12　夹紧卡爪的装配设计信息单

学习领域	CAD/CAM 技术应用		
学习情境 3	三维装配设计	学时	18 学时
任务 3.2	夹紧卡爪的装配设计	学时	6 学时
序号	信息内容		
一	调入基体		
步骤： 调入基体，如图 3-17 所示。 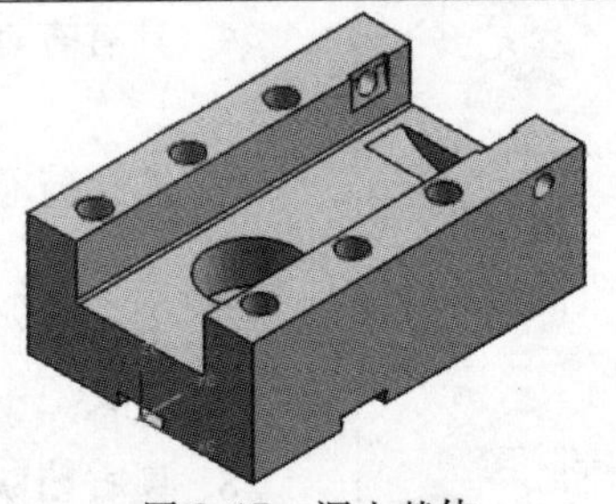 图 3-17　调入基体			
二	垫铁的装配		
步骤： 1. 调入垫铁。 2. 垫铁外圆柱面与基体圆柱槽为“中心”定位。 3. 垫铁前表面与基件圆柱槽前部平面为“配对”定位。 4. 垫铁上平面与基体上平面为“平行”定位，完成垫铁装配，如图 3-18 所示。 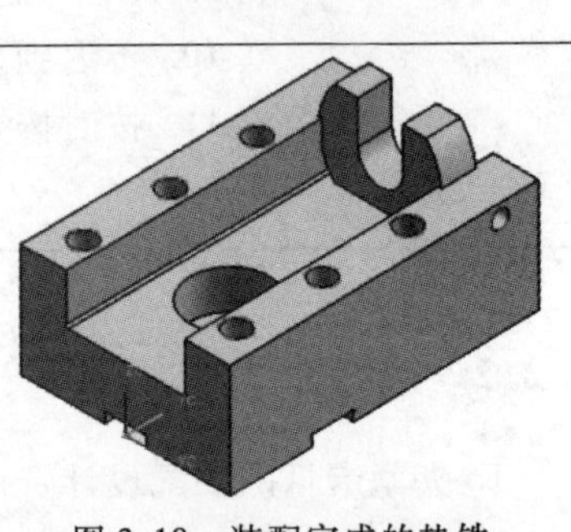 图 3-18　装配完成的垫铁			

三 紧定螺钉的装配

步骤：

1. 调入紧定螺钉。

2. 螺纹圆柱面与基体上的螺纹孔内表面为“中心”定位。

3. 紧定螺钉外锥面与垫铁上的内锥面为“配对”定位。

4. 另一个紧定螺钉用同样的方法装配，完成紧定螺钉装配如图 3-19 所示。

图 3-19　装配完成的紧钉螺钉

四 螺杆的装配

步骤：

1. 调入螺杆。

2. ϕ13mm 圆柱面与垫铁孔槽为“中心”定位。

3. ϕ13mm 圆柱一侧端面与垫铁一侧端面为“配对”定位。

4. 螺杆上六方的一个平面与垫铁上端平面为“平行”定位，完成螺杆装配，如图3-20所示。

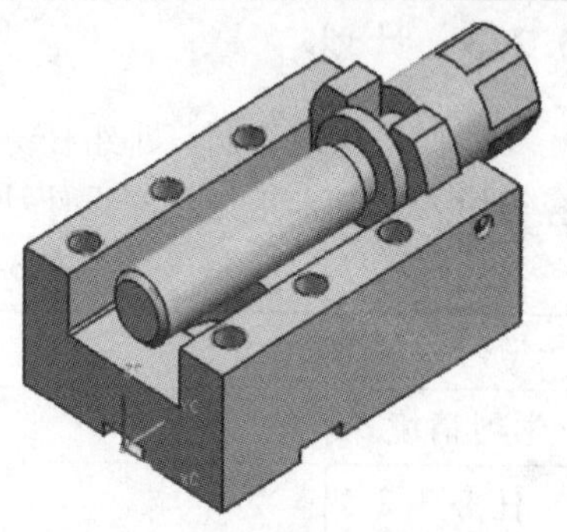

图 3-20　装配完成的螺杆

五 卡爪的装配

步骤：

1. 调入卡爪。

2. 卡爪螺纹孔圆柱面与螺杆圆柱面为“中心”定位。

3. 卡爪的前端面与基体的前端面为“对齐”定位。

4. 卡爪的上端面与基体上平面为“平行”定位，完成卡爪装配，如图 3-21 所示。

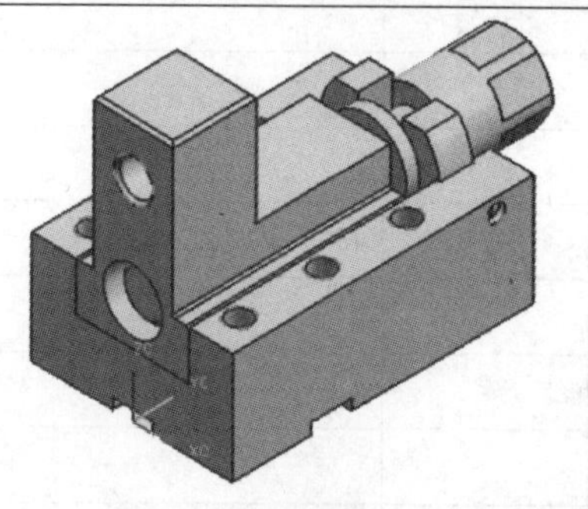

图 3-21　装配完成的卡爪

六 后盖板的装配

步骤：

1. 调入后盖板。

2. 后盖板前部螺纹孔与基体前部的螺纹孔为“中心”定位。

3. 底面与基体上部平面为“配对”定位。

4. 前端面与基体前端面为“对齐”定位，完成后盖板的装配，如图 3-22 所示。

5. 前盖板装配方法相同，不再赘述。

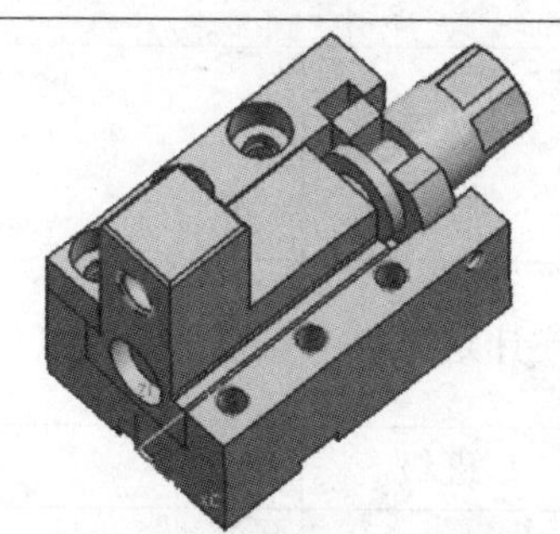

图 3-22　装配完成的后盖板

七	调入内六角圆柱头螺钉

步骤：

1. 调入内六角圆柱头螺钉 M8×16mm。

2. 内六角圆柱头螺钉外螺纹面与基体上的螺纹孔面为“中心”定位。

3. 内六角圆柱头螺钉头的底平面与盖板阶梯孔平面为“配对”定位。

4. 内六角圆柱头螺钉一个内六角平面与基体前平面为“平行”定位。

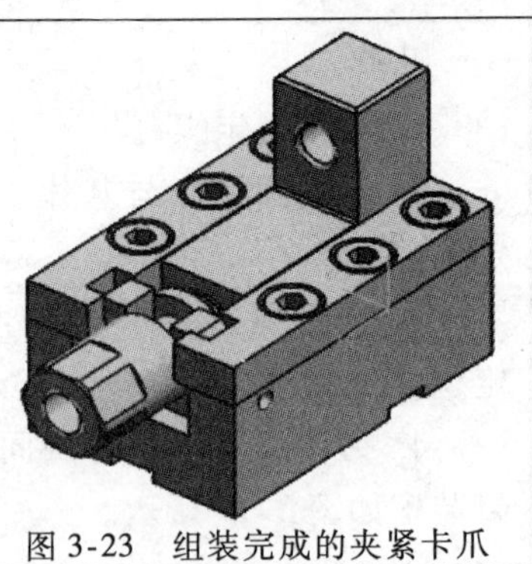

图 3-23 组装完成的夹紧卡爪

3.2.3 计划

根据任务内容制订小组任务计划，简要说明任务实施过程的步骤及注意事项。将计划内容等填入夹紧卡爪的装配设计计划单，见表 3-13。

表 3-13 夹紧卡爪的装配设计计划单

学习领域	CAD/CAM 技术应用				
学习情境 3	三维装配设计			学时	18 学时
任务 3.2	夹紧卡爪的装配设计			学时	6 学时
计划方式	小组讨论				
序号	实施步骤		使用资源		
制订计划说明					
计划评价	评语：				
班级		第　　组	组长签字		
教师签字			日期		

3.2.4 决策

1. 小组互评，选定合适的工作计划。

2. 小组负责人对任务进行分配，组员按照负责人要求完成相关任务内容，并将自己所在小组及个人任务填入夹紧卡爪的装配设计决策单，见表 3-14。

表 3-14 夹紧卡爪的装配设计决策单

学习领域	CAD/CAM 技术应用					
学习情境 3	三维装配设计				学时	18 学时
任务 3.2	夹紧卡爪的装配设计				学时	6 学时
方案讨论					组号	
方案决策	组别	步骤顺序性	步骤合理性	实施可操作性	选用工具合理性	原因说明
	1					
	2					
	3					
	4					
	5					
	1					
	2					
	3					
	4					
	5					
	1					
	2					
	3					
	4					
	5					
方案评价	评语：（根据组内的决策，对照计划进行修改并说明修改原因）					
班级		组长签字		教师签字		月　　日

3.2.5 实施

1. 实施准备

任务实施准备主要包括CAD/CAM实训室（多媒体）、UG NX软件、资料准备等，见表3-15。

表3-15 夹紧卡爪的装配设计实施准备

学习情境3	三维装配设计	学时	18学时
任务3.2	夹紧卡爪的装配设计	学时	6学时
重点、难点	装配设计功能键的使用		
教学资源	CAD/CAM实训室（多媒体）		
资料准备	1. 张士军，韩学军．UG设计与加工．北京：机械工业出版社，2009。 2. 王尚林．UG NX6.0三维建模实例教程．北京：中国电力出版社，2010。 3. 石皋莲，吴少华．UG NX CAD应用案例教程．北京：机械工业出版社，2010。 4. 杨德辉．UG NX6.0实用教程．北京：北京理工大学出版社，2011。 5. 黎震，刘磊．UG NX6中文版应用与实例教程．北京：北京理工大学出版社，2009。 6. 袁锋．UG机械设计工程范例教程（基础篇）．2版．北京：机械工业出版社，2009。 7. 袁锋．UG机械设计工程范例教程（高级篇）．2版．北京：机械工业出版社，2009。 8. 赵松涛．UG NX实训教程．北京：北京理工大学出版社，2008。 9. 郑贞平，曹成，张小红，等．UG NX5中文版基础教程．北京：机械工业出版社，2008。 10. 云杰漫步多媒体科技CAX设计教研室．UG NX6.0中文版数控加工．北京：清华大学出版社，2009。 11. 郑贞平，喻德．UG NX5中文版三维设计与NC加工实例精解．北京：机械工业出版社，2008。 12. UG NX软件使用说明书。 13. 制图员操作规程。 14. 机械设计技术要求和国家制图标准。		
设备、工具	UG NX软件		
教学组织实施			
实施步骤	组织实施内容	教学方法	学时
1			
2			
3			
4			
5			

2. 实施任务

依据计划步骤实施任务，并完成作业单的填写。夹紧卡爪的装配设计作业单见表 3-16。

表 3-16　夹紧卡爪的装配设计作业单

学习领域	CAD/CAM 技术应用		
学习情境 3	三维装配设计	学时	18 学时
任务 3.2	夹紧卡爪的装配设计	学时	6 学时
作业方式	小组分析，个人软件造型，现场批阅，集体评判		
作业内容	螺旋压紧机构的装配设计		

螺旋压紧机构装配图如图 3-24 所示。图 3-25 ~ 图 3-35 所示分别为柱销、杠杆、销轴、基体、丝杠、衬套、螺钉、套筒螺母、导向销、弹簧和垫圈。

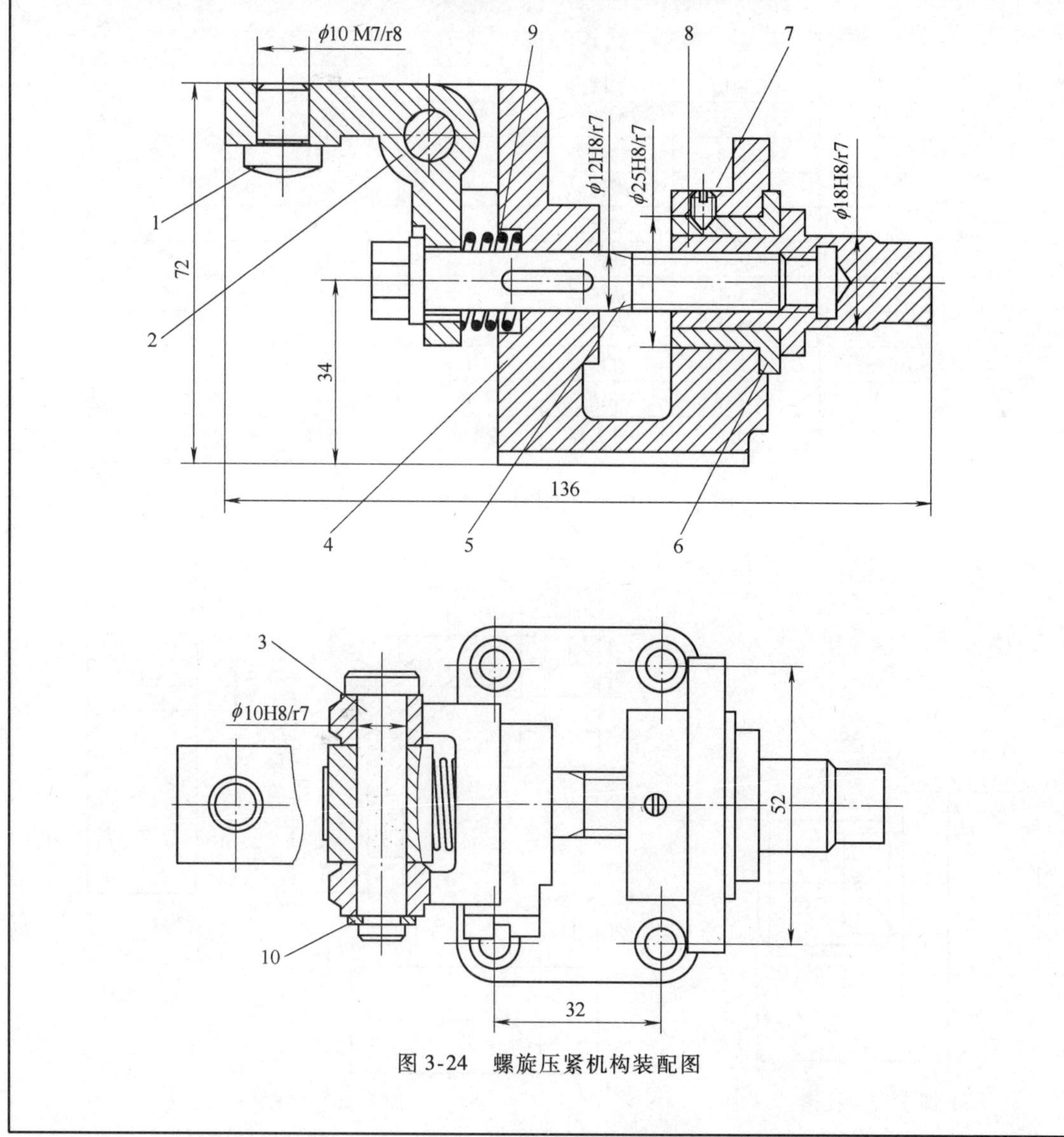

图 3-24　螺旋压紧机构装配图

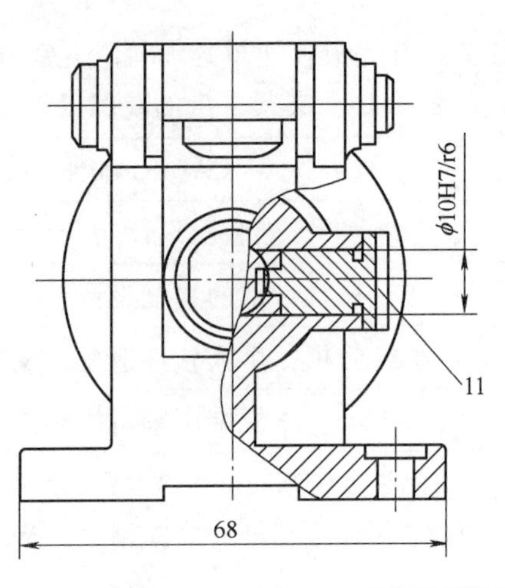

11	GC3–11	导向销	1	45	
10	GC3–10	胶圈	1	橡胶	
9	GC3–9	弹簧	1	65Mn	
8	GC3–8	套筒螺母	1	45	
7	GC3–7	螺钉	1	45	
6	GC3–6	衬套	1	黄铜	
5	GC3–5	丝杠	1	45	
4	GC3–4	基体	1	HT150	
3	GC3–3	销轴	1	45	
2	GC3–2	杠杆	1	45	
1	GC3–1	柱销	1	45	
序号	代号	零件名称	数量	材料	备注

图 3-24　螺旋压紧机构装配图（续）

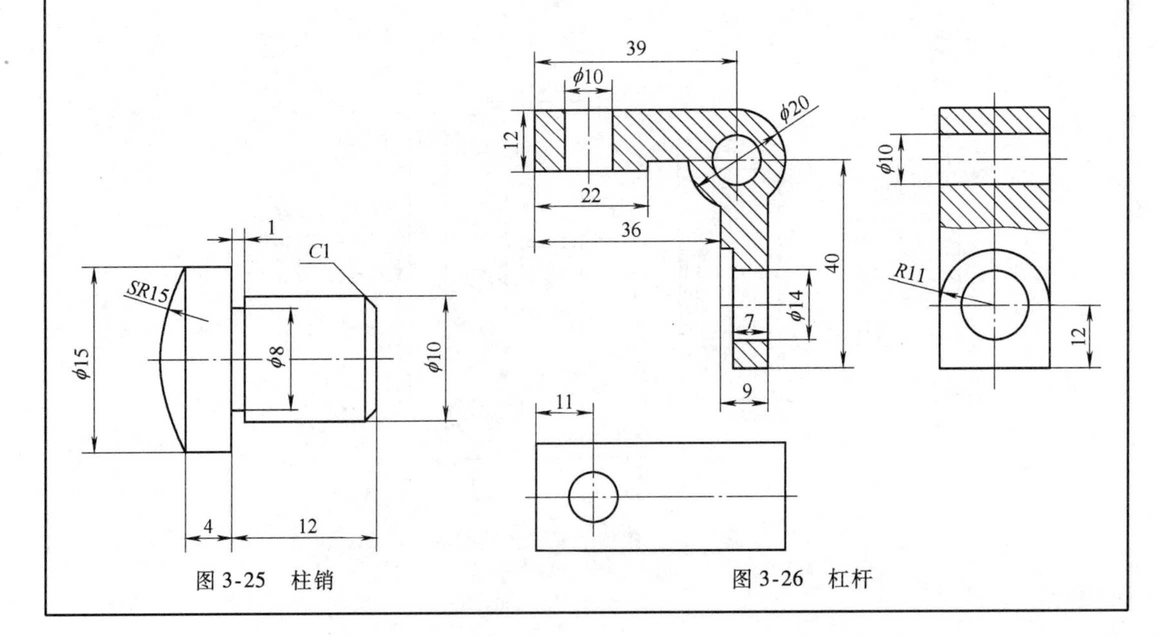

图 3-25　柱销

图 3-26　杠杆

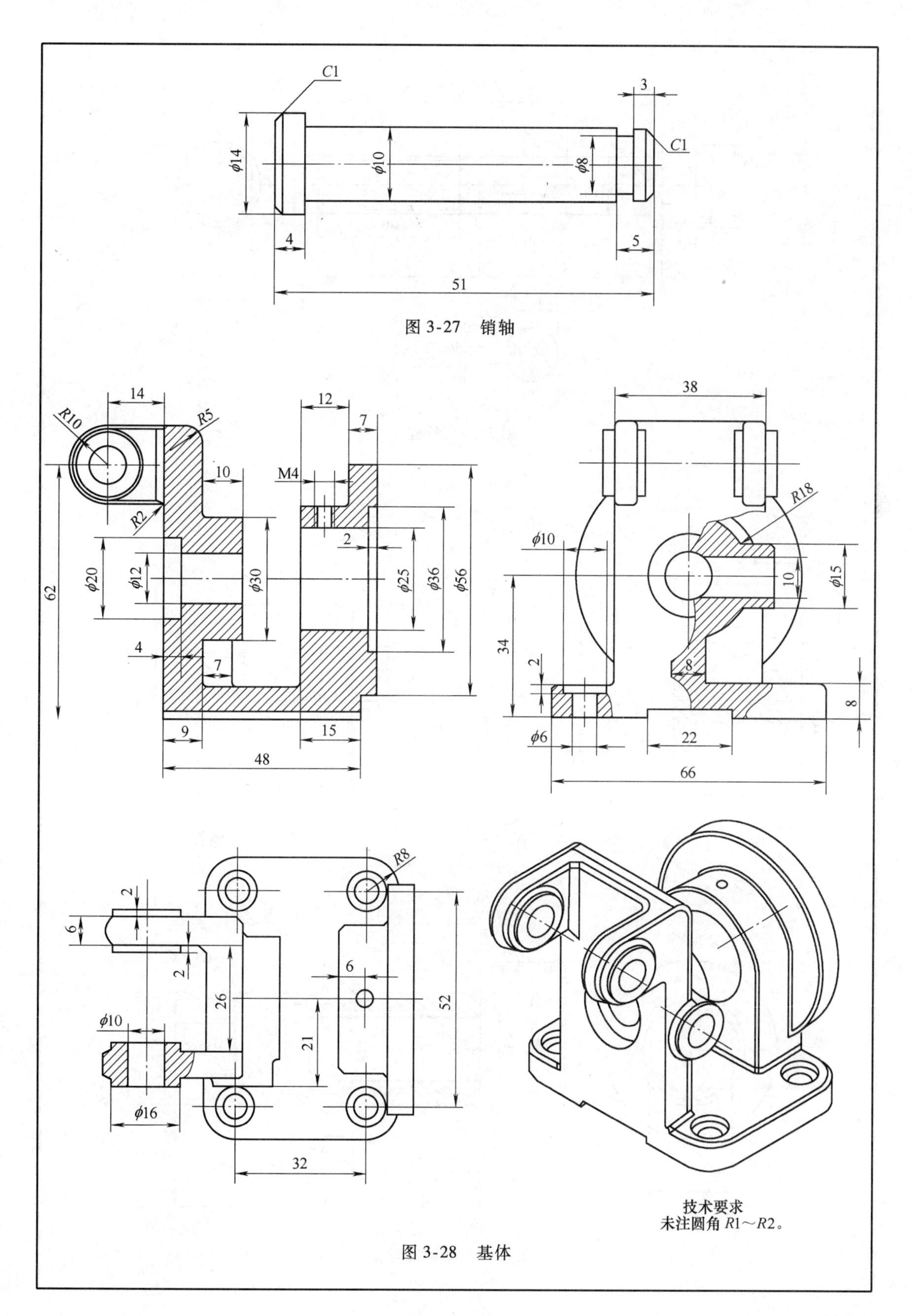

图 3-27 销轴

图 3-28 基体

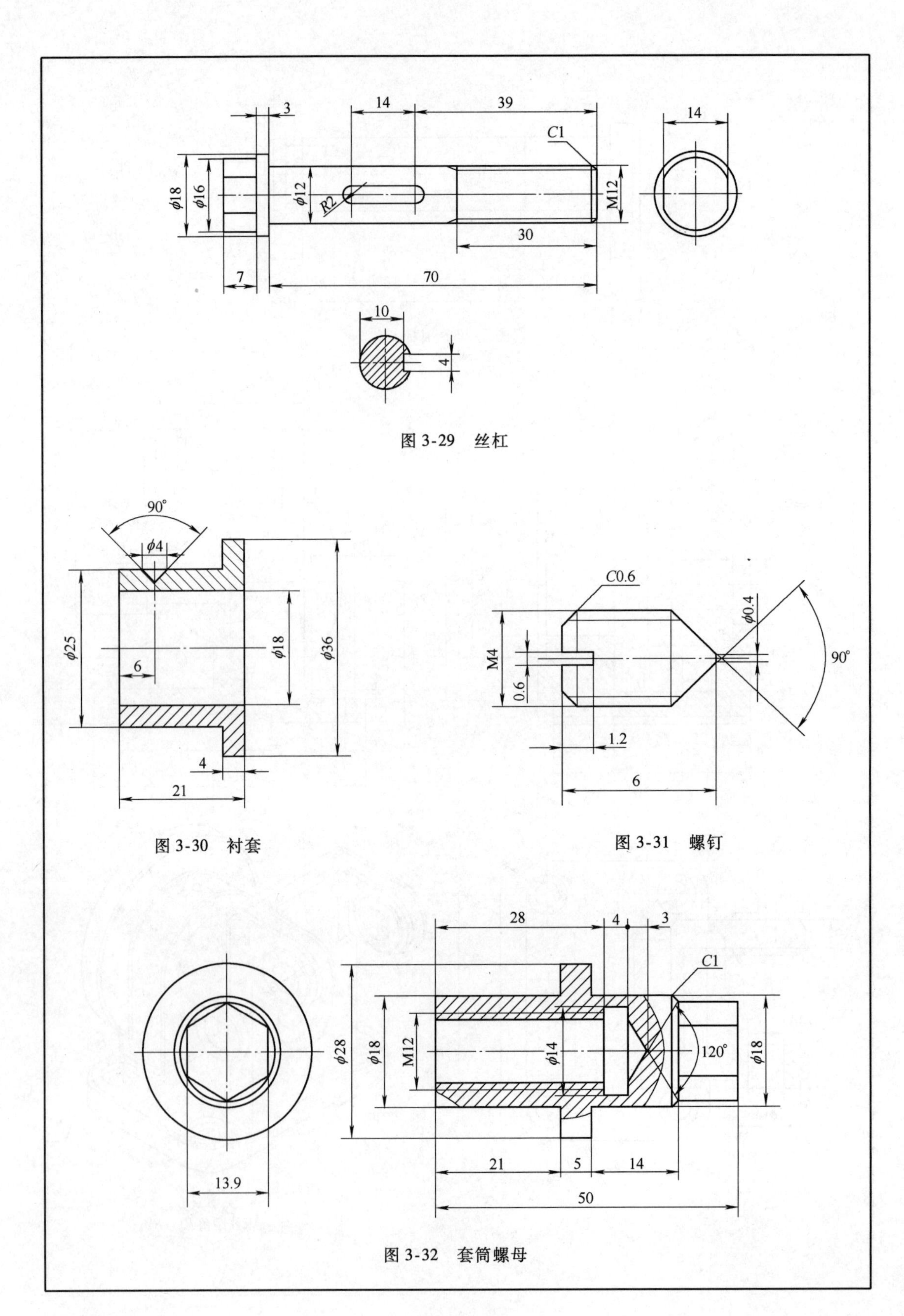

图 3-29　丝杠

图 3-30　衬套

图 3-31　螺钉

图 3-32　套筒螺母

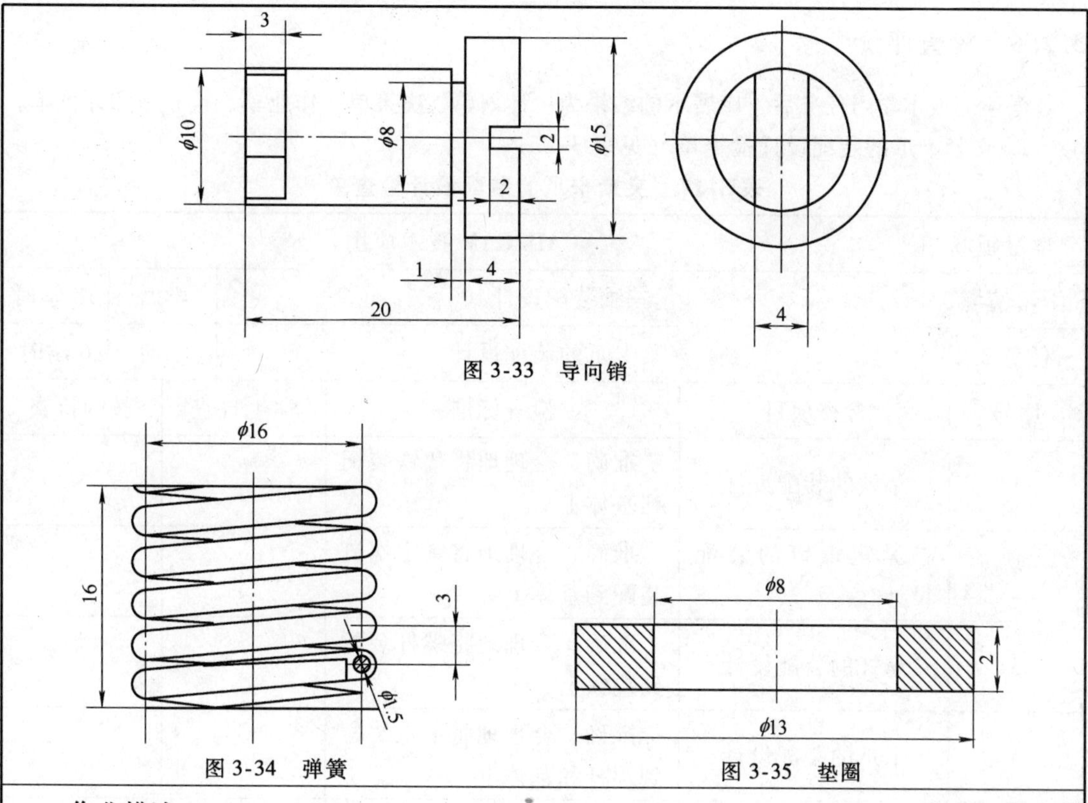

图 3-33　导向销

图 3-34　弹簧

图 3-35　垫圈

作业描述：

用装配设计模块所提供的装配设计命令，完成图 3-24 所示螺旋压紧机构的装配设计。按照图示尺寸创建各个零件的三维模型。

作业分析：

本作业是完成螺旋压紧机构的三维建模和装配设计。螺旋压紧机构由柱销、杠杆、销轴、基体丝杠、衬套、螺钉、套筒螺母、导向销、弹簧和垫圈等零件组成，在装配设计前需要完成以上零件的实体造型设计，然后对装配模板各组成零件进行装配设计。

作业评价：

班级		组别		组长签字	
学号		姓名		教师签字	
教师评分		日期			

3.2.6 检查评价

学生完成本学习任务后，应展示的结果为：计划单、决策单、作业单、检查单和评价单。

1. 夹紧卡爪的装配设计检查单（见表3-17）

表3-17 夹紧卡爪的装配设计检查单

<table>
<tr><td>学习领域</td><td colspan="5">CAD/CAM 技术应用</td></tr>
<tr><td>学习情境3</td><td colspan="3">三维装配设计</td><td>学时</td><td>18 学时</td></tr>
<tr><td>任务3.2</td><td colspan="3">夹紧卡爪的装配设计</td><td>学时</td><td>6 学时</td></tr>
<tr><td>序号</td><td>检查项目</td><td>检查标准</td><td>学生自查</td><td colspan="2">教师检查</td></tr>
<tr><td>1</td><td>垫铁的装配设计</td><td>准确、合理地将垫铁装配到基体上</td><td></td><td colspan="2"></td></tr>
<tr><td>2</td><td>紧定螺钉的装配设计</td><td>准确、合理地将紧定螺钉装配到基体上</td><td></td><td colspan="2"></td></tr>
<tr><td>3</td><td>螺杆的装配设计</td><td>准确、合理地将螺杆装配到垫铁上</td><td></td><td colspan="2"></td></tr>
<tr><td>4</td><td>卡爪的装配设计</td><td>准确、合理地将卡爪装配到螺杆和基体上</td><td></td><td colspan="2"></td></tr>
<tr><td>5</td><td>盖板的装配设计</td><td>准确、合理地将盖板装配到基体上</td><td></td><td colspan="2"></td></tr>
<tr><td>6</td><td>内六角圆柱头螺钉的装配设计</td><td>准确、合理地将内六角圆柱头螺钉装配到盖板和基体上</td><td></td><td colspan="2"></td></tr>
<tr><td>7</td><td>装配设计与构建能力</td><td>能够完成零件的装配设计</td><td></td><td colspan="2"></td></tr>
<tr><td>8</td><td>装配设计缺陷的分析诊断能力</td><td>装配设计缺陷处理得当</td><td></td><td colspan="2"></td></tr>
<tr><td>检查评价</td><td colspan="5">评语：</td></tr>
<tr><td>班级</td><td></td><td>组别</td><td></td><td>组长签字</td><td></td></tr>
<tr><td>教师签字</td><td colspan="3"></td><td>日期</td><td></td></tr>
</table>

2. 夹紧卡爪的装配设计评价单（见表3-18）

表3-18　夹紧卡爪的装配设计评价单

<table>
<tr><td>学习领域</td><td colspan="7">CAD/CAM 技术应用</td></tr>
<tr><td>学习情境 3</td><td colspan="5">三维装配设计</td><td>学时</td><td>18 学时</td></tr>
<tr><td>任务 3.2</td><td colspan="5">夹紧卡爪的装配设计</td><td>学时</td><td>6 学时</td></tr>
<tr><td>评价类别</td><td>评价项目</td><td colspan="3">子项目</td><td>个人评价</td><td>组内互评</td><td>教师评价</td></tr>
<tr><td rowspan="14">专业能力
（60%）</td><td rowspan="2">资讯（8%）</td><td colspan="3">搜集信息（4%）</td><td></td><td></td><td></td></tr>
<tr><td colspan="3">引导问题回答（4%）</td><td></td><td></td><td></td></tr>
<tr><td>计划（5%）</td><td colspan="3">计划可执行度（5%）</td><td></td><td></td><td></td></tr>
<tr><td rowspan="5">实施（12%）</td><td colspan="3">工作步骤执行（3%）</td><td></td><td></td><td></td></tr>
<tr><td colspan="3">功能实现（3%）</td><td></td><td></td><td></td></tr>
<tr><td colspan="3">质量管理（2%）</td><td></td><td></td><td></td></tr>
<tr><td colspan="3">安全保护（2%）</td><td></td><td></td><td></td></tr>
<tr><td colspan="3">环境保护（2%）</td><td></td><td></td><td></td></tr>
<tr><td rowspan="2">检查（10%）</td><td colspan="3">全面性、准确性（5%）</td><td></td><td></td><td></td></tr>
<tr><td colspan="3">异常情况排除（5%）</td><td></td><td></td><td></td></tr>
<tr><td rowspan="2">过程（15%）</td><td colspan="3">使用工具规范性（7%）</td><td></td><td></td><td></td></tr>
<tr><td colspan="3">操作过程规范性（8%）</td><td></td><td></td><td></td></tr>
<tr><td>结果（5%）</td><td colspan="3">结果质量（5%）</td><td></td><td></td><td></td></tr>
<tr><td>作业（5%）</td><td colspan="3">作业质量（5%）</td><td></td><td></td><td></td></tr>
<tr><td rowspan="2">社会能力
（20%）</td><td>团结协作
（10%）</td><td colspan="3" rowspan="2"></td><td rowspan="2"></td><td rowspan="2"></td><td rowspan="2"></td></tr>
<tr><td>敬业精神
（10%）</td></tr>
<tr><td rowspan="2">方法能力
（20%）</td><td>计划能力
（10%）</td><td colspan="3" rowspan="2"></td><td rowspan="2"></td><td rowspan="2"></td><td rowspan="2"></td></tr>
<tr><td>决策能力
（10%）</td></tr>
<tr><td>评价
评语</td><td colspan="7">评语：</td></tr>
<tr><td>班级</td><td></td><td>组别</td><td></td><td>学号</td><td></td><td>总评</td><td></td></tr>
<tr><td>教师签字</td><td colspan="2"></td><td>组长签字</td><td></td><td>日期</td><td colspan="2"></td></tr>
</table>

3.2.7 实践中常见问题解析

1. 正确地选择零件之间的配对关系，满足功能要求，不能出现定位不足或过定位现象；同时，注意其后生成的工程图图面应表达清晰。

2. 在对某个零件的装配结果不满意时，可通过装配导航器中的“替换”“配对”“重定位”等命令进行编辑操作。

任务3.3 螺旋千斤顶的装配设计

3.3.1 任务描述

螺旋千斤顶的装配设计任务单见表3-19。

表3-19 螺旋千斤顶的装配设计任务单

<table>
<tr><td>学习领域</td><td colspan="3">CAD/CAM 技术应用</td></tr>
<tr><td>学习情境3</td><td>三维装配设计</td><td>学时</td><td>18 学时</td></tr>
<tr><td>任务 3.3</td><td>螺旋千斤顶的装配设计</td><td>学时</td><td>6 学时</td></tr>
<tr><td colspan="4">布置任务</td></tr>
<tr><td>学习目标</td><td colspan="3">1. 掌握添加组件的方法。
2. 掌握装配约束的一般步骤。
3. 掌握装配约束类型。
4. 掌握装配组件中的组件阵列的使用方法。
5. 掌握装配中引用集的使用方法。
6. 掌握装配导航器的使用方法。
7. 能够熟练地创建装配序列、装配体和拆卸动画。
8. 能够熟练地创建爆炸图和编辑爆炸图。</td></tr>
<tr><td>任务描述</td><td colspan="3">螺旋千斤顶是用来支承重物的工具，其支承高度可根据需要调节。它共由7个零件组成。
螺母2外圆与底座1内孔过盈配合，并用定位螺钉3固定在底座上，使其不能转动。带有梯形螺纹的螺杆4与螺母2为螺纹联接，可实现螺纹传动。顶头5内孔与螺杆上端外圆为间隙配合，并通过螺钉6固定在轴向位置上，使其承受重物。扭杆7横插入螺杆的径向孔中，用于转动螺杆，使螺杆通过螺纹传动上下移动，以实现螺杆竖直方向调节的功能。其总体结构如图3-36所示。
每组分别使用 UG NX 软件完成螺旋千斤顶的装配设计，应了解如下具体内容：
1. 了解螺旋千斤顶的基本结构和工作原理。
2. 掌握螺旋千斤顶装配的基本方法。
3. 掌握装配各对话框的使用方法。</td></tr>
</table>

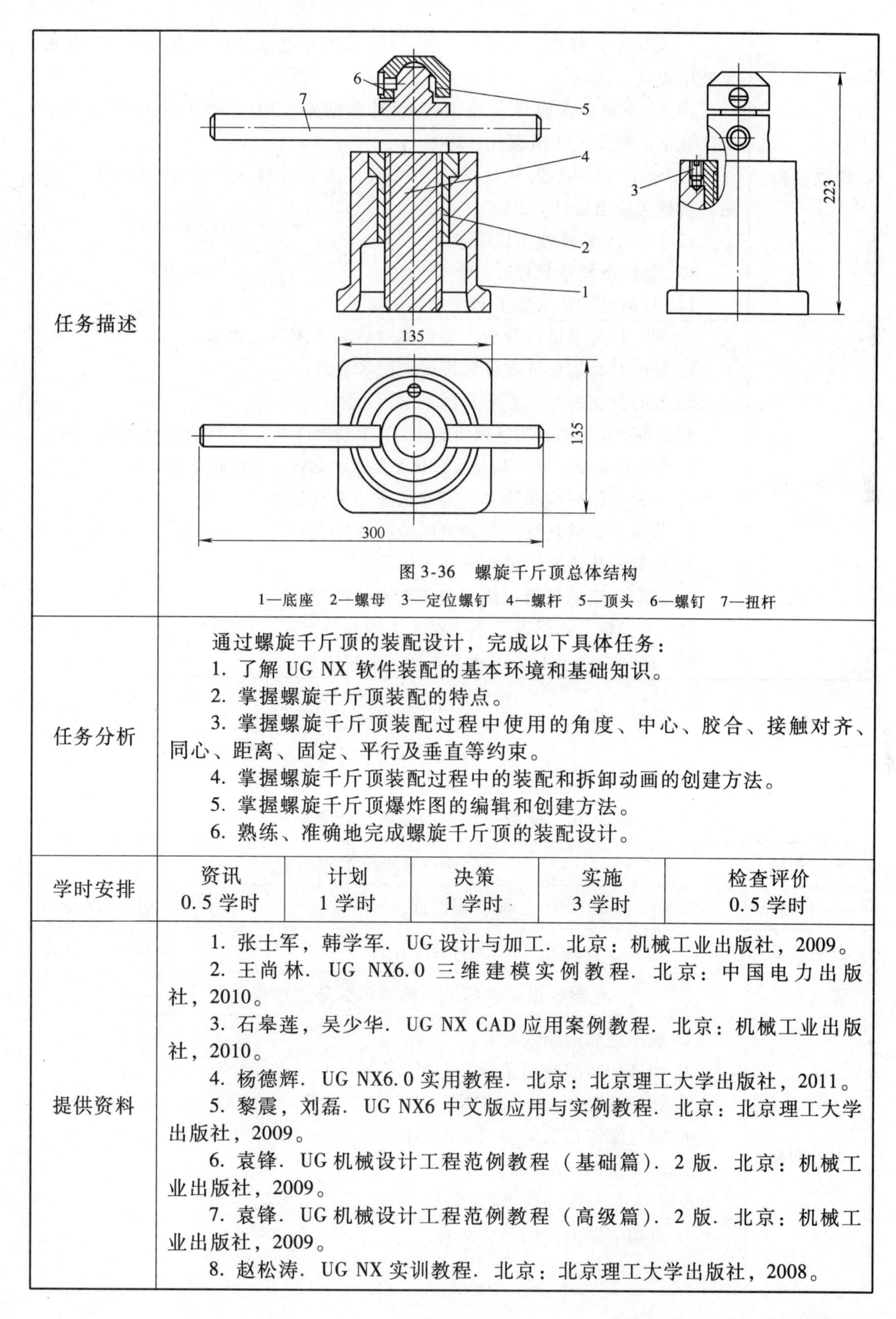

任务描述	图 3-36　螺旋千斤顶总体结构 1—底座　2—螺母　3—定位螺钉　4—螺杆　5—顶头　6—螺钉　7—扭杆
任务分析	通过螺旋千斤顶的装配设计，完成以下具体任务： 1. 了解 UG NX 软件装配的基本环境和基础知识。 2. 掌握螺旋千斤顶装配的特点。 3. 掌握螺旋千斤顶装配过程中使用的角度、中心、胶合、接触对齐、同心、距离、固定、平行及垂直等约束。 4. 掌握螺旋千斤顶装配过程中的装配和拆卸动画的创建方法。 5. 掌握螺旋千斤顶爆炸图的编辑和创建方法。 6. 熟练、准确地完成螺旋千斤顶的装配设计。
学时安排	资讯 0.5 学时 ｜ 计划 1 学时 ｜ 决策 1 学时 ｜ 实施 3 学时 ｜ 检查评价 0.5 学时
提供资料	1. 张士军，韩学军. UG 设计与加工. 北京：机械工业出版社，2009。 2. 王尚林. UG NX6.0 三维建模实例教程. 北京：中国电力出版社，2010。 3. 石皋莲，吴少华. UG NX CAD 应用案例教程. 北京：机械工业出版社，2010。 4. 杨德辉. UG NX6.0 实用教程. 北京：北京理工大学出版社，2011。 5. 黎震，刘磊. UG NX6 中文版应用与实例教程. 北京：北京理工大学出版社，2009。 6. 袁锋. UG 机械设计工程范例教程（基础篇）. 2 版. 北京：机械工业出版社，2009。 7. 袁锋. UG 机械设计工程范例教程（高级篇）. 2 版. 北京：机械工业出版社，2009。 8. 赵松涛. UG NX 实训教程. 北京：北京理工大学出版社，2008。

提供资料	9. 郑贞平，曹成，张小红，等. UG NX5 中文版基础教程. 北京：机械工业出版社，2008。 10. 云杰漫步多媒体科技 CAX 设计教研室. UG NX6.0 中文版数控加工. 北京：清华大学出版社，2009。 11. 郑贞平，喻德. UG NX5 中文版三维设计与 NC 加工实例精解. 北京：机械工业出版社，2008。 12. UG NX 软件使用说明书。 13. 制图员操作规程。 14. 机械设计技术要求和国家制图标准。
对学生的要求	1. 能对任务书进行分析，能正确理解和描述目标要求。 2. 装配时必须保证零件装配的规范和合理。 3. 具有独立思考、善于提问的学习习惯。 4. 具有查询资料和市场调研的能力，具备严谨求实和开拓创新的学习态度。 5. 能执行企业"5S"质量管理体系要求，具备良好的职业意识和社会能力。 6. 上机操作时应穿鞋套，遵守机房的规章制度。 7. 具备一定的观察理解和判断分析能力。 8. 具有团队协作、爱岗敬业的精神。 9. 具有一定的创新思维和勇于创新的精神。 10. 不迟到、不早退、不旷课，否则扣分。 11. 按时按要求上交作业，并列入考核成绩。

3.3.2 资讯

1. 螺旋千斤顶的装配设计资讯单（见表 3-20）

表 3-20 螺旋千斤顶的装配设计资讯单

学习领域	CAD/CAM 技术应用		
学习情境 3	三维装配设计	学时	18 学时
任务 3.3	螺旋千斤顶的装配设计	学时	6 学时
资讯方式	学生根据教师给出的资讯引导进行查询解答		
资讯问题	1. 底座是如何调入的？ 2. 螺母的装配使用了什么方式？ 3. 如何实现"中心"定位？ 4. 定位螺钉是如何实现装配的？ 5. 顶头是如何装配的？ 6. 什么是装配导航器？ 7. 点构造器的作用是什么？ 8. 什么是过滤器？		

资讯引导	1. 问题 1 参阅《UG 设计与加工》。 2. 问题 2 参阅《UG NX6.0 实用教程》。 3. 问题 3 参阅《UG NX6.0 实用教程》。 4. 问题 4 参阅《UG NX6.0 实用教程》。 5. 问题 5 参阅《UG NX6.0 实用教程》。 6. 问题 6 参阅《UG 设计与加工》。 7. 问题 7 参阅《UG NX6.0 实用教程》。 8. 问题 8 参阅《UG 设计与加工》。

2. 螺旋千斤顶的装配设计信息单（见表 3-21）

表 3-21　螺旋千斤顶的装配设计信息单

学习领域	CAD/CAM 技术应用		
学习情境 3	三维装配设计	学时	18 学时
任务 3.3	螺旋千斤顶的装配设计	学时	6 学时
序号	信息内容		
一	调入底座		
1. 调入底座。 2. 以底座下端圆的中心进行“中心”定位，如图 3-37 所示。 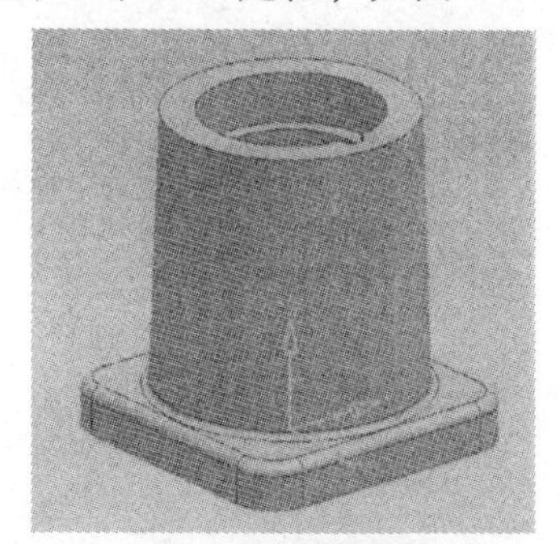 图 3-37　底座调入			
二	螺母的装配		
1. 调入螺母。 2. 单击装配工具栏上的装配约束图标，在该对话框中选择类型为“接触对齐”。 3. 在“方位”选项中选择“接触”，再用鼠标依次选择螺母台阶面和底座顶面作为配对表面。 4. 使螺母台阶面和底座顶面等高，两平面法向相反。 5. 选择螺母外圆表面和底座内孔表面作为配对表面，完成螺母装配，如图 3-38 所示。 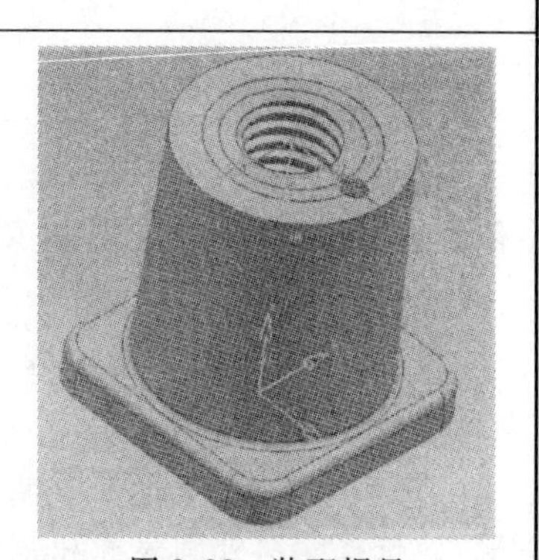 图 3-38　装配螺母			

三	定位螺钉的装配

1. 调入定位螺钉。

2. 在装配约束对话框中选择“平行”，再依次选择螺钉中心和螺纹孔表面中心配对表面。

3. 再次打开装配约束对话框，选择类型为“接触对齐”，在“方位”选项中选择“接触”，依次选择螺钉表面和螺纹孔表面作为配对表面。

4. 再次打开装配约束对话框，选择类型为“接触”对齐，在“方位”选项中选择“接触”，将底座零件隐藏，依次选择螺钉端面和螺母外圆面作为配对表面，完成定位螺钉装配，如图 3-39 所示。

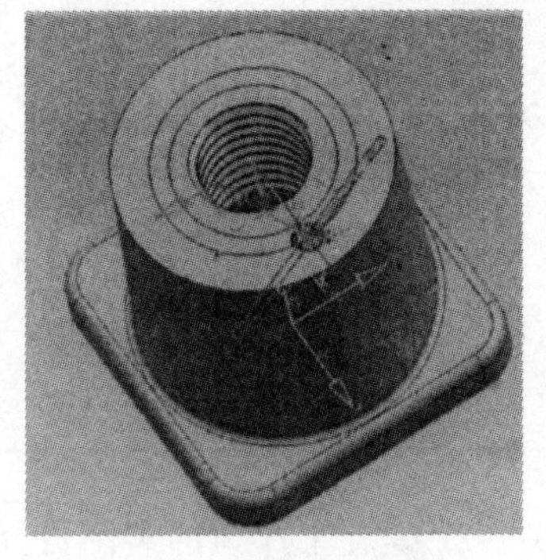

图 3-39 装配定位螺钉

四	螺杆的装配

1. 调入螺杆。

2. 打开装配约束对话框，选择类型为“接触对齐”，在“方位”选项中选择“接触”，依次选择螺杆台阶面和螺母顶面作为配对表面。

3. 打开装配约束对话框，选择类型为“接触”对齐，在“方位”选项中选择“接触”，依次选择螺杆外圆面和螺母内螺纹表面作为配对表面，完成螺杆装配，如图 3-40 所示。

图 3-40 装配螺杆

五	顶头的装配

1. 调入顶头。

2. 打开装配约束对话框，选择类型为“接触”对齐，在方位选项中选择“接触”，依次选择顶头内球面和螺杆顶部的球面作为配对表面。

3. 调入螺钉。

4. 打开装配约束对话框，选择类型为“中心”，再依次选择螺钉中心和顶头螺纹孔中心作为配对表面。

5. 打开装配约束对话框，选择类型为“接触对齐”，在“方位”选项中选择“接触”，选择螺钉外圆表面和螺纹孔表面作为配对表面，完成顶头装配，如图 3-41 所示。

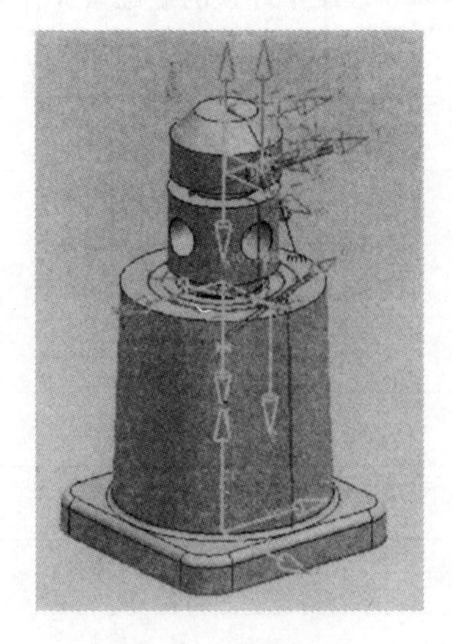

图 3-41　装配顶头

六	扭杆的装配

1. 调入扭杆。
2. 选择螺杆内孔和扭杆外圆表面进行接触，完成扭杆装配，如图 3-42 所示。

图 3-42　装配扭杆

3.3.3　计划

根据任务内容制订小组任务计划，简要说明任务实施过程的步骤及注意事项。将计划内容等填入螺旋千斤顶的装配设计计划单，见表 3-22。

3.3.4　决策

1. 小组互评，选定合适的工作计划。

2. 小组负责人对任务进行分配，组员按照负责人要求完成相关任务内容，并将自己所在小组及个人任务填入螺旋千斤顶的装配设计决策单，见表 3-23。

表 3-22　螺旋千斤顶的装配设计计划单

<table>
<tr><td>学习领域</td><td colspan="5">CAD/CAM 技术应用</td></tr>
<tr><td>学习情境 3</td><td colspan="3">三维装配设计</td><td>学时</td><td>18 学时</td></tr>
<tr><td>任务 3.3</td><td colspan="3">螺旋千斤顶的装配设计</td><td>学时</td><td>6 学时</td></tr>
<tr><td>计划方式</td><td colspan="5">小组讨论</td></tr>
<tr><td>序号</td><td colspan="3">实施步骤</td><td colspan="2">使用资源</td></tr>
<tr><td></td><td colspan="3"></td><td colspan="2"></td></tr>
<tr><td></td><td colspan="3"></td><td colspan="2"></td></tr>
<tr><td></td><td colspan="3"></td><td colspan="2"></td></tr>
<tr><td></td><td colspan="3"></td><td colspan="2"></td></tr>
<tr><td></td><td colspan="3"></td><td colspan="2"></td></tr>
<tr><td></td><td colspan="3"></td><td colspan="2"></td></tr>
<tr><td></td><td colspan="3"></td><td colspan="2"></td></tr>
<tr><td></td><td colspan="3"></td><td colspan="2"></td></tr>
<tr><td>制订计划说明</td><td colspan="5"></td></tr>
<tr><td>计划评价</td><td colspan="5">评语：</td></tr>
<tr><td>班级</td><td></td><td>第　　组</td><td>组长签字</td><td colspan="2"></td></tr>
<tr><td>教师签字</td><td colspan="2"></td><td>日期</td><td colspan="2"></td></tr>
</table>

表 3-23　螺旋千斤顶的装配设计决策单

<table>
<tr><td>学习领域</td><td colspan="7">CAD/CAM 技术应用</td></tr>
<tr><td>学习情境 3</td><td colspan="5">三维装配设计</td><td>学时</td><td>18 学时</td></tr>
<tr><td>任务 3.3</td><td colspan="5">螺旋千斤顶的装配设计</td><td>学时</td><td>6 学时</td></tr>
<tr><td colspan="6">方案讨论</td><td>组号</td><td></td></tr>
<tr><td rowspan="16">方案决策</td><td>组别</td><td>步骤顺序性</td><td>步骤合理性</td><td>实施可操作性</td><td>选用工具合理性</td><td colspan="2">原因说明</td></tr>
<tr><td>1</td><td></td><td></td><td></td><td></td><td colspan="2"></td></tr>
<tr><td>2</td><td></td><td></td><td></td><td></td><td colspan="2"></td></tr>
<tr><td>3</td><td></td><td></td><td></td><td></td><td colspan="2"></td></tr>
<tr><td>4</td><td></td><td></td><td></td><td></td><td colspan="2"></td></tr>
<tr><td>5</td><td></td><td></td><td></td><td></td><td colspan="2"></td></tr>
<tr><td>1</td><td></td><td></td><td></td><td></td><td colspan="2"></td></tr>
<tr><td>2</td><td></td><td></td><td></td><td></td><td colspan="2"></td></tr>
<tr><td>3</td><td></td><td></td><td></td><td></td><td colspan="2"></td></tr>
<tr><td>4</td><td></td><td></td><td></td><td></td><td colspan="2"></td></tr>
<tr><td>5</td><td></td><td></td><td></td><td></td><td colspan="2"></td></tr>
<tr><td>1</td><td></td><td></td><td></td><td></td><td colspan="2"></td></tr>
<tr><td>2</td><td></td><td></td><td></td><td></td><td colspan="2"></td></tr>
<tr><td>3</td><td></td><td></td><td></td><td></td><td colspan="2"></td></tr>
<tr><td>4</td><td></td><td></td><td></td><td></td><td colspan="2"></td></tr>
<tr><td>5</td><td></td><td></td><td></td><td></td><td colspan="2"></td></tr>
<tr><td>方案评价</td><td colspan="7">评语：（根据组内的决策，对照计划进行修改并说明修改原因）</td></tr>
</table>

班级		组长签字		教师签字		月　　日

3.3.5 实施

1. 实施准备

任务实施准备主要包括 CAD/CAM 实训室（多媒体）、UG NX 软件、资料准备等，见表3-24。

表 3-24　千斤顶的装配设计工作分析实施准备

学习情境 3	三维装配设计	学时	18 学时
任务 3.3	螺旋千斤顶的装配设计	学时	6 学时
重点、难点	装配设计功能键的使用		
教学资源	CAD/CAM 实训室（多媒体）		
资料准备	1. 张士军，韩学军. UG 设计与加工. 北京：机械工业出版社，2009。 2. 王尚林. UG NX6.0 三维建模实例教程. 北京：中国电力出版社，2010。 3. 石皋莲，吴少华. UG NX CAD 应用案例教程. 北京：机械工业出版社，2010。 4. 杨德辉. UG NX6.0 实用教程. 北京：北京理工大学出版社，2011。 5. 黎震，刘磊. UG NX6 中文版应用与实例教程. 北京：北京理工大学出版社，2009。 6. 袁锋. UG 机械设计工程范例教程（基础篇）. 2 版. 北京：机械工业出版社，2009。 7. 袁锋. UG 机械设计工程范例教程（高级篇）. 2 版. 北京：机械工业出版社，2009。 8. 赵松涛. UG NX 实训教程. 北京：北京理工大学出版社，2008。 9. 郑贞平，曹成，张小红，等. UG NX5 中文版基础教程. 北京：机械工业出版社，2008。 10. 云杰漫步多媒体科技 CAX 设计教研室. UG NX6.0 中文版数控加工. 北京：清华大学出版社，2009。 11. 郑贞平，喻德. UG NX5 中文版三维设计与 NC 加工实例精解. 北京：机械工业出版社，2008。 12. UG NX 软件使用说明书。 13. 制图员操作规程。 14. 机械设计技术要求和国家制图标准。		
设备、工具	UG NX 软件		
教学组织实施			
教学组织实施			
实施步骤	组织实施内容	教学方法	学时
1			
2			
3			
4			
5			

2. 实施任务

依据计划步骤实施任务，并完成作业单的填写。螺旋千斤顶的装配设计作业单见表 3-25。

表 3-25　螺旋千斤顶的装配设计作业单

学习领域	CAD/CAM 技术应用		
学习情境 3	三维装配设计	学时	18 学时
任务 3.3	螺旋千斤顶的装配设计	学时	6 学时
作业方式	小组分析，个人软件造型，现场批阅，集体评判		
作业内容	微型调节支承机构的装配设计		

微型调节支承机构装配图如图 3-43 所示。图 3-44 ~ 图 3-48 所示分别为底座、套筒、调节螺母、支承杆和螺钉。

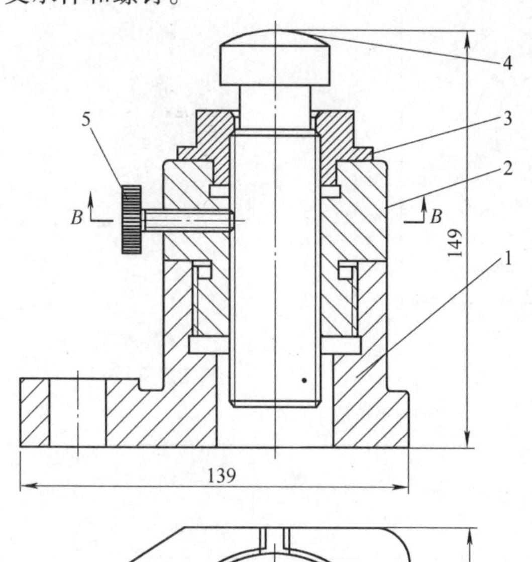

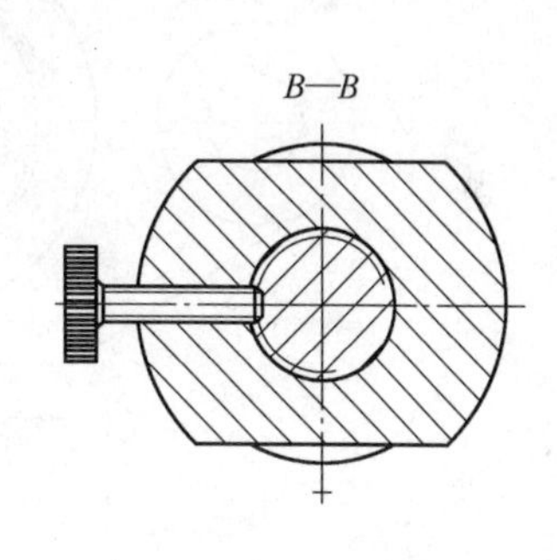

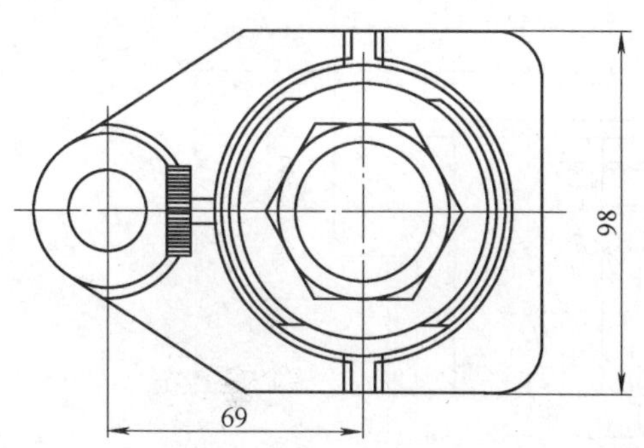

5	2–7–3	螺钉 M8×36	1	45	
4	2–7–5	支承杆	1	45	
3	2–7–4	调节螺母	1	45	
2	2–7–2	套筒	1	45	
1	2–7–1	底座	1	ZG230–450	
序号	代号	零件名称	数量	材料	备注

图 3-43　微型调节支承机构装配图

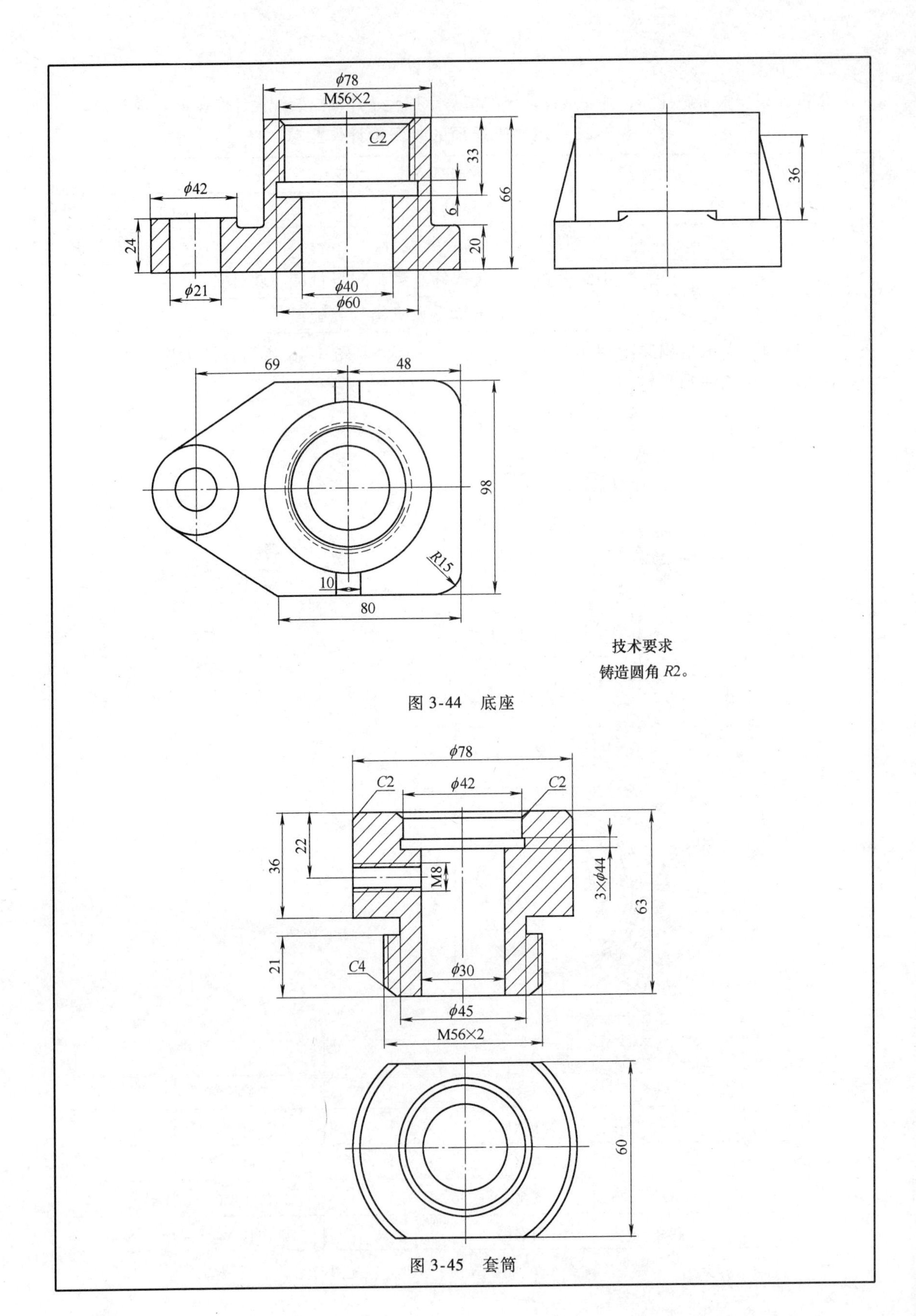

图 3-44　底座

图 3-45　套筒

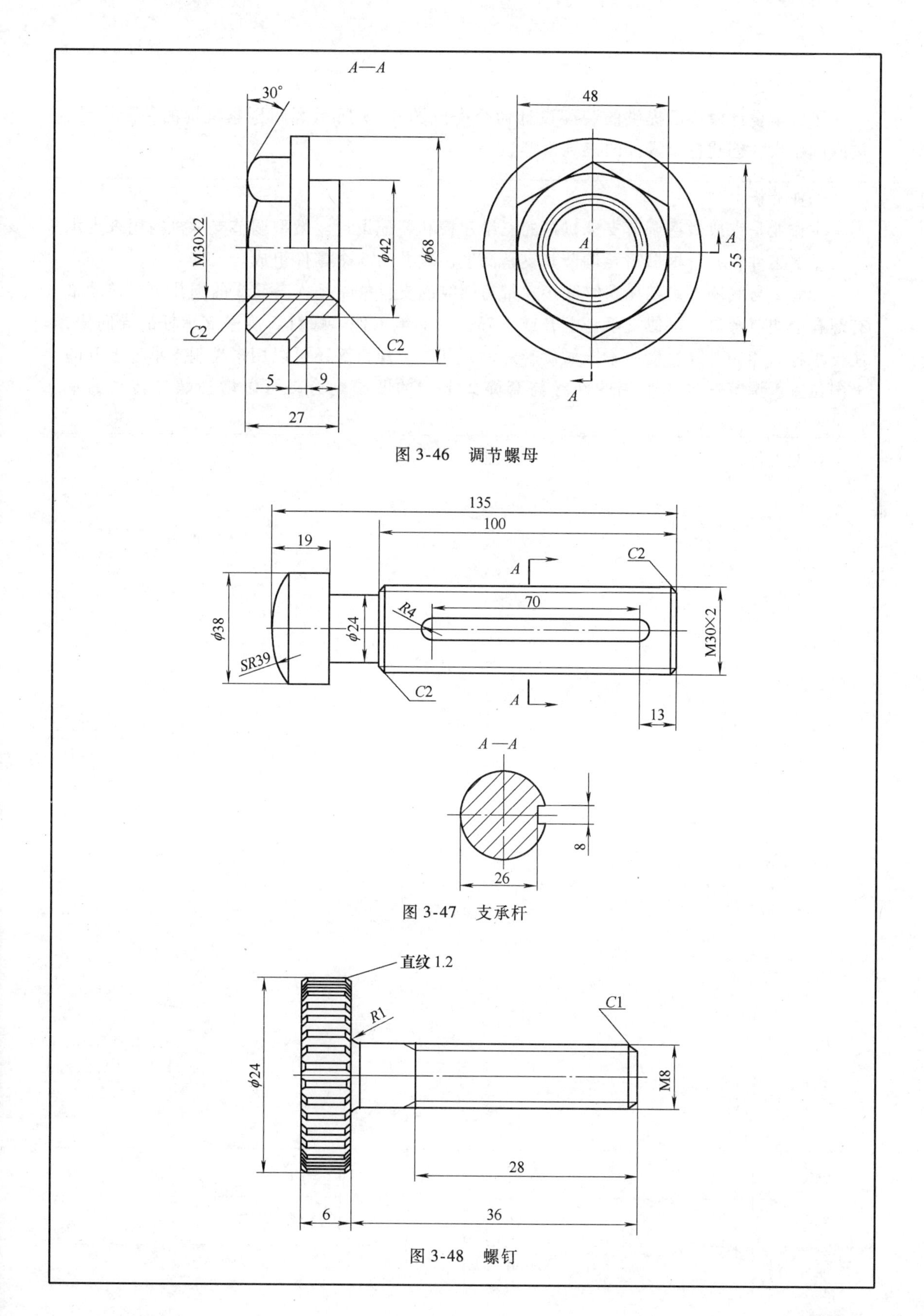

图 3-46 调节螺母

图 3-47 支承杆

图 3-48 螺钉

作业描述：

用装配设计模块所提供的装配设计命令完成图 3-43 所示螺旋压紧机构的装配设计，按照图示尺寸创建各个零件的三维模型。

作业分析：

本作业是完成微型调节支承机构的三维建模和装配设计。微型调节支承机构用来支承不太重的工件，并可根据需要调节其支承高度。它共由 5 个零件组成。

套筒 2 与底座 1 用细牙螺纹联接。带有螺纹的支承杆 4 插入套筒 2 的圆孔中。转动带有螺孔的调节螺母 3 可使支承杆上升或下降，以支承工件。螺钉 5 旋进支承杆的导向槽，使支承杆只能做升降运动而不能做旋转运动；同时，螺钉 5 还可以用来控制支承杆上升的极限位置。调节螺母 3 下端的凸缘与套筒 2 上端的凹槽配合，可以增强螺母转动的平稳性。

作业评价：

班级		组别		组长签字	
学号		姓名		教师签字	
教师评分		日期			

3.3.6 检查评价

学生完成本学习任务后，应展示的结果为：计划单、决策单、作业单、检查单和评价单。

1. 螺旋千斤顶的装配设计检查单见（表 3-26）

表 3-26 螺旋千斤顶的装配设计检查单

<table>
<tr><td>学习领域</td><td colspan="5">CAD/CAM 技术应用</td></tr>
<tr><td>学习情境 3</td><td colspan="3">三维装配设计</td><td>学时</td><td>18 学时</td></tr>
<tr><td>任务 3.3</td><td colspan="3">螺旋千斤顶的装配设计</td><td>学时</td><td>6 学时</td></tr>
<tr><td>序号</td><td>检查项目</td><td colspan="2">检查标准</td><td>学生自查</td><td>教师检查</td></tr>
<tr><td>1</td><td>螺母的装配设计</td><td colspan="2">准确、合理地将螺母装配到底座上</td><td></td><td></td></tr>
<tr><td>2</td><td>螺钉的装配设计</td><td colspan="2">准确、合理地将定位螺钉装配到底座上</td><td></td><td></td></tr>
<tr><td>3</td><td>定位螺杆的装配设计</td><td colspan="2">准确、合理地将螺杆装配到螺母上</td><td></td><td></td></tr>
<tr><td>4</td><td>顶头的装配设计</td><td colspan="2">准确、合理地将顶头装配到螺杆上</td><td></td><td></td></tr>
<tr><td>5</td><td>扭杆的装配设计</td><td colspan="2">准确、合理地将扭杆装配到螺杆上</td><td></td><td></td></tr>
<tr><td>6</td><td>装配设计与构建能力</td><td colspan="2">能够完成零件的装配设计</td><td></td><td></td></tr>
<tr><td>7</td><td>装配设计缺陷的分析诊断能力</td><td colspan="2">装配设计缺陷处理得当</td><td></td><td></td></tr>
<tr><td>检查评价</td><td colspan="5">评语：</td></tr>
<tr><td>班级</td><td></td><td>组别</td><td></td><td>组长签字</td><td></td></tr>
<tr><td>教师评分</td><td colspan="4"></td><td>日期</td></tr>
</table>

2. 螺旋千斤顶的装配设计评价单（见表 3-27）

表 3-27　螺旋千斤顶的装配设计评价单

学习领域	CAD/CAM 技术应用				
学习情境 3	三维装配设计			学时	18 学时
任务 3.3	螺旋千斤顶的装配设计			学时	6 学时
评价类别	评价项目	子项目	个人评价	组内互评	教师评价
专业能力（60%）	资讯（8%）	搜集信息（4%）			
		引导问题回答（4%）			
	计划（5%）	计划可执行度（5%）			
	实施（12%）	工作步骤执行（3%）			
		功能实现（3%）			
		质量管理（2%）			
		安全保护（2%）			
		环境保护（2%）			
	检查（10%）	全面性、准确性（5%）			
		异常情况排除（5%）			
	过程（15%）	使用工具规范性（7%）			
		操作过程规范性（8%）			
	结果（5%）	结果质量（5%）			
	作业（5%）	作业质量（5%）			
社会能力（20%）	团结协作（10%）				
	敬业精神（10%）				
方法能力（20%）	计划能力（10%）				
	决策能力（10%）				
评价评语	评语：				

班级		组别		学号		总评	
教师签字		组长签字		日期			

3.3.7　实践中常见问题解析

首件的装配要确定好空间位置和方向，一般按照其工作状态进行定位。

学习情境4

工程图设计

【学习目标】

利用UG NX软件实体建模模块创建的零件和装配模型可以引入到该软件的工程图模块中，快速地生成二维工程图。本学习情境主要涉及图纸页面的建立，投影方式的设置，基本视图及向视图的生成，旋转绘制的剖视图，局部剖视图的生成，断开视图的生成，注释样式的设置，尺寸、公差、几何公差及其他技术要求的标注等。本学习情境要求学生熟悉UG NX软件工程图模块的功能，并运用所提供的操作界面、操作命令和各种图形元素处理技巧，根据已创建的三维实体造型设计出工程图，并根据设计要求进行合理的标注。通过本学习情境的一体化教学，学生应掌握图纸页面管理中的新建图纸、打开图纸页、删除图纸页和编辑图纸页等基本功能；掌握视图管理功能中的基本视图、投影视图、局部放大图、全剖视图、半剖视图、旋转绘制的剖视图、局部剖视图等基本功能和工程图设计的标注等内容。

【学习任务】

1. 手动气阀的工程图设计。
2. 夹紧卡爪的工程图设计。
3. 螺旋千斤顶的工程图设计。

【情境描述】

本学习情境指导学生运用UG NX软件完成手动气阀、夹紧卡爪和螺旋千斤顶的工程图设计。通过学习，学生应掌握工程图纸的新建、打开、删除及编辑；掌握投影视图的新建、移动、对齐、删除及编辑；掌握各类剖视图的创建及在工程图中插入各种符号；掌握工程图尺寸参数设置、视图显示参数预设置；掌握工程图的尺寸、文本注释的标注和工程图的几何公差、表面粗糙度的标注等内容。通过学习三个工程图设计，学生应能独立完成产品的工程图设计。

任务4.1　手动气阀的工程图设计

4.1.1　任务描述

手动气阀的工程图设计任务单见表4-1。

表4-1　手动气阀的工程图设计任务单

<table>
<tr><td>学习领域</td><td colspan="3">CAD/CAM 技术应用</td></tr>
<tr><td>学习情境4</td><td>工程图设计</td><td>学时</td><td>18 学时</td></tr>
<tr><td>任务4.1</td><td>手动气阀的工程图设计</td><td>学时</td><td>6 学时</td></tr>
<tr><td colspan="4">布置任务</td></tr>
<tr><td>学习目标</td><td colspan="3">1. 掌握工程图设计的操作界面，能够熟练使用操作界面。
2. 掌握工程图设计参数设定中的制图参数设定、注释参数设定、剖切线参数设定、视图参数设定和查看标签参数设定。
3. 掌握工程图设计视图布局中的添加基本视图和生成剖视图。
4. 掌握工程图设计视图标注中的中心线标注和视图标签的修改。
5. 掌握工程图设计尺寸与公差标注中的圆柱体（孔）直径及其公差标注、圆或圆弧尺寸及其公差标注、螺纹及其公差标注、长度尺寸及其公差标注、角度标注、倒角标注等。
6. 掌握工程图设计中的几何公差标注。
7. 掌握工程图设计中的表面粗糙度标注。
8. 掌握工程图设计中的输入设计信息。
9. 掌握工程图设计中的图框与标题栏设计。</td></tr>
<tr><td>任务描述</td><td colspan="3">如图4-1所示，手动气阀由6种共9个零件组成，其中O形密封圈4个，其他均为单件。在这些零件中，气阀杆与其他零件装配关系最多，其上装有4个O形密封圈，与芯杆、螺母是螺纹联接，与阀体是间隙配合关系。
每组分别使用UG NX软件完成手动气阀的工程图设计，应了解如下具体内容：
1. 掌握手动气阀的基本结构和工作原理。
2. 掌握手动气阀工程图设计基本方法。
3. 掌握工程图设计各模块的使用。</td></tr>
</table>

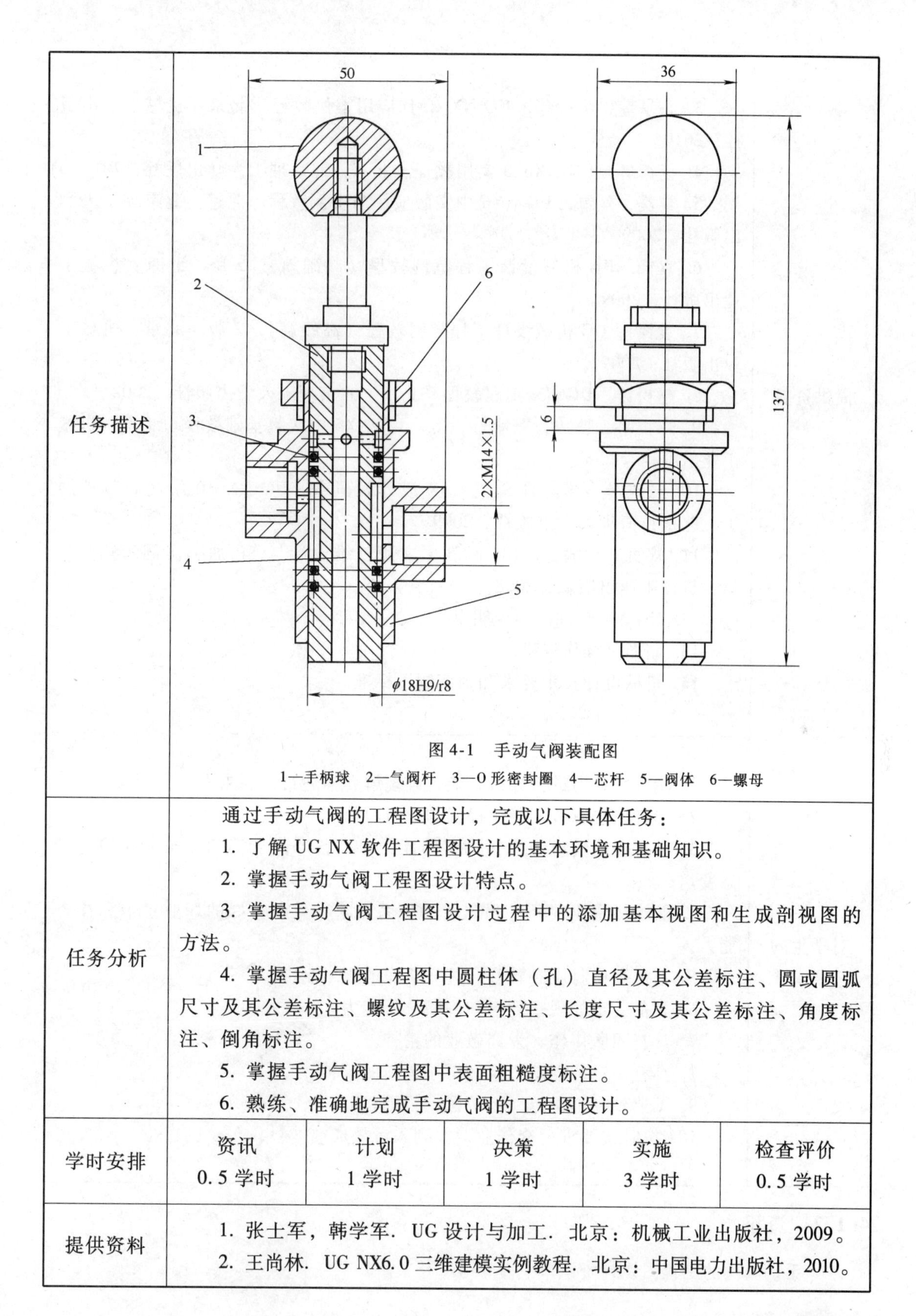

<table>
<tr><td>任务描述</td><td colspan="5">

图 4-1　手动气阀装配图

1—手柄球　2—气阀杆　3—O 形密封圈　4—芯杆　5—阀体　6—螺母
</td></tr>
<tr><td>任务分析</td><td colspan="5">通过手动气阀的工程图设计，完成以下具体任务：
1. 了解 UG NX 软件工程图设计的基本环境和基础知识。
2. 掌握手动气阀工程图设计特点。
3. 掌握手动气阀工程图设计过程中的添加基本视图和生成剖视图的方法。
4. 掌握手动气阀工程图中圆柱体（孔）直径及其公差标注、圆或圆弧尺寸及其公差标注、螺纹及其公差标注、长度尺寸及其公差标注、角度标注、倒角标注。
5. 掌握手动气阀工程图中表面粗糙度标注。
6. 熟练、准确地完成手动气阀的工程图设计。</td></tr>
<tr><td>学时安排</td><td>资讯
0.5 学时</td><td>计划
1 学时</td><td>决策
1 学时</td><td>实施
3 学时</td><td>检查评价
0.5 学时</td></tr>
<tr><td>提供资料</td><td colspan="5">1. 张士军，韩学军．UG 设计与加工．北京：机械工业出版社，2009。
2. 王尚林．UG NX6.0 三维建模实例教程．北京：中国电力出版社，2010。</td></tr>
</table>

提供资料	3. 石皋莲，吴少华．UG NX CAD应用案例教程．北京：机械工业出版社，2010。 4. 杨德辉．UG NX6.0实用教程．北京：北京理工大学出版社，2011。 5. 黎震，刘磊．UG NX6中文版应用与实例教程．北京：北京理工大学出版社，2009。 6. 袁锋．UG机械设计工程范例教程（基础篇）．2版．北京：机械工业出版社，2009。 7. 袁锋．UG机械设计工程范例教程（高级篇）．2版．北京：机械工业出版社，2009。 8. 赵松涛．UG NX实训教程．北京：北京理工大学出版社，2008。 9. 郑贞平，曹成，张小红，等．UG NX5中文版基础教程．北京：机械工业出版社，2008。 10. 云杰漫步多媒体科技CAX设计教研室．UG NX6.0中文版数控加工．北京：清华大学出版社，2009。 11. 郑贞平，喻德．UG NX5中文版三维设计与NC加工实例精解．北京：机械工业出版社，2008。 12. UG NX软件使用说明书。 13. 制图员操作规程。 14. 机械设计技术要求和国家制图标准。
对学生的要求	1. 能对任务书进行分析，能正确理解和描述目标要求。 2. 具有独立思考、善于提问的学习习惯。 3. 具有查询资料和市场调研的能力，具备严谨求实和开拓创新的学习态度。 4. 能执行企业“5S”质量管理体系要求，具备良好的职业意识和社会能力。 5. 上机操作时应穿鞋套，遵守机房的规章制度。 6. 具备一定的观察理解和判断分析能力。 7. 具有团队协作、爱岗敬业的精神。 8. 具有一定的创新思维和勇于创新的精神。 9. 不迟到、不早退、不旷课，否则扣分。 10. 按时按要求上交作业，并列入考核成绩。

4.1.2 资讯

1. 手动气阀的工程图设计资讯单（见表4-2）

表 4-2　手动气阀的工程图设计资讯单

学习领域	CAD/CAM 技术应用		
学习情境 4	工程图设计	学时	18 学时
任务 4.1	手动气阀的工程图设计	学时	6 学时
资讯方式	学生根据教师给出的资讯引导进行查询解答		
资讯问题	1. 如何启动制图模块？ 2. 如何设定制图参数？ 3. 如何设定注释参数？ 4. 如何设定视图参数？ 5. 如何设定剖切线参数？ 6. 如何设定查看标签参数？ 7. 什么是视图布局？ 8. 视图布局的基本原则是什么？ 9. 如何生成剖视图？ 10. 如何添加右视图？ 11. 视图标注的两个主要方面是什么？		
资讯引导	1. 问题 1 参阅《UG NX6 中文版应用与实例教程》。 2. 问题 2 参阅《UG NX6 中文版应用与实例教程》。 3. 问题 3 参阅《UG NX6 中文版应用与实例教程》。 4. 问题 4 参阅《UG NX6 中文版应用与实例教程》。 5. 问题 5 参阅《UG NX6.0 实用教程》。 6. 问题 6 参阅《UG 设计与加工》。 7. 问题 7 参阅《UG NX6.0 实用教程》。 8. 问题 8 参阅《UG 设计与加工》。 9. 问题 9 参阅《UG 设计与加工》。 10. 问题 10 参阅《UG 设计与加工》。 11. 问题 11 参阅《UG 设计与加工》。		

2. 手动气阀的工程图设计信息单（见表 4-3）

表 4-3　手动气阀的工程图设计信息单

<table>
<tr><td>学习领域</td><td colspan="3">CAD/CAM 技术应用</td></tr>
<tr><td>学习情境 4</td><td>工程图设计</td><td>学时</td><td>18 学时</td></tr>
<tr><td>任务 4.1</td><td>手动气阀的工程图设计</td><td>学时</td><td>6 学时</td></tr>
<tr><td>序号</td><td colspan="3">信息内容</td></tr>
<tr><td>一</td><td colspan="3">手动气阀各零件的实体造型和装配</td></tr>
<tr><td colspan="4">首先完成手动气阀各组成零件的实体造型，然后将各组成零件进行装配，完成后的三维实体如图 4-2 所示，最后进行手动气阀工程图设计。

图 4-2　手动气阀三维实体</td></tr>
<tr><td>二</td><td colspan="3">手动气阀工程图设计信息</td></tr>
<tr><td colspan="4">1. 熟练使用视图布局工具条、尺寸工具条、选择工具条、表格与零件明细栏工具条、导航器及制图工作区等。
2. 能够精确地设定制图参数，如单位、角度格式、尺寸、精度、公差、直线、箭头、文字大小及螺纹标准等。
3. 对视图进行合理布局，根据设计意图选择合适的视图，将三维实体零件放置在图纸页面上。其基本布局原则是选定的视图既能够充分反映零件的全部结构特征，又能够用尽可能少的视图来表达，保证整个工程图清晰、明了。
4. 对视图进行标注。
5. 设计图框与标题栏。</td></tr>
</table>

4.1.3　计划

根据任务内容制订小组任务计划，简要说明任务实施过程的步骤及注意事项。将计划内容等填入手动气阀的工程图设计计划单，见表 4-4。

表 4-4　手动气阀的工程图设计计划单

学习领域	CAD/CAM 技术应用				
学习情境 4	工程图设计			学时	18 学时
任务 4.1	手动气阀的工程图设计			学时	6 学时
计划方式	小组讨论				
序号	实施步骤			使用资源	
制订计划说明					
计划评价	评语：				
班级		第　　组	组长签字		
教师签字			日期		

4.1.4 决策

1. 小组互评，选定合适的工作计划。

2. 小组负责人对任务进行分配，组员按照负责人要求完成相关任务内容，并将自己所在小组及个人任务填入。手动气阀的工程图设计决策单，见表 4-5。

表 4-5 手动气阀的工程图设计决策单

<table>
<tr><td>学习领域</td><td colspan="7">CAD/CAM 技术应用</td></tr>
<tr><td>学习情境 4</td><td colspan="5">工程图设计</td><td>学时</td><td>18 学时</td></tr>
<tr><td>任务 4.1</td><td colspan="5">手动气阀的工程图设计</td><td>学时</td><td>6 学时</td></tr>
<tr><td colspan="6">方案讨论</td><td>组号</td><td></td></tr>
<tr><td rowspan="16">方案决策</td><td>组别</td><td>步骤顺序性</td><td>步骤合理性</td><td>实施可操作性</td><td>选用工具合理性</td><td colspan="2">原因说明</td></tr>
<tr><td>1</td><td></td><td></td><td></td><td></td><td colspan="2"></td></tr>
<tr><td>2</td><td></td><td></td><td></td><td></td><td colspan="2"></td></tr>
<tr><td>3</td><td></td><td></td><td></td><td></td><td colspan="2"></td></tr>
<tr><td>4</td><td></td><td></td><td></td><td></td><td colspan="2"></td></tr>
<tr><td>5</td><td></td><td></td><td></td><td></td><td colspan="2"></td></tr>
<tr><td>1</td><td></td><td></td><td></td><td></td><td colspan="2"></td></tr>
<tr><td>2</td><td></td><td></td><td></td><td></td><td colspan="2"></td></tr>
<tr><td>3</td><td></td><td></td><td></td><td></td><td colspan="2"></td></tr>
<tr><td>4</td><td></td><td></td><td></td><td></td><td colspan="2"></td></tr>
<tr><td>5</td><td></td><td></td><td></td><td></td><td colspan="2"></td></tr>
<tr><td>1</td><td></td><td></td><td></td><td></td><td colspan="2"></td></tr>
<tr><td>2</td><td></td><td></td><td></td><td></td><td colspan="2"></td></tr>
<tr><td>3</td><td></td><td></td><td></td><td></td><td colspan="2"></td></tr>
<tr><td>4</td><td></td><td></td><td></td><td></td><td colspan="2"></td></tr>
<tr><td>5</td><td></td><td></td><td></td><td></td><td colspan="2"></td></tr>
<tr><td>方案评价</td><td colspan="7">评语：(根据组内的决策，对照计划进行修改并说明修改原因)</td></tr>
<tr><td>班级</td><td></td><td>组长签字</td><td></td><td>教师签字</td><td></td><td colspan="2">月 日</td></tr>
</table>

4.1.5 实施

1. 实施准备

任务实施准备主要包括 CAD/CAM 实训室（多媒体）、UG NX 软件、资料准备等，见表 4-6。

表 4-6 手动气阀的工程图设计实施准备

<table>
<tr><td>学习情境 4</td><td>工程图设计</td><td>学时</td><td>18 学时</td></tr>
<tr><td>任务 4.1</td><td>手动气阀的工程图设计</td><td>学时</td><td>6 学时</td></tr>
<tr><td>重点、难点</td><td colspan="3">工程图设计功能键的使用</td></tr>
<tr><td>教学资源</td><td colspan="3">CAD/CAM 实训室（多媒体）</td></tr>
<tr><td>资料准备</td><td colspan="3">1. 张士军，韩学军. UG 设计与加工. 北京：机械工业出版社，2009。
2. 王尚林. UG NX6.0 三维建模实例教程. 北京：中国电力出版社，2010。
3. 石皋莲，吴少华. UG NX CAD 应用案例教程. 北京：机械工业出版社，2010。
4. 杨德辉. UG NX6.0 实用教程. 北京：北京理工大学出版社，2011。
5. 黎震，刘磊. UG NX6 中文版应用与实例教程. 北京：北京理工大学出版社，2009。
6. 袁锋. UG 机械设计工程范例教程（基础篇）. 2 版. 北京：机械工业出版社，2009。
7. 袁锋. UG 机械设计工程范例教程（高级篇）. 2 版. 北京：机械工业出版社，2009。
8. 赵松涛. UG NX 实训教程. 北京：北京理工大学出版社，2008。
9. 郑贞平，曹成，张小红，等. UG NX5 中文版基础教程. 北京：机械工业出版社，2008。
10. 云杰漫步多媒体科技 CAX 设计教研室. UG NX6.0 中文版数控加工. 北京：清华大学出版社，2009。
11. 郑贞平，喻德. UG NX5 中文版三维设计与 NC 加工实例精解. 北京：机械工业出版社，2008。
12. UG NX 软件使用说明书。
13. 制图员操作规程。
14. 机械设计技术要求和国家制图标准。</td></tr>
<tr><td>设备、工具</td><td colspan="3">UG NX 软件</td></tr>
<tr><td colspan="4">教学组织实施</td></tr>
<tr><td>实施步骤</td><td>组织实施内容</td><td>教学方法</td><td>学时</td></tr>
<tr><td>1</td><td></td><td></td><td></td></tr>
<tr><td>2</td><td></td><td></td><td></td></tr>
<tr><td>3</td><td></td><td></td><td></td></tr>
<tr><td>4</td><td></td><td></td><td></td></tr>
<tr><td>5</td><td></td><td></td><td></td></tr>
</table>

2. 实施任务

依据计划步骤实施任务，并完成作业单的填写。手动气阀的工程图设计作业单见表 4-7。

表 4-7　手动气阀的工程图设计作业单

学习领域	CAD/CAM 技术应用		
学习情境 4	工程图设计	学时	18 学时
任务 4.1	手动气阀的工程图设计	学时	6 学时
作业方式	小组分析，个人软件造型，现场批阅，集体评判		
作业内容	完成滑动轴承工程图设计		

图 4-3 所示为滑动轴承装配图示意图。图 4-4 ~ 图 4-10 所示分别为轴承座、下衬套、轴承盖、上衬套、轴承固定套、螺栓及螺母。

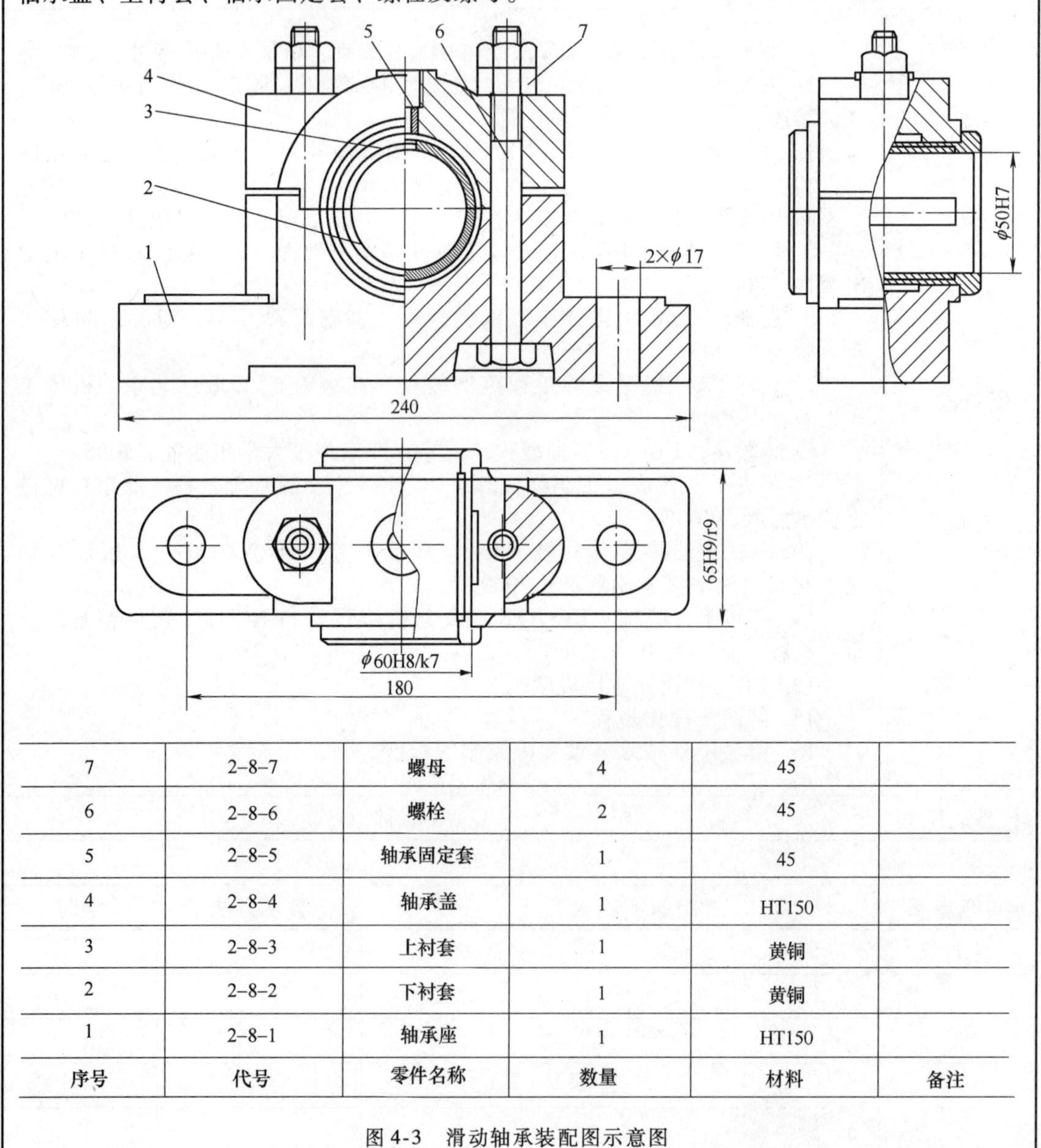

7	2-8-7	螺母	4	45	
6	2-8-6	螺栓	2	45	
5	2-8-5	轴承固定套	1	45	
4	2-8-4	轴承盖	1	HT150	
3	2-8-3	上衬套	1	黄铜	
2	2-8-2	下衬套	1	黄铜	
1	2-8-1	轴承座	1	HT150	
序号	代号	零件名称	数量	材料	备注

图 4-3　滑动轴承装配图示意图

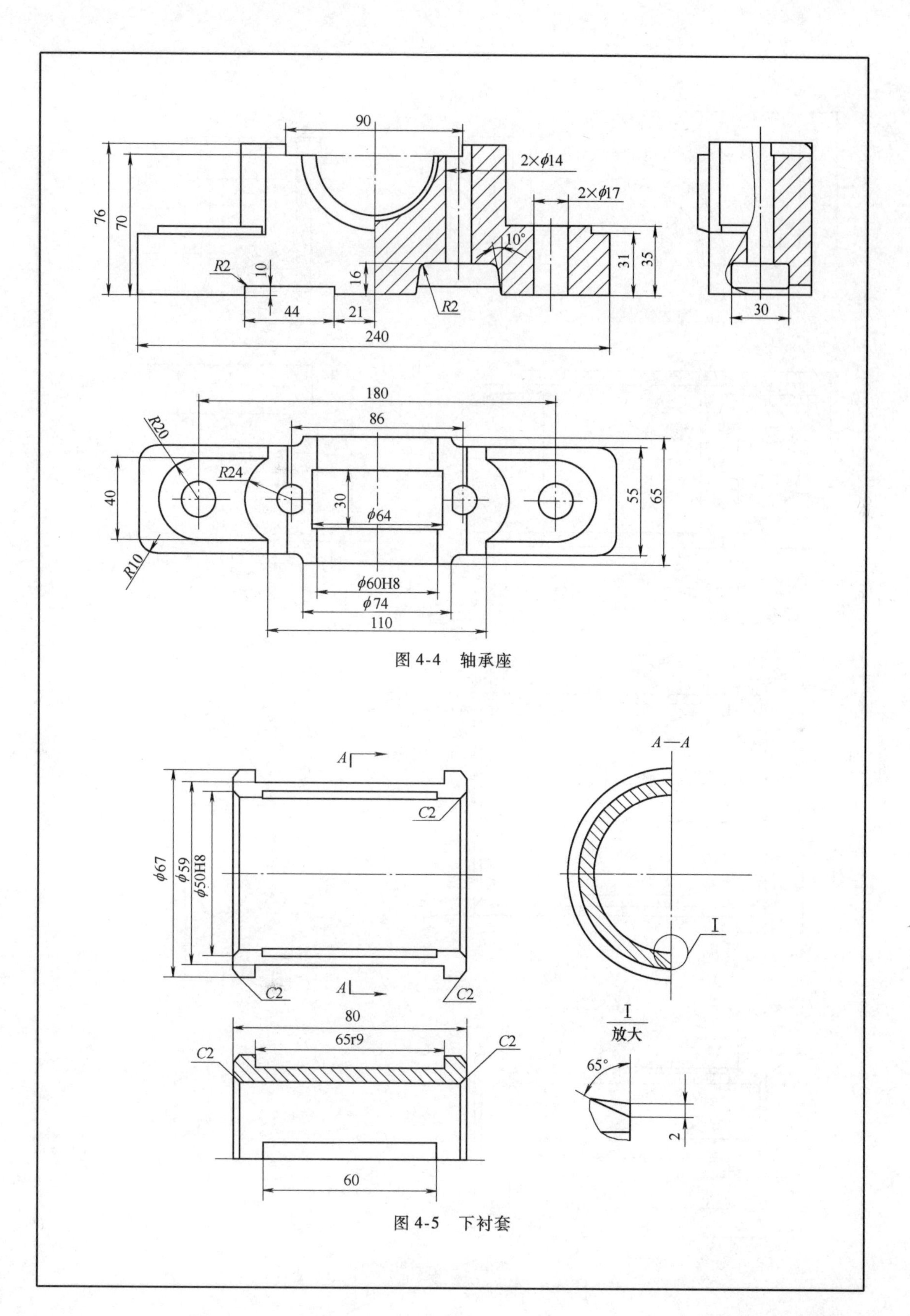

图 4-4　轴承座

图 4-5　下衬套

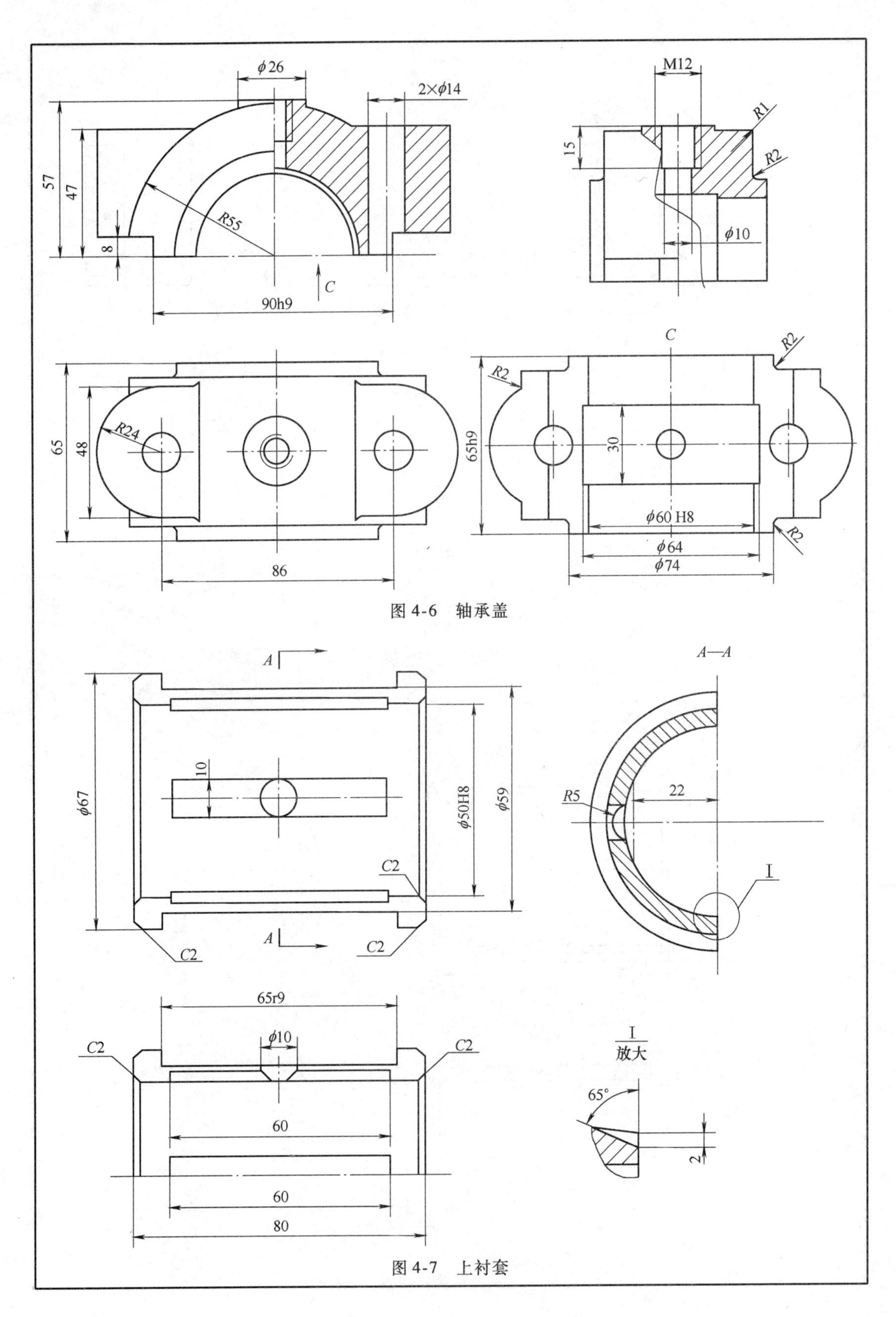

图 4-6 轴承盖

图 4-7 上衬套

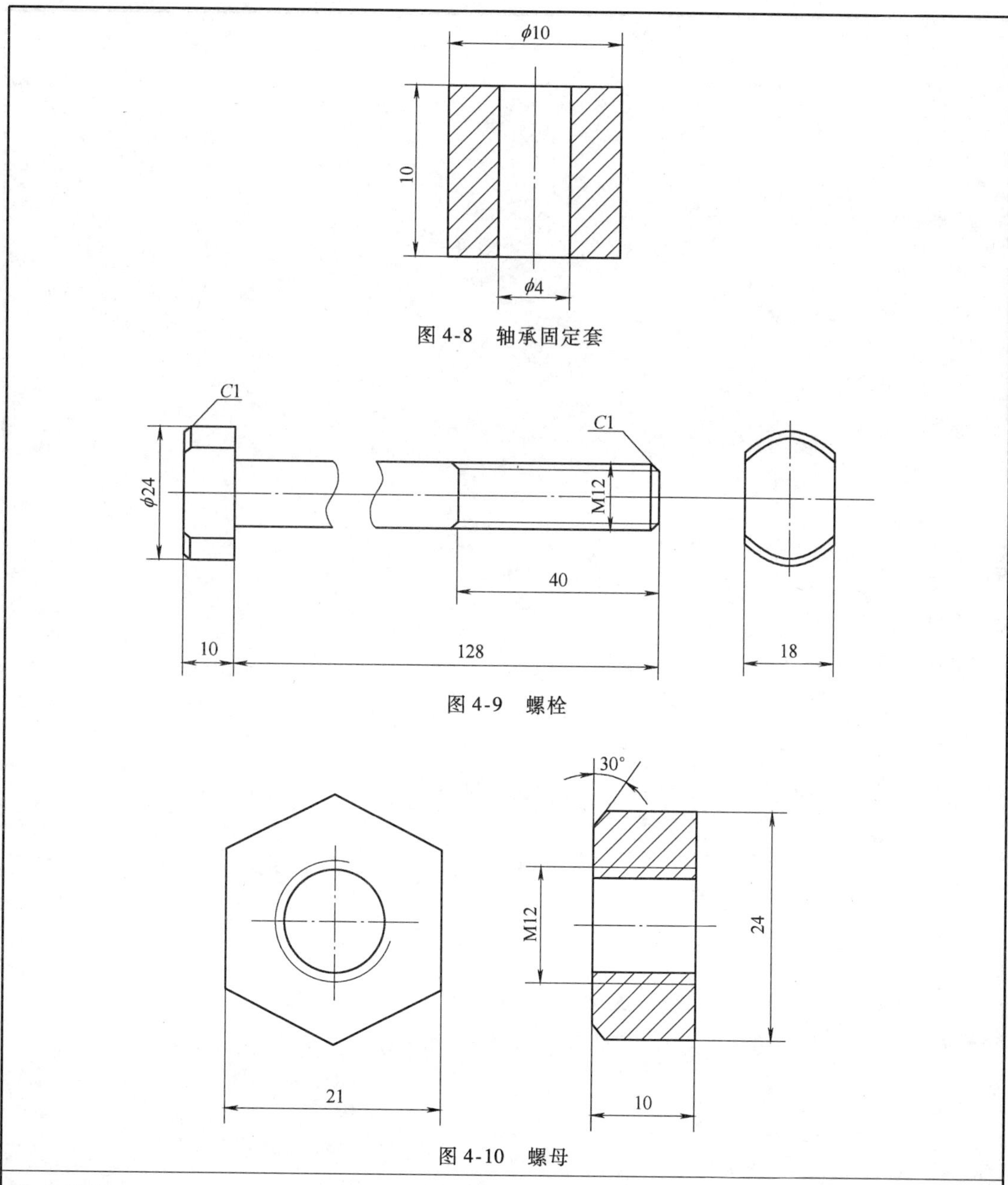

图 4-8　轴承固定套

图 4-9　螺栓

图 4-10　螺母

作业描述：

利用前面学过的实体造型设计和装配设计知识，完成滑动轴承（图 4-3）的工程图设计。

作业分析：

本作业是完成滑动轴承的三维建模、装配设计和工程图设计。滑动轴承由轴承座（图 4-4）、下衬套（图 4-5）、轴承盖（图 4-6）、上衬套（图 4-7）、轴承固定套（图 4-8）、螺栓（图 4-9）和螺母（图 4-10）等零件组成。在工程图设计前，需要完成零件的实体造型设计，然后对滑动轴承各组成零件进行装配设计，最后进行工程图设计。

作业评价：

班级		组别		组长签字	
学号		姓名		教师签字	
教师评分		日期			

4.1.6 检查评价

学生完成本学习任务后，应展示的结果为：计划单、决策单、作业单、检查单和评价单。

1. 手动气阀的工程图设计检查单（见表4-8）

表4-8 手动气阀的工程图设计检查单

<table>
<tr><td>学习领域</td><td colspan="5">CAD/CAM技术应用</td></tr>
<tr><td>学习情境4</td><td colspan="3">工程图设计</td><td>学时</td><td>18学时</td></tr>
<tr><td>任务4.1</td><td colspan="3">手动气阀的工程图设计</td><td>学时</td><td>6学时</td></tr>
<tr><td>序号</td><td colspan="2">检查项目</td><td>检查标准</td><td>学生自查</td><td>教师检查</td></tr>
<tr><td>1</td><td colspan="2">制图参数设定</td><td>根据任务单准确、合理地完成制图参数的设定</td><td></td><td></td></tr>
<tr><td>2</td><td colspan="2">视图布局</td><td>准确、合理地完成手动气阀的视图布局</td><td></td><td></td></tr>
<tr><td>3</td><td colspan="2">视图标注</td><td>根据任务单的要求完成手动气阀的视图标注</td><td></td><td></td></tr>
<tr><td>4</td><td colspan="2">尺寸和公差的标注</td><td>根据图样要求完成手动气阀的尺寸和公差标注</td><td></td><td></td></tr>
<tr><td>5</td><td colspan="2">表面粗糙度的标注</td><td>根据图样要求，准确地完成手动气阀的表面粗糙度的标注</td><td></td><td></td></tr>
<tr><td>6</td><td colspan="2">图框和标题栏的设计</td><td>准确、合理地完成手动气阀的图框和标题栏设计</td><td></td><td></td></tr>
<tr><td>7</td><td colspan="2">工程图设计与构建能力</td><td>能够完成零件的工程图设计</td><td></td><td></td></tr>
<tr><td>8</td><td colspan="2">工程图设计缺陷的分析诊断能力</td><td>工程图设计缺陷处理得当</td><td></td><td></td></tr>
<tr><td>检查评价</td><td colspan="5">评语：</td></tr>
<tr><td>班级</td><td></td><td>组别</td><td></td><td>组长签字</td><td></td></tr>
<tr><td>教师签字</td><td colspan="3"></td><td>日期</td><td></td></tr>
</table>

2. 手动气阀的工程图设计评价单（见表4-9）

表4-9　手动气阀的工程图设计评价单

<table>
<tr><td>学习领域</td><td colspan="5">CAD/CAM技术应用</td></tr>
<tr><td>学习情境4</td><td colspan="3">工程图设计</td><td>学时</td><td>18学时</td></tr>
<tr><td>任务4.1</td><td colspan="3">手动气阀的工程图设计</td><td>学时</td><td>6学时</td></tr>
<tr><td>评价类别</td><td>评价项目</td><td>子项目</td><td>个人评价</td><td>组内互评</td><td>教师评价</td></tr>
<tr><td rowspan="14">专业能力（60%）</td><td rowspan="2">资讯（8%）</td><td>搜集信息（4%）</td><td></td><td></td><td></td></tr>
<tr><td>引导问题回答（4%）</td><td></td><td></td><td></td></tr>
<tr><td>计划（5%）</td><td>计划可执行度（5%）</td><td></td><td></td><td></td></tr>
<tr><td rowspan="5">实施（12%）</td><td>工作步骤执行（3%）</td><td></td><td></td><td></td></tr>
<tr><td>功能实现（3%）</td><td></td><td></td><td></td></tr>
<tr><td>质量管理（2%）</td><td></td><td></td><td></td></tr>
<tr><td>安全保护（2%）</td><td></td><td></td><td></td></tr>
<tr><td>环境保护（2%）</td><td></td><td></td><td></td></tr>
<tr><td rowspan="2">检查（10%）</td><td>全面性、准确性（5%）</td><td></td><td></td><td></td></tr>
<tr><td>异常情况排除（5%）</td><td></td><td></td><td></td></tr>
<tr><td rowspan="2">过程（15%）</td><td>使用工具规范性（7%）</td><td></td><td></td><td></td></tr>
<tr><td>操作过程规范性（8%）</td><td></td><td></td><td></td></tr>
<tr><td>结果（5%）</td><td>结果质量（5%）</td><td></td><td></td><td></td></tr>
<tr><td>作业（5%）</td><td>作业质量（5%）</td><td></td><td></td><td></td></tr>
<tr><td rowspan="2">社会能力（20%）</td><td>团结协作（10%）</td><td rowspan="2"></td><td rowspan="2"></td><td rowspan="2"></td><td rowspan="2"></td></tr>
<tr><td>敬业精神（10%）</td></tr>
<tr><td rowspan="2">方法能力（20%）</td><td>计划能力（10%）</td><td rowspan="2"></td><td rowspan="2"></td><td rowspan="2"></td><td rowspan="2"></td></tr>
<tr><td>决策能力（10%）</td></tr>
<tr><td>评价评语</td><td colspan="5">评语：</td></tr>
<tr><td>班级</td><td></td><td>组别</td><td></td><td>学号</td><td></td><td>总评</td><td></td></tr>
<tr><td>教师签字</td><td></td><td>组长签字</td><td></td><td>日期</td><td></td></tr>
</table>

4.1.7 实践中常见问题解析

1. 根据设计零件的结构特征和复杂程度，分析所需视图的种类和数量，确定好设计图纸的规格、单位和投射角度。

2. 在调入零件前，将一般性的设计参数通过“首选项”所提供的操作命令事先设定好。

3. 选择合适的视图类型，确保将零件的全部特征准确地表达出来，并做好总体的视图布局。

4. 根据设计要求，合理选择具体的标注形式，有以下几类：

1）中心线及视图标签标注，如圆及圆弧中心线、圆柱中心线及分圆线等。

2）尺寸标注，如圆弧直径与半径、长度、角度、孔、尺寸链、坐标、螺纹及倒角等。

3）几何公差标注，如平行度、同轴度、垂直度及圆柱度等。

4）表面粗糙度标注，包括加工表面、非加工表面的表面粗糙度。

5）注释标注，如表面特殊处理、技术要求等。

5. 重视设计信息的输入，如零件名称、图号、材料等，这些信息与工程图样上的信息组合才能构成一个零部件完整的设计整体集合。在设计文档的属性中所填写的信息有两个主要作用：一是补充和注释图面设计内容，便于通过计算机网络与其他设计者进行有效的沟通和交流；二是在产品组装和设计装配图时，从每个零部件图中索取必要的设计信息，如在装配图中列出的零件明细栏就包含其中一些数据。

任务 4.2 夹紧卡爪的工程图设计

4.2.1 任务描述

夹紧卡爪的工程图设计任务单见表 4-10。

表 4-10 夹紧卡爪的工程图设计任务单

学习领域	CAD/CAM 技术应用		
学习情境 4	工程图设计	学时	18 学时
任务 4.2	夹紧卡爪的工程图设计	学时	6 学时
布置任务			
学习目标	1. 掌握工程图设计的操作界面，能够熟练使用操作界面。 2. 掌握工程图设计参数设定中的制图参数设定、注释参数设定、剖切线参数设定、视图参数设定和查看标签参数设定。 3. 掌握工程图设计视图布局中的添加基本视图和生成剖视图。 4. 掌握工程图设计视图标注中的中心线标注和视图标签的修改。 5. 掌握工程图设计尺寸与公差标注中的圆柱体（孔）直径及其公差标注、圆或圆弧尺寸及其公差标注、螺纹及其公差标注、长度尺寸及其公差标注、角度标注、倒角标注等。		

学习目标	6. 掌握工程图设计中的几何公差标注。 7. 掌握工程图设计中的表面粗糙度标注。 8. 掌握工程图设计中的输入设计信息。 9. 掌握工程图设计中的图框与标题栏设计。
任务描述	夹紧卡爪是夹具中的一个部分，共由 8 种 14 个零件组装而成。根据任务要求，设计其装配工程图，用以指导装配作业。装配工程图，不是描述每个零件的具体特征，而是要反映出零件之间的装配关系，因此要设计好视图布局和视图的类型。 本任务共需要 4 个不同类型的视图：一个俯视图，用于反映外部总体结构和螺钉布局；一个全剖视图，用于反映螺杆、螺母等内部结构；一个单一剖切平面获得的剖视图，用于反映定位螺钉与垫铁之间的关系；一个位于紧定螺钉处的局部剖视图，用于反映紧定螺钉、盖板、基体等的装配关系。除此之外，需要标注这个组件的外部整体尺寸、主要零件的配合尺寸、零件明细栏、零件编号、标题栏和技术要求。夹紧卡爪用键固定，为了固定键，基体底部的前、后、左、右设有四个螺孔，以便用紧定螺钉固定。 每组分别使用 UG NX 软件完成夹紧卡爪的工程图设计，应了解如下具体内容： 1. 掌握夹紧卡爪的基本结构和工作原理。 2. 掌握夹紧卡爪工程图设计的基本方法。 3. 掌握工程图设计各模块的使用方法。
任务分析	通过夹紧卡爪的工程图设计，完成以下具体任务： 1. 了解 UG NX 软件工程图设计的基本环境和基础知识。 2. 掌握夹紧卡爪工程图设计特点。 3. 掌握夹紧卡爪工程图设计过程中的添加基本视图和生成剖视图的方法。 4. 掌握夹紧卡爪工程图中圆柱体（孔）直径及其公差标注、圆或圆弧尺寸及其公差标注、螺纹及其公差标注、长度尺寸及其公差标注、角度标注、倒角标注。 5. 掌握夹紧卡爪工程图中表面粗糙度标注。 6. 熟练、准确地完成夹紧卡爪的工程图设计。

<table>
<tr><td>学时安排</td><td>资讯
0.5 学时</td><td>计划
1 学时</td><td>决策
1 学时</td><td>实施
3 学时</td><td>检查评价
0.5 学时</td></tr>
<tr><td>提供资料</td><td colspan="5">1. 张士军，韩学军. UG 设计与加工. 北京：机械工业出版社，2009。
2. 王尚林. UG NX6.0 三维建模实例教程. 北京：中国电力出版社，2010。
3. 石皋莲，吴少华. UG NX CAD 应用案例教程. 北京：机械工业出版社，2010。
4. 杨德辉. UG NX6.0 实用教程. 北京：北京理工大学出版社，2011。
5. 黎震，刘磊. UG NX6 中文版应用与实例教程. 北京：北京理工大学出版社，2009。
6. 袁锋. UG 机械设计工程范例教程（基础篇）. 2 版. 北京：机械工业出版社，2009。
7. 袁锋. UG 机械设计工程范例教程（高级篇）. 2 版. 北京：机械工业出版社，2009。
8. 赵松涛. UG NX 实训教程. 北京：北京理工大学出版社，2008。
9. 郑贞平，曹成，张小红，等. UG NX5 中文版基础教程. 北京：机械工业出版社，2008。
10. 云杰漫步多媒体科技 CAX 设计教研室. UG NX6.0 中文版数控加工. 北京：清华大学出版社，2009。
11. 郑贞平，喻德. UG NX5 中文版三维设计与 NC 加工实例精解. 北京：机械工业出版社，2008。
12. UG NX 软件使用说明书。
13. 制图员操作规程。
14. 机械设计技术要求和国家制图标准。</td></tr>
<tr><td>对学生的要求</td><td colspan="5">1. 能对任务书进行分析，能正确理解和描述目标要求。
2. 具有独立思考、善于提问的学习习惯。
3. 具有查询资料和市场调研的能力，具备严谨求实和开拓创新的学习态度。
4. 能执行企业“5S”质量管理体系要求，具备良好的职业意识和社会能力。
5. 上机操作时应穿鞋套，遵守机房的规章制度。
6. 具备一定的观察理解和判断分析能力。
7. 具有团队协作、爱岗敬业的精神。
8. 具有一定的创新思维和勇于创新的精神。
9. 不迟到、不早退、不旷课，否则扣分。
10. 按时按要求上交作业，并列入考核成绩。</td></tr>
</table>

4.2.2 资讯

1. 夹紧卡爪的工程图设计资讯单（见表4-11）

表4-11 夹紧卡爪的工程图设计资讯单

学习领域	CAD/CAM技术应用		
学习情境4	工程图设计	学时	18学时
任务4.2	夹紧卡爪的工程图设计	学时	6学时
资讯方式	学生根据教师给出的资讯引导进行查询解答		
资讯问题	1. 什么是中心线的标注？ 2. 视图标签如何修改？ 3. 尺寸与尺寸公差的标注形式有哪些？ 4. 圆柱体（孔）直径及其公差标注过程是什么？ 5. 圆或圆弧尺寸及其公差标注过程是什么？ 6. 螺纹及其公差标注过程是什么？ 7. 长度尺寸及其公差标注过程是什么？ 8. 几何公差标注过程是什么？ 9. 表面粗糙度标注过程是什么？ 10. 如何输入设计信息？ 11. 图框和标题栏的设计步骤有哪些？		
资讯引导	1. 问题1参阅《UG设计与加工》。 2. 问题2参阅《UG NX6中文版应用与实例教程》。 3. 问题3参阅《UG NX6中文版应用与实例教程》。 4. 问题4参阅《UG NX6中文版应用与实例教程》。 5. 问题5参阅《UG NX6.0实用教程》。 6. 问题6参阅《UG设计与加工》。 7. 问题7参阅《UG NX6.0实用教程》。 8. 问题8参阅《UG设计与加工》。 9. 问题9参阅《UG设计与加工》。 10. 问题10参阅《UG NX6.0实用教程》。 11. 问题11参阅《UG设计与加工》。		

2. 夹紧卡爪的工程图设计信息单（见表4-12）

表 4-12　夹紧卡爪的工程图设计信息单

<table>
<tr><td>学习领域</td><td colspan="3">CAD/CAM 技术应用</td></tr>
<tr><td>学习情境 4</td><td>工程图设计</td><td>学时</td><td>18 学时</td></tr>
<tr><td>任务 4.2</td><td>夹紧卡爪的工程图设计</td><td>学时</td><td>6 学时</td></tr>
<tr><td>序号</td><td colspan="3">信息内容</td></tr>
<tr><td>一</td><td colspan="3">夹紧卡爪各零件的实体造型和装配</td></tr>
<tr><td colspan="4">首先完成夹紧卡爪各组成零件的实体造型，然后将各组成零件进行装配，其三维实体如图 4-11 所示，最后对进行夹紧卡爪工程图设计。
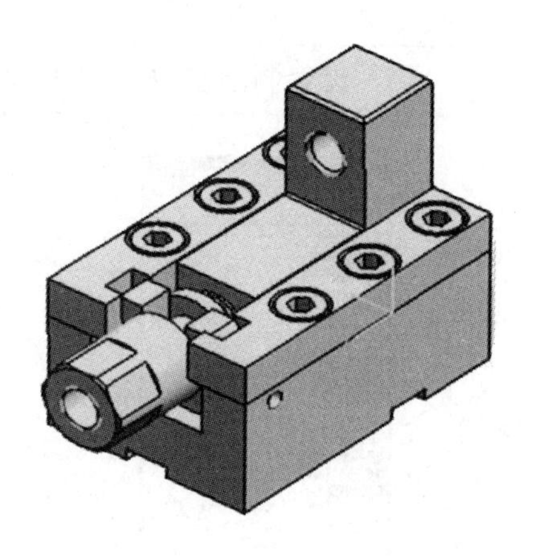
图 4-11　夹紧卡爪三维实体</td></tr>
<tr><td>二</td><td colspan="3">夹紧卡爪工程图设计信息</td></tr>
<tr><td colspan="4">1. 熟练使用视图布局工具条、尺寸工具条、选择工具条、表格与零件明细栏工具条、导航器及制图工作区等。
2. 能够精确地对制图参数进行设定，如单位、角度格式、尺寸、精度、公差、直线、箭头、文字大小及螺纹标准等。
3. 对视图进行合理布局，根据设计意图选择合适的视图，将三维实体零件放置在图纸页面上。其基本布局原则是选定的视图既能够充分反映零件的全部结构特征，又能够用尽可能少的视图来表达，保证整个工程图清晰、明了。
4. 对视图进行标注。
5. 设计图框与标题栏。</td></tr>
</table>

三	填写组件设计信息（图 4-12）
图 4-12　填写组件设计信息	
四	设置制图参数（图 4-13）
图 4-13　设置制图参数	
五	视图布局（图 4-14）
图 4-14　视图布局	

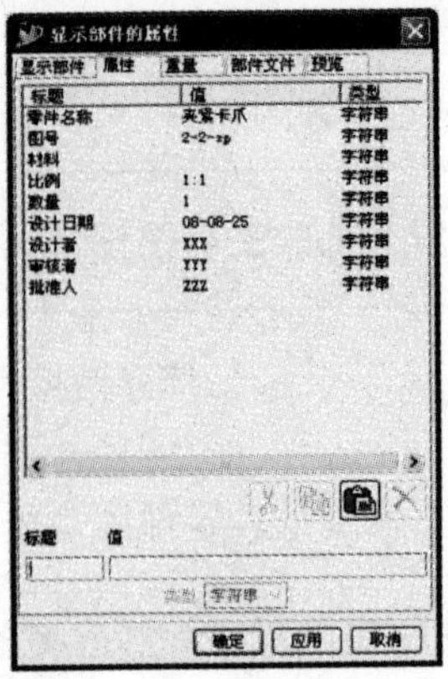

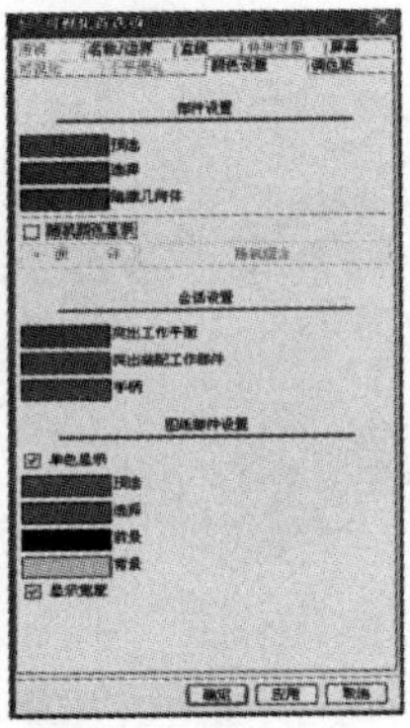

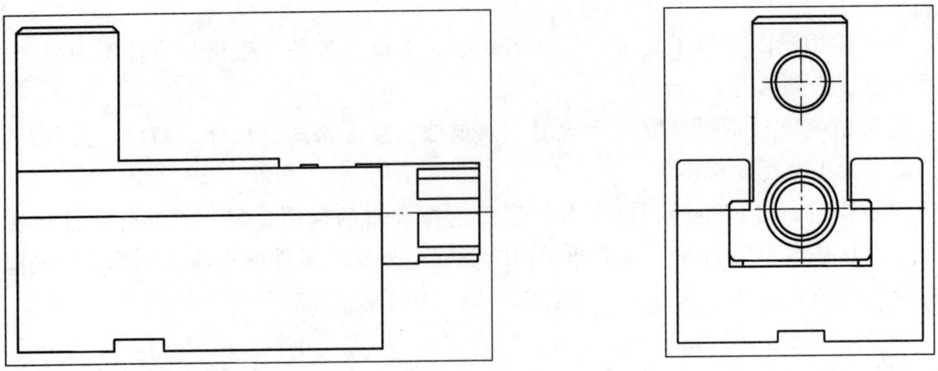

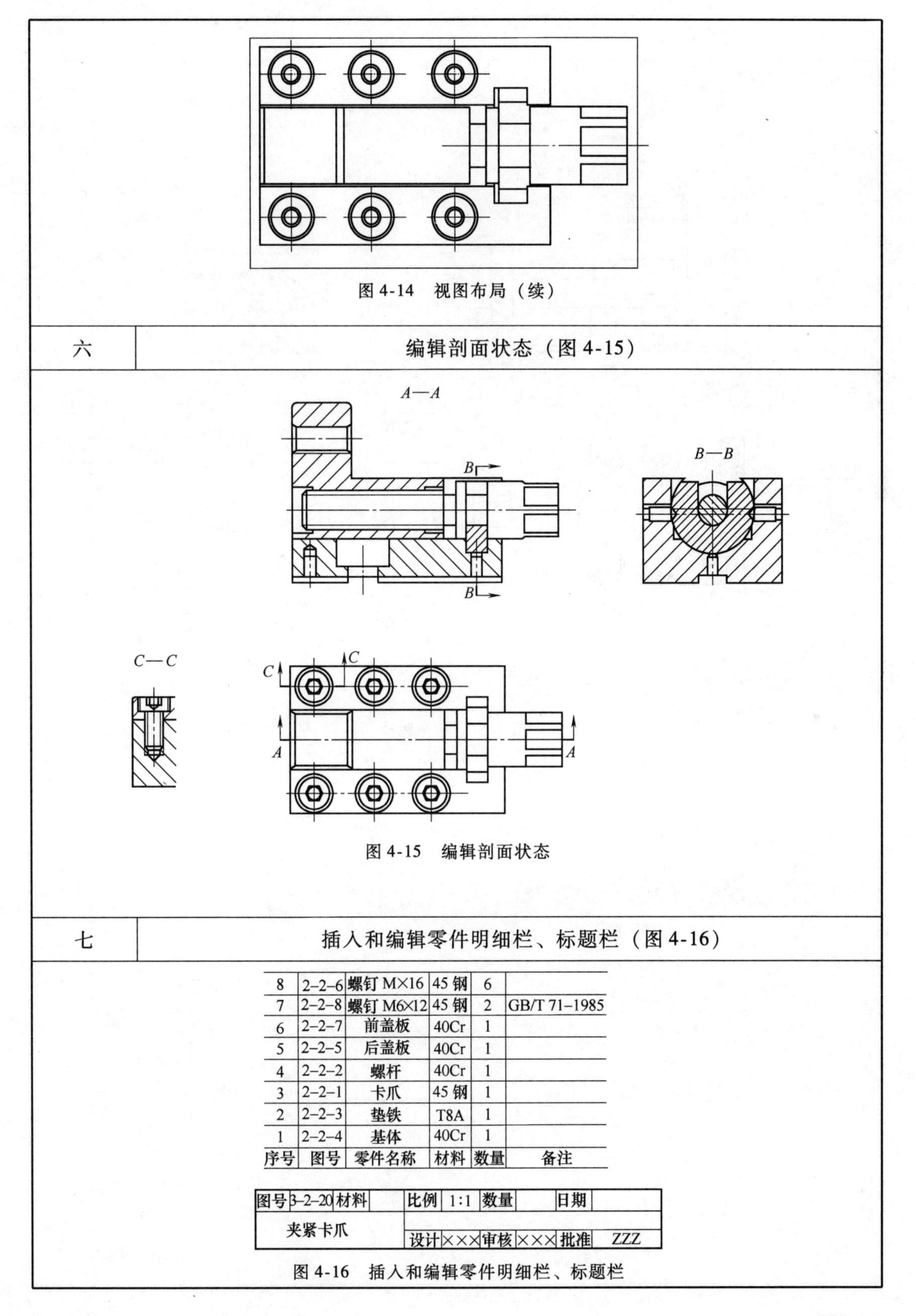

图 4-14 视图布局（续）

六 编辑剖面状态（图 4-15）

图 4-15 编辑剖面状态

七 插入和编辑零件明细栏、标题栏（图 4-16）

8	2-2-6	螺钉 M×16	45 钢	6	
7	2-2-8	螺钉 M6×12	45 钢	2	GB/T 71-1985
6	2-2-7	前盖板	40Cr	1	
5	2-2-5	后盖板	40Cr	1	
4	2-2-2	螺杆	40Cr	1	
3	2-2-1	卡爪	45 钢	1	
2	2-2-3	垫铁	T8A	1	
1	2-2-4	基体	40Cr	1	
序号	图号	零件名称	材料	数量	备注

图号	3-2-20	材料		比例	1:1	数量		日期	
夹紧卡爪									
				设计	×××	审核	×××	批准	ZZZ

图 4-16 插入和编辑零件明细栏、标题栏

八	零件标号（图 4-17）

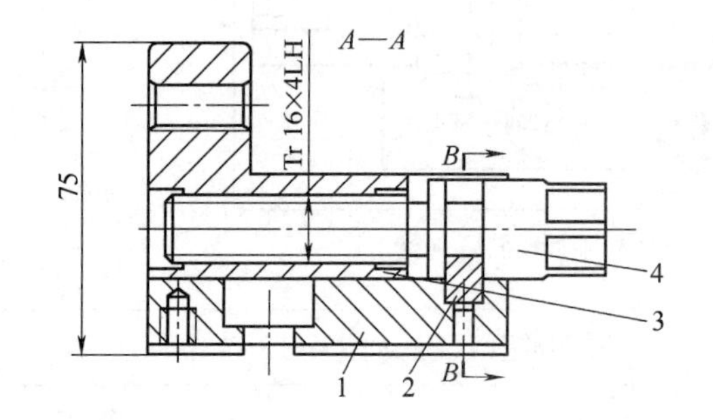

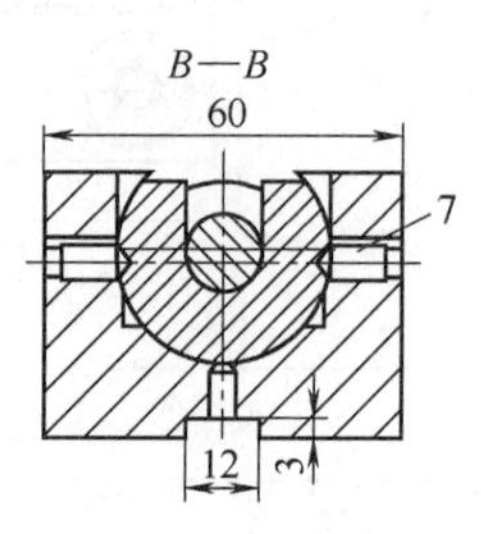

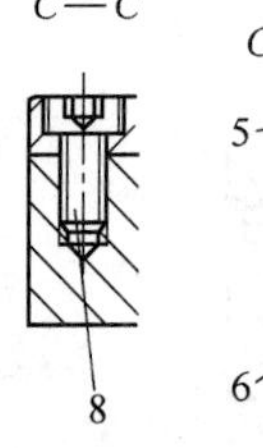

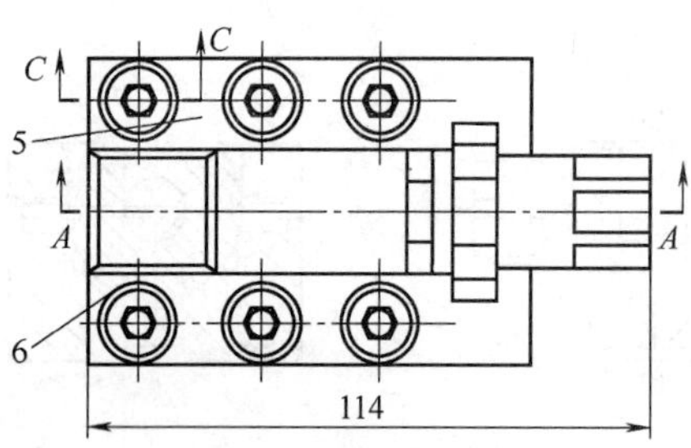

8	2-2-6	螺钉 M8×16	45 钢	8	
7	2-2-8	螺钉 M6×12	45 钢	2	GB/T 71-1985
6	2-2-7	前盖板	40Cr	1	
5	2-2-5	后盖板	40Cr	1	
4	2-2-2	螺杆	40Cr	1	
3	2-2-1	卡爪	45 钢	1	
2	2-2-3	垫铁	T8A	1	
1	2-2-4	基体	40Cr	1	
序号	图号	零件名称	材料	数量	备注

图 4-17 零件标号

九	绘制图框、编辑标题栏、填写技术要求（图 4-18）

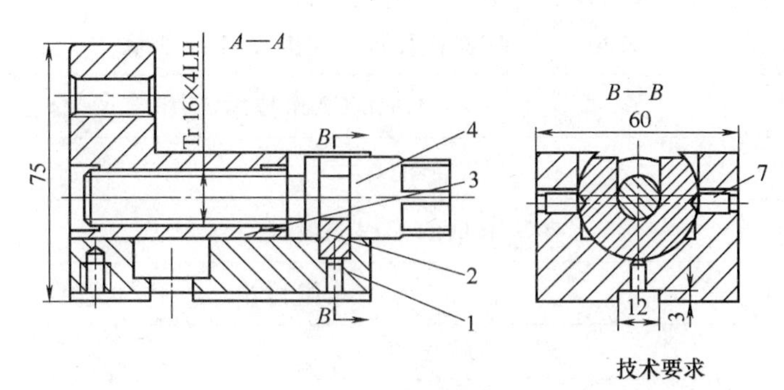

技术要求

1.螺杆在与卡爪组装前涂上甘油。

2.前、后背板组装时应保持外表面与基体前后表面对齐。

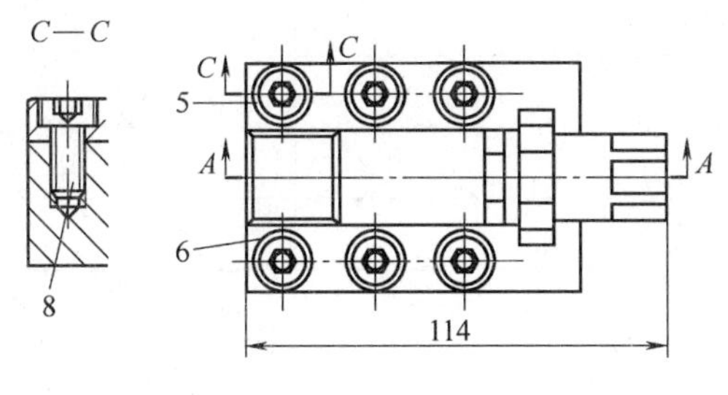

序号	图号	零件名称	材料	数量	备注
8	2–2–6	螺钉 M8×16	45 钢	6	
7	2–2–8	螺钉 M6×12	45 钢	2	GB/T 71–1985
6	2–2–7	前盖板	40Cr	1	
5	2–2–5	后盖板	40Cr	1	
4	2–2–2	螺杆	40Cr	1	
3	2–2–1	卡爪	45 钢	1	
2	2–2–3	垫铁	T8A	1	
1	2–2–4	基体	40Cr	1	

图号	3–2–20	材料		比例	1:1	数量		日期	
夹紧卡爪									
				设计	×××	审核	×××	批准	ZZZ

图 4-18　绘制图框、编辑标题栏、填写技术要求

4.2.3 计划

根据任务内容制订小组任务计划，简要说明任务实施过程的步骤及注意事项。将计划内容等填入。夹紧卡爪的工程图设计计划单，见表4-13。

表4-13 夹紧卡爪的工程图设计计划单

<table>
<tr><td colspan="2">学习领域</td><td colspan="5">CAD/CAM技术应用</td></tr>
<tr><td colspan="2">学习情境4</td><td colspan="3">工程图设计</td><td>学时</td><td>18学时</td></tr>
<tr><td colspan="2">任务4.2</td><td colspan="3">夹紧卡爪的工程图设计</td><td>学时</td><td>6学时</td></tr>
<tr><td colspan="2">计划方式</td><td colspan="5">小组讨论</td></tr>
<tr><td>序号</td><td colspan="4">实施步骤</td><td colspan="2">使用资源</td></tr>
<tr><td></td><td colspan="4"></td><td colspan="2"></td></tr>
<tr><td></td><td colspan="4"></td><td colspan="2"></td></tr>
<tr><td></td><td colspan="4"></td><td colspan="2"></td></tr>
<tr><td></td><td colspan="4"></td><td colspan="2"></td></tr>
<tr><td></td><td colspan="4"></td><td colspan="2"></td></tr>
<tr><td></td><td colspan="4"></td><td colspan="2"></td></tr>
<tr><td></td><td colspan="4"></td><td colspan="2"></td></tr>
<tr><td></td><td colspan="4"></td><td colspan="2"></td></tr>
<tr><td colspan="2">制订计划说明</td><td colspan="5"></td></tr>
<tr><td colspan="2">计划评价</td><td colspan="5">评语：</td></tr>
<tr><td colspan="2">班级</td><td></td><td>第　　组</td><td>组长签字</td><td colspan="2"></td></tr>
<tr><td colspan="2">教师签字</td><td colspan="2"></td><td>日期</td><td colspan="2"></td></tr>
</table>

4.2.4 决策

1. 小组互评，选定合适的工作计划。

2. 小组负责人对任务进行分配，组员按照负责人要求完成相关任务内容，并将自己所在小组及个人任务填入。夹紧卡爪的工程图设计决策单，见表4-14。

表4-14 夹紧卡爪的工程图设计决策单

<table>
<tr><td>学习领域</td><td colspan="7">CAD/CAM技术应用</td></tr>
<tr><td>学习情境4</td><td colspan="5">工程图设计</td><td>学时</td><td>18学时</td></tr>
<tr><td>任务4.2</td><td colspan="5">夹紧卡爪的工程图设计</td><td>学时</td><td>6学时</td></tr>
<tr><td colspan="6">方案讨论</td><td>组号</td><td></td></tr>
<tr><td rowspan="16">方案决策</td><td>组别</td><td>步骤顺序性</td><td>步骤合理性</td><td>实施可操作性</td><td>选用工具合理性</td><td colspan="2">原因说明</td></tr>
<tr><td>1</td><td></td><td></td><td></td><td></td><td colspan="2"></td></tr>
<tr><td>2</td><td></td><td></td><td></td><td></td><td colspan="2"></td></tr>
<tr><td>3</td><td></td><td></td><td></td><td></td><td colspan="2"></td></tr>
<tr><td>4</td><td></td><td></td><td></td><td></td><td colspan="2"></td></tr>
<tr><td>5</td><td></td><td></td><td></td><td></td><td colspan="2"></td></tr>
<tr><td>1</td><td></td><td></td><td></td><td></td><td colspan="2"></td></tr>
<tr><td>2</td><td></td><td></td><td></td><td></td><td colspan="2"></td></tr>
<tr><td>3</td><td></td><td></td><td></td><td></td><td colspan="2"></td></tr>
<tr><td>4</td><td></td><td></td><td></td><td></td><td colspan="2"></td></tr>
<tr><td>5</td><td></td><td></td><td></td><td></td><td colspan="2"></td></tr>
<tr><td>1</td><td></td><td></td><td></td><td></td><td colspan="2"></td></tr>
<tr><td>2</td><td></td><td></td><td></td><td></td><td colspan="2"></td></tr>
<tr><td>3</td><td></td><td></td><td></td><td></td><td colspan="2"></td></tr>
<tr><td>4</td><td></td><td></td><td></td><td></td><td colspan="2"></td></tr>
<tr><td>5</td><td></td><td></td><td></td><td></td><td colspan="2"></td></tr>
<tr><td>方案评价</td><td colspan="7">评语：（根据组内的决策，对照计划进行修改并说明修改原因）</td></tr>
<tr><td>班级</td><td></td><td>组长签字</td><td></td><td>教师签字</td><td></td><td colspan="2">月　　日</td></tr>
</table>

4.2.5 实施

1. 实施准备

任务实施准备主要包括 CAD/CAM 实训室（多媒体）、UG NX 软件、资料准备等，见表4-15。

表 4-15 夹紧卡爪的工程图设计实施准备

学习情境 4	工程图设计	学时	18 学时
任务 4.2	夹紧卡爪的工程图设计	学时	6 学时
重点、难点	工程图设计功能键的使用		
教学资源	CAD/CAM 实训室（多媒体）		
资料准备	1. 张士军，韩学军. UG 设计与加工. 北京：机械工业出版社，2009。 2. 王尚林. UG NX6.0 三维建模实例教程. 北京：中国电力出版社，2010。 3. 石皋莲，吴少华. UG NX CAD 应用案例教程. 北京：机械工业出版社，2010。 4. 杨德辉. UG NX6.0 实用教程. 北京：北京理工大学出版社，2011。 5. 黎震，刘磊. UG NX6 中文版应用与实例教程. 北京：北京理工大学出版社，2009。 6. 袁锋. UG 机械设计工程范例教程（基础篇）. 2 版. 北京：机械工业出版社，2009。 7. 袁锋. UG 机械设计工程范例教程（高级篇）. 2 版. 北京：机械工业出版社，2009。 8. 赵松涛. UG NX 实训教程. 北京：北京理工大学出版社，2008。 9. 郑贞平，曹成，张小红，等. UG NX5 中文版基础教程. 北京：机械工业出版社，2008。 10. 云杰漫步多媒体科技 CAX 设计教研室. UG NX6.0 中文版数控加工. 北京：清华大学出版社，2009。 11. 郑贞平，喻德. UG NX5 中文版三维设计与 NC 加工实例精解. 北京：机械工业出版社，2008。 12. UG NX 软件使用说明书。 13. 制图员操作规程。 14. 机械设计技术要求和国家制图标准。		
设备、工具	UG NX 软件		

教学组织实施			
实施步骤	组织实施内容	教学方法	学时
1			
2			
3			
4			
5			

2. 实施任务

依据计划步骤实施任务，并完成作业单的填写。夹紧卡爪的工程图设计作业单见表4-16。

表 4-16　夹紧卡爪的工程图设计作业单

学习领域	CAD/CAM 技术应用		
学习情境 4	工程图设计	学时	18 学时
任务 4.2	夹紧卡爪的工程图设计	学时	6 学时
作业方式	小组分析，个人软件造型，现场批阅，集体评判		
作业内容	完成阀体工程图设计		

图 4-19 所示为阀体。

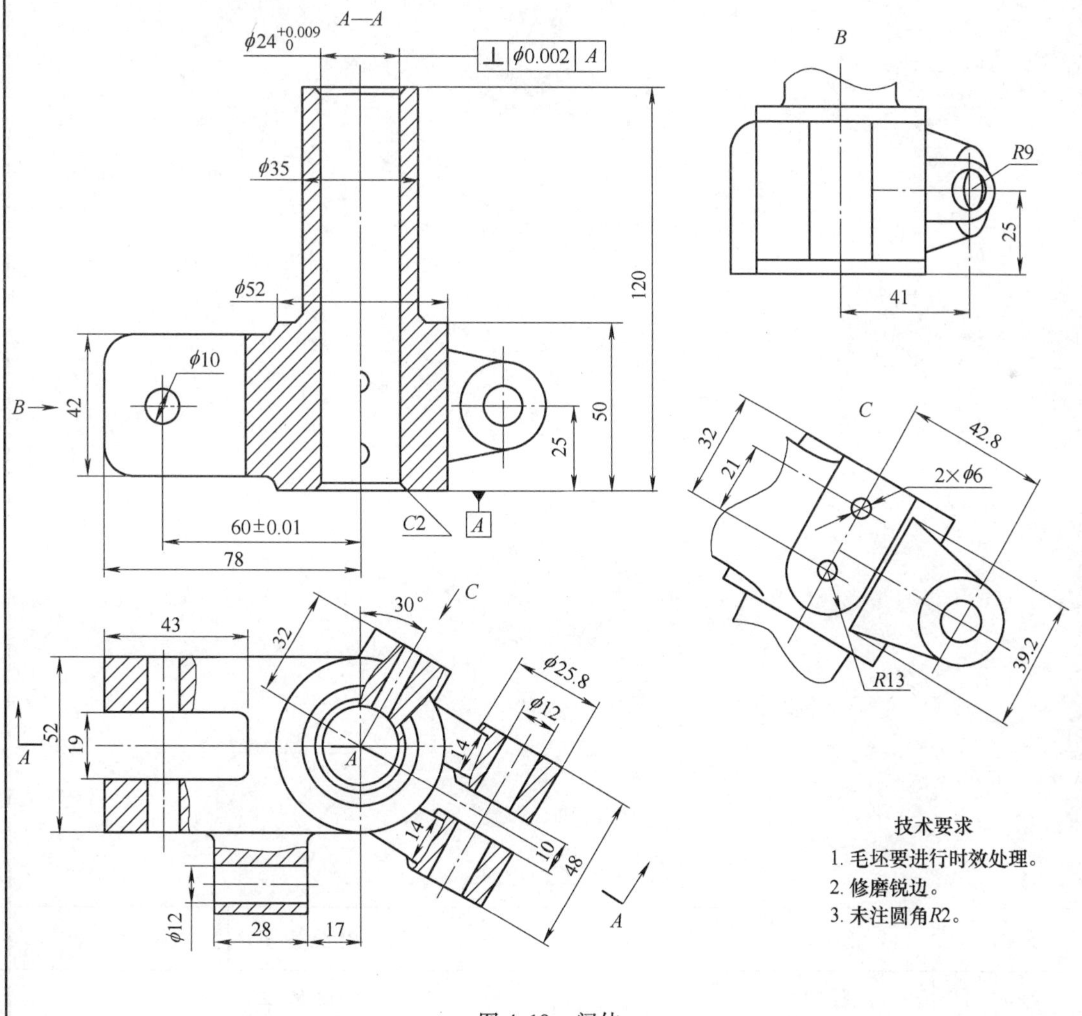

技术要求

1. 毛坯要进行时效处理。
2. 修磨锐边。
3. 未注圆角 $R2$。

图 4-19　阀体

作业描述：

利用前面学过的实体造型设计知识，创建图 4-20 所示阀体三维模型，完成阀体工程图设计。

作业分析：

本作业是完成阀体的三维建模和工程图设计。本任务涉及图纸页面的建立，投影方式的设置，基本视图及向视图的生成，旋转绘制的剖视图、局部剖视图的生成，断开视图的生成，注释样式的设置，尺寸标注、公差标注、几何公差及其他技术要求的标注等。

作业评价：

班级		组别		组长签字	
学号		姓名		教师签字	
教师评分		日期			

4.2.6 检查评价

学生完成本学习任务后，应展示的结果为：计划单、决策单、作业单、检查单和评价单。

1. 夹紧卡爪的工程图设计检查单（见表4-17）

表4-17 夹紧卡爪的工程图设计检查单

<table>
<tr><td>学习领域</td><td colspan="5">CAD/CAM 技术应用</td></tr>
<tr><td>学习情境4</td><td colspan="3">工程图设计</td><td>学时</td><td>18学时</td></tr>
<tr><td>任务4.2</td><td colspan="3">夹紧卡爪的工程图设计</td><td>学时</td><td>6学时</td></tr>
<tr><td>序号</td><td>检查项目</td><td>检查标准</td><td>学生自查</td><td colspan="2">教师检查</td></tr>
<tr><td>1</td><td>制图参数设定</td><td>根据任务单准确、合理地完成制图参数的设定</td><td></td><td colspan="2"></td></tr>
<tr><td>2</td><td>视图布局</td><td>准确合理地完成夹紧卡爪的视图布局</td><td></td><td colspan="2"></td></tr>
<tr><td>3</td><td>视图标注</td><td>根据任务单的要求完成夹紧卡爪的视图标注</td><td></td><td colspan="2"></td></tr>
<tr><td>4</td><td>尺寸和公差的标注</td><td>根据图样要求完成夹紧卡爪的尺寸和公差标注</td><td></td><td colspan="2"></td></tr>
<tr><td>5</td><td>表面粗糙度的标注</td><td>根据图样要求，准确地完成夹紧卡爪的表面粗糙度的标注</td><td></td><td colspan="2"></td></tr>
<tr><td>6</td><td>图框和标题栏的设计</td><td>准确、合理地完成夹紧卡爪的图框和标题栏设计</td><td></td><td colspan="2"></td></tr>
<tr><td>7</td><td>工程图设计与构建能力</td><td>能够完成零件的工程图设计</td><td></td><td colspan="2"></td></tr>
<tr><td>8</td><td>工程图设计缺陷的分析诊断能力</td><td>工程图设计缺陷处理得当</td><td></td><td colspan="2"></td></tr>
<tr><td>检查评价</td><td colspan="5">评语：</td></tr>
<tr><td>班级</td><td></td><td>组别</td><td></td><td>组长签字</td><td></td></tr>
<tr><td>教师签字</td><td colspan="3"></td><td>日期</td><td></td></tr>
</table>

2. 夹紧卡爪的工程图设计评价单（见表4-18）

表4-18　夹紧卡爪的工程图设计评价单

学习领域	CAD/CAM技术应用		
学习情境4	工程图设计	学时	18学时
任务4.2	夹紧卡爪的工程图设计	学时	6学时

评价类别	评价项目	子项目	个人评价	组内互评	教师评价
专业能力（60%）	资讯（8%）	搜集信息（4%）			
		引导问题回答（4%）			
	计划（5%）	计划可执行度（5%）			
	实施（12%）	工作步骤执行（3%）			
		功能实现（3%）			
		质量管理（2%）			
		安全保护（2%）			
		环境保护（2%）			
	检查（10%）	全面性、准确性（5%）			
		异常情况排除（5%）			
	过程（15%）	使用工具规范性（7%）			
		操作过程规范性（8%）			
	结果（5%）	结果质量（5%）			
	作业（5%）	作业质量（5%）			
社会能力（20%）	团结协作（10%）				
	敬业精神（10%）				
方法能力（20%）	计划能力（10%）				
	决策能力（10%）				
评价评语	评语：				

班级		组别		学号		总评	
教师签字			组长签字		日期		

4.2.7 实践中常见问题解析

1. 设计装配工程图前，需要将事先完成的三维实体文件调出，并输入必要的设计信息，其中包含所有零件的设计信息，以备在装配图设计中调用。

2. 像零件图的设计一样，根据组装件的大小和复杂程度，合理选定图纸的规格，确定图幅、单位和投射角度，并且在设计操作前设置各项制图参数。

3. 选择合适的视图类型，确保将组装件中的全部零件表达出来，准确地反映零件之间的装配关系。注意剖视图中非剖切零件的表达，相邻零件的剖面线应有所区分。

4. 视图标注中，要将零件之间的主要配合尺寸、组件与外部装置的配合尺寸及组件的总体尺寸表示清楚。

5. 根据设计要求调用零件明细栏，并进行必要的编辑，其中一些项目不可或缺，如序号、图号、零件名称、材料、数量及备注等；应注意零件的标号与明细栏的序号相一致，并使标号按照一定的规律排列。

6. 产品装配作业说明以技术要求的形式写明。

任务 4.3 螺旋千斤顶的工程图设计

4.3.1 任务描述

螺旋千斤顶的工程图设计任务单见表 4-19。

表 4-19 螺旋千斤顶的工程图设计任务单

<table>
<tr><td>学习领域</td><td colspan="3">CAD/CAM 技术应用</td></tr>
<tr><td>学习情境 4</td><td>工程图设计</td><td>学时</td><td>18 学时</td></tr>
<tr><td>任务 4.3</td><td>螺旋千斤顶的工程图设计</td><td>学时</td><td>6 学时</td></tr>
<tr><td colspan="4">布置任务</td></tr>
<tr><td>学习目标</td><td colspan="3">1. 掌握工程图设计的操作界面，能够熟练使用操作界面。
2. 掌握工程图设计参数设定中的制图参数设定、注释参数设定、剖切线参数设定、视图参数设定和查看标签参数设定。
3. 掌握工程图设计中的添加基本视图和生成剖视图。
4. 掌握工程图设计视图标注中的中心线标注和视图标签的修改。
5. 掌握工程图设计尺寸与公差标注中的圆柱体（孔）直径及其公差标注、圆或圆弧尺寸及其公差标注、螺纹及其公差标注、长度尺寸及其公差标注、角度标注、倒角标注等。
6. 掌握工程图设计中的几何公差标注。
7. 掌握工程图设计中的表面粗糙度标注。
8. 掌握工程图设计中的输入设计信息。
9. 掌握工程图设计中的图框与标题栏设计。</td></tr>
</table>

<table>
<tr><td>任务描述</td><td colspan="5">螺旋千斤顶是用来支承重物的工具，并可根据需要调节其支承高度，共由7个零件组成。本任务要求设计螺旋千斤顶的装配工程图，用以指导装配作业。装配工程图不是描述每个零件的具体特征，而是要反映出零件之间的装配关系，因此要设计好视图布局和视图的类型。
本任务共需要3个不同类型的视图：一个俯视图、一个主视图和一个侧视图。除此之外，需要标注这个组件的外部整体尺寸、主要件的配合尺寸、零件明细栏、零件编号、标题栏和技术要求。
每组分别使用UG NX软件完成螺旋千斤顶的工程图设计，应了解如下具体内容：
1. 掌握螺旋千斤顶的基本结构和工作原理。
2. 掌握螺旋千斤顶工程图设计的基本方法。
3. 掌握工程图设计各模块的使用方法。</td></tr>
<tr><td>任务分析</td><td colspan="5">通过螺旋千斤顶的工程图设计，完成以下具体任务：
1. 了解UG NX软件工程图设计的基本环境和基础知识。
2. 掌握螺旋千斤顶工程图设计特点。
3. 掌握螺旋千斤顶工程图设计过程中的添加基本视图和生成剖视图的方法。
4. 掌握螺旋千斤顶工程图中圆柱体（孔）直径及其公差标注、圆或圆弧尺寸及其公差标注、螺纹及其公差标注、长度尺寸及其公差标注、角度标注、倒角标注。
5. 掌握螺旋千斤顶工程图中表面粗糙度标注。
6. 熟练、准确地完成螺旋千斤顶的工程图设计。</td></tr>
<tr><td>学时安排</td><td>资讯
0.5学时</td><td>计划
1学时</td><td>决策
1学时</td><td>实施
3学时</td><td>检查评价
0.5学时</td></tr>
</table>

提供资料	1. 张士军，韩学军. UG设计与加工. 北京：机械工业出版社，2009。 2. 王尚林. UG NX6.0三维建模实例教程. 北京：中国电力出版社，2010。 3. 石皋莲，吴少华. UG NX CAD应用案例教程. 北京：机械工业出版社，2010。 4. 杨德辉. UG NX6.0实用教程. 北京：北京理工大学出版社，2011。 5. 黎震，刘磊. UG NX6中文版应用与实例教程. 北京：北京理工大学出版社，2009。 6. 袁锋. UG机械设计工程范例教程（基础篇）. 2版. 北京：机械工业出版社，2009。 7. 袁锋. UG机械设计工程范例教程（高级篇）. 2版. 北京：机械工业出版社，2009。 8. 赵松涛. UG NX实训教程. 北京：北京理工大学出版社，2008。 9. 郑贞平，曹成，张小红，等. UG NX5中文版基础教程. 北京：机械工业出版社，2008。 10. 云杰漫步多媒体科技CAX设计教研室. UG NX6.0中文版数控加工. 北京：清华大学出版社，2009。 11. 郑贞平，喻德. UG NX5中文版三维设计与NC加工实例精解. 北京：机械工业出版社，2008。 12. UG NX软件使用说明书。 13. 制图员操作规程。 14. 机械设计技术要求和国家制图标准。
对学生的要求	1. 能对任务书进行分析，能正确理解和描述目标要求。 2. 具有独立思考、善于提问的学习习惯。 3. 具有查询资料和市场调研的能力，具备严谨求实和开拓创新的学习态度。 4. 能执行企业“5S”质量管理体系要求，具备良好的职业意识和社会能力。 5. 上机操作时应穿鞋套，遵守机房的规章制度。 6. 具备一定的观察理解和判断分析能力。 7. 具有团队协作、爱岗敬业的精神。 8. 具有一定的创新思维和勇于创新的精神。 9. 不迟到、不早退、不旷课，否则扣分。 10. 按时按要求上交作业，并列入考核成绩。

4.3.2 资讯

1. 螺旋千斤顶的工程图设计资讯单（见表4-20）

表 4-20　螺旋千斤顶的工程图设计资讯单

学习领域	CAD/CAM 技术应用		
学习情境 4	工程图设计	学时	18 学时
任务 4.3	螺旋千斤顶的工程图设计	学时	6 学时
资讯方式	学生根据教师给出的资讯引导进行查询解答		
资讯问题	1. 图纸页面管理的基本功能有哪些？ 2. 什么是基本视图？ 3. 什么是投影视图？ 4. 什么是局部放大图？ 5. 什么是全剖视图？ 6. 什么是半剖视图？ 7. 什么是旋转绘制的剖视图？ 8. 什么是局部剖视图？ 9. 如何添加字体？ 10. 如何设置注释？		
资讯引导	1. 问题 1 参阅《UG NX6.0 实用教程》。 2. 问题 2 参阅《UG NX6.0 实用教程》。 3. 问题 3 参阅《UG NX6.0 实用教程》。 4. 问题 4 参阅《UG NX6.0 实用教程》。 5. 问题 5 参阅《UG NX6.0 实用教程》。 6. 问题 6 参阅《UG 设计与加工》。 7. 问题 7 参阅《UG NX6.0 实用教程》。 8. 问题 8 参阅《UG 设计与加工》。 9. 问题 9 参阅《UG 设计与加工》。 10. 问题 10 参阅《UG NX6.0 实用教程》。		

2. 螺旋千斤顶的工程图设计信息单（见表 4-21）

表 4-21　螺旋千斤顶的工程图设计信息单

<table>
<tr><td>学习领域</td><td colspan="3">CAD/CAM 技术应用</td></tr>
<tr><td>学习情境 4</td><td>工程图设计</td><td>学时</td><td>18 学时</td></tr>
<tr><td>任务 4.3</td><td>螺旋千斤顶的工程图设计</td><td>学时</td><td>6 学时</td></tr>
<tr><td>序号</td><td colspan="3">信息内容</td></tr>
<tr><td>一</td><td colspan="3">螺旋千斤顶各零件的实体造型和装配</td></tr>
<tr><td colspan="4">首先完成螺旋千斤顶各组成零件的实体造型，然后将各组成零件进行装配，完成后的三维实体如图 4-20 所示，最后进行螺旋千斤顶工程图设计。

图 4-20　螺旋千斤顶三维实体</td></tr>
<tr><td>二</td><td colspan="3">螺旋千斤顶工程图设计信息</td></tr>
<tr><td colspan="4">1. 熟练使用视图布局工具条、尺寸工具条、选择工具条、表格与零件明细栏工具条、导航器及制图工作区等。
2. 能够精确地设定制图参数，如单位、角度格式、尺寸、精度、公差、直线、箭头、文字大小及螺纹标准等。
3. 对视图进行合理布局，根据设计意图选择合适的视图，将三维实体零件放置在图纸页面上。其基本布局原则是选定的视图既能够充分反映零件的全部结构特征，又能够用尽可能少的视图来表达，保证整个工程图清晰、明了。
4. 对视图进行标注。
5. 设计图框与标题栏。</td></tr>
</table>

三	填写组件设计信息（图 4-21）

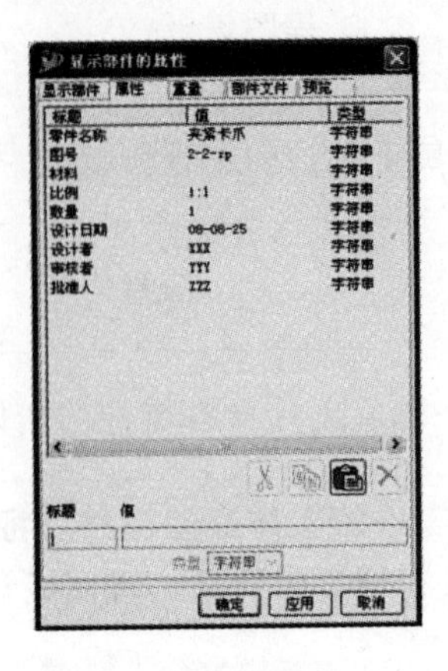

图 4-21　填写组件设计信息

四	设置制图参数（图 4-22）

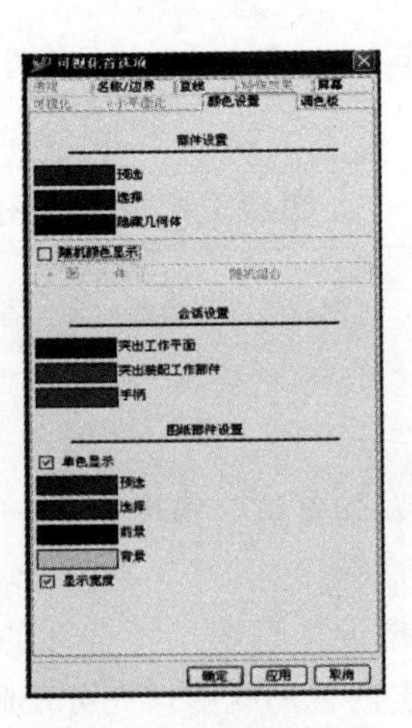

图 4-22　设置制图参数

五	视图布局（图 4-23）

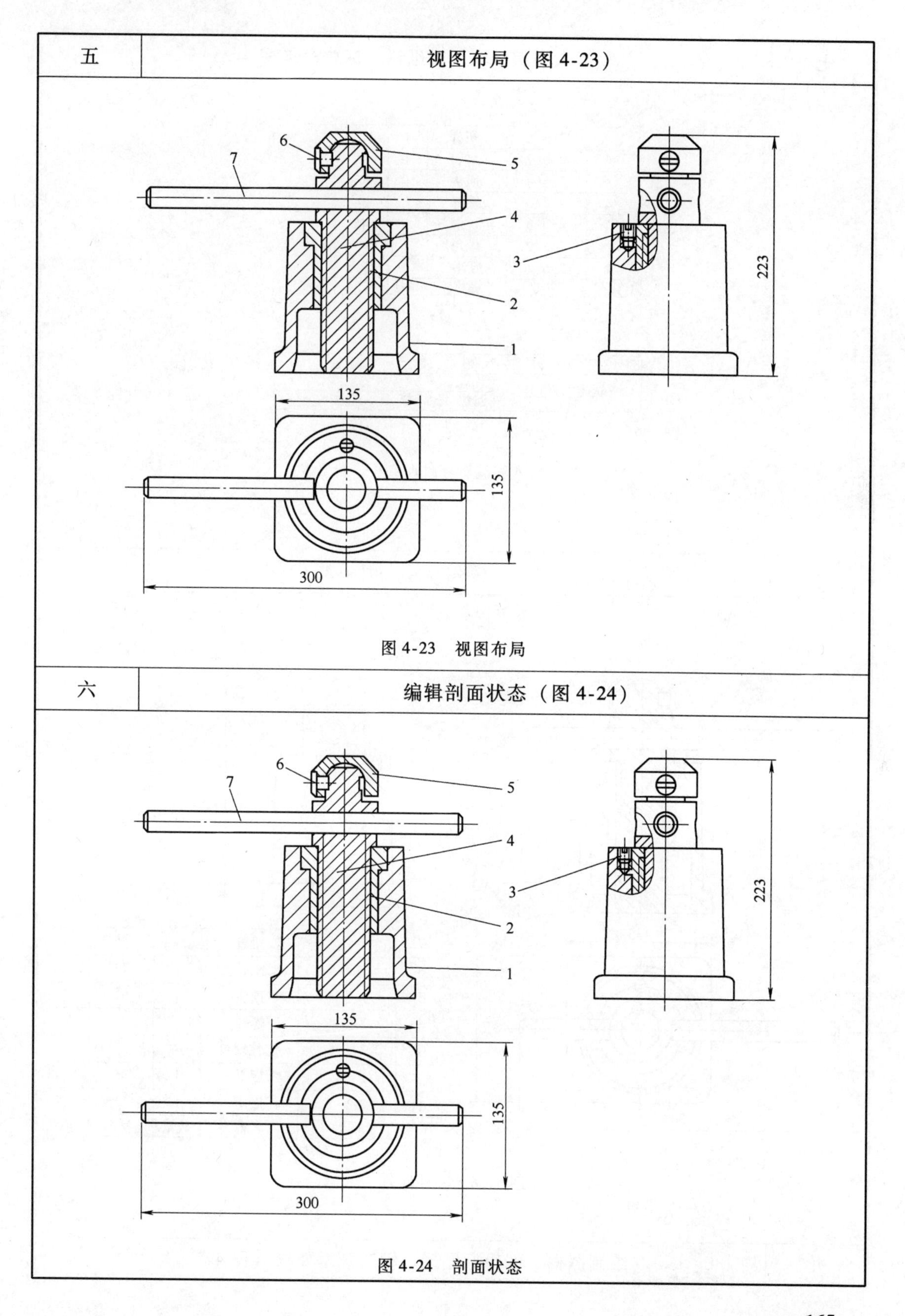

图 4-23　视图布局

六	编辑剖面状态（图 4-24）

图 4-24　剖面状态

七	插入和编辑零件明细栏、标题栏（图 4-25）

7	2-5-5	扭杆	1	45	
6	2-5-7	螺钉	1	45	
5	2-5-4	顶头	1	45	
4	2-5-3	螺杆	1	45	
3	2-5-6	定位螺杆	1	45	
2	2-5-2	螺母	1	45	
1	2-5-1	底座	1	HT150	
序号	图号	名称	数量	材料	备注

图号	3-2-20	材料		比例	1:1	数量		日期	
螺旋千斤顶				设计	×××	审核	×××	批准	ZZZ

图 4-25　插入和编辑零件明细栏、标题栏

八	零件标号（图 4-26）

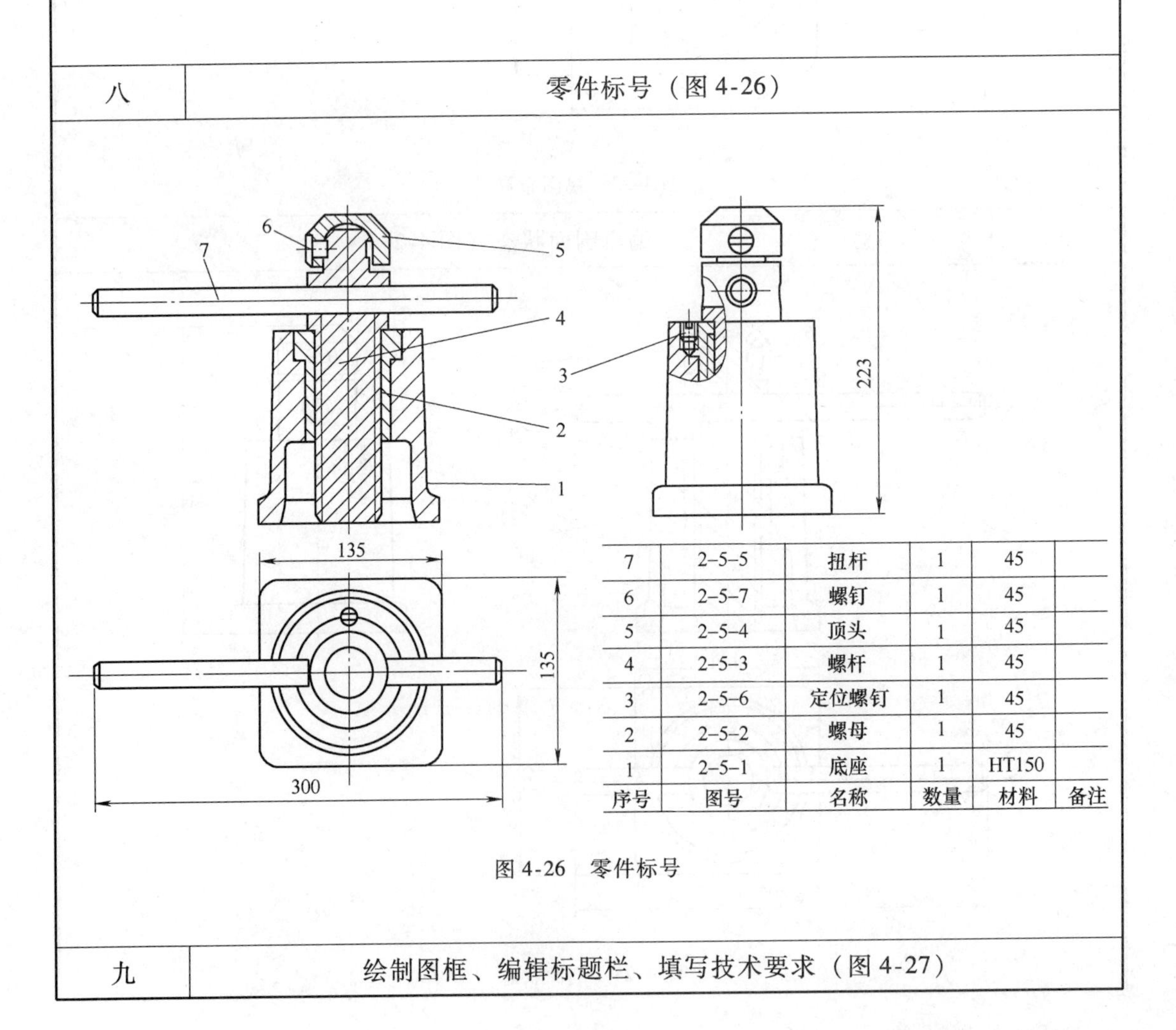

7	2-5-5	扭杆	1	45	
6	2-5-7	螺钉	1	45	
5	2-5-4	顶头	1	45	
4	2-5-3	螺杆	1	45	
3	2-5-6	定位螺钉	1	45	
2	2-5-2	螺母	1	45	
1	2-5-1	底座	1	HT150	
序号	图号	名称	数量	材料	备注

图 4-26　零件标号

九	绘制图框、编辑标题栏、填写技术要求（图 4-27）

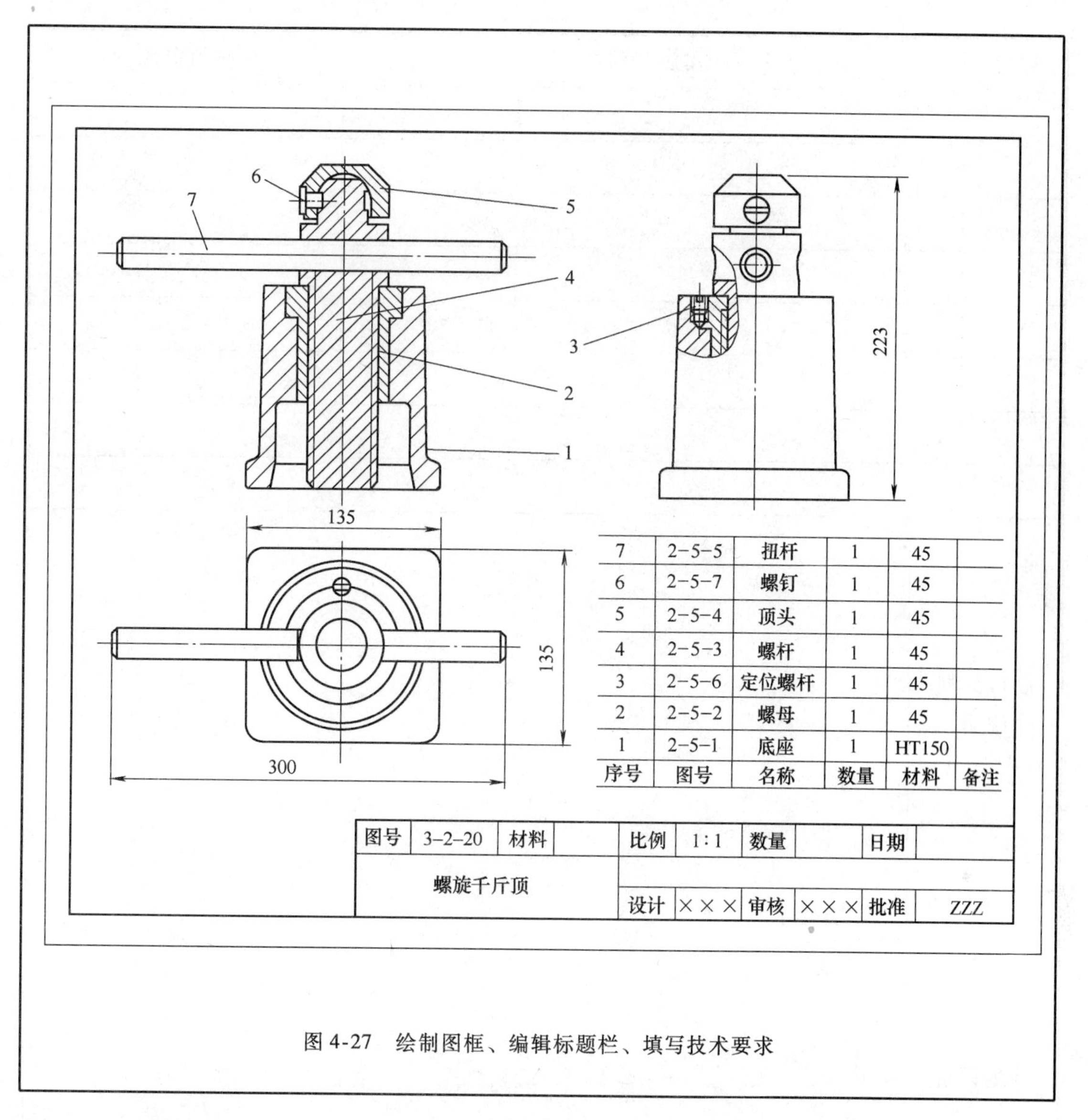

图 4-27　绘制图框、编辑标题栏、填写技术要求

4.3.3　计划

根据任务内容制订小组任务计划，简要说明任务实施过程的步骤及注意事项。将计划内容等填入螺旋千斤顶的工程图设计计划单，见表 4-22。

表 4-22　螺旋千斤顶的工程图设计计划单

学习领域	CAD/CAM 技术应用		
学习情境 4	工程图设计	学时	18 学时
任务 4.3	螺旋千斤顶的工程图设计	学时	6 学时
计划方式	小组讨论		

<table>
<tr><td>序号</td><td colspan="3">实施步骤</td><td colspan="2">使用资源</td></tr>
<tr><td></td><td colspan="3"></td><td colspan="2"></td></tr>
<tr><td></td><td colspan="3"></td><td colspan="2"></td></tr>
<tr><td></td><td colspan="3"></td><td colspan="2"></td></tr>
<tr><td></td><td colspan="3"></td><td colspan="2"></td></tr>
<tr><td></td><td colspan="3"></td><td colspan="2"></td></tr>
<tr><td></td><td colspan="3"></td><td colspan="2"></td></tr>
<tr><td></td><td colspan="3"></td><td colspan="2"></td></tr>
<tr><td></td><td colspan="3"></td><td colspan="2"></td></tr>
<tr><td>制订计划说明</td><td colspan="5"></td></tr>
<tr><td>计划评价</td><td colspan="5">评语：</td></tr>
<tr><td>班级</td><td></td><td>第　组</td><td>组长签字</td><td colspan="2"></td></tr>
<tr><td>教师签字</td><td colspan="2"></td><td>日期</td><td colspan="2"></td></tr>
</table>

4.3.4 决策

1. 小组互评，选定合适的工作计划。

2. 小组负责人对任务进行分配，组员按照负责人要求完成相关任务内容，并将自己所在小组及个人任务填入螺旋千斤顶的工程图设计决策单，见表 4-23。

表 4-23　螺旋千斤顶的工程图设计决策单

<table>
<tr><td>学习领域</td><td colspan="7">CAD/CAM 技术应用</td></tr>
<tr><td>学习情境 4</td><td colspan="5">工程图设计</td><td>学时</td><td>18 学时</td></tr>
<tr><td>任务 4.3</td><td colspan="5">螺旋千斤顶的工程图设计</td><td>学时</td><td>6 学时</td></tr>
<tr><td colspan="6">方案讨论</td><td>组号</td><td></td></tr>
<tr><td rowspan="16">方案决策</td><td>组别</td><td>步骤
顺序性</td><td>步骤
合理性</td><td>实施可
操作性</td><td>选用工具
合理性</td><td colspan="2">原因说明</td></tr>
<tr><td>1</td><td></td><td></td><td></td><td></td><td colspan="2"></td></tr>
<tr><td>2</td><td></td><td></td><td></td><td></td><td colspan="2"></td></tr>
<tr><td>3</td><td></td><td></td><td></td><td></td><td colspan="2"></td></tr>
<tr><td>4</td><td></td><td></td><td></td><td></td><td colspan="2"></td></tr>
<tr><td>5</td><td></td><td></td><td></td><td></td><td colspan="2"></td></tr>
<tr><td>1</td><td></td><td></td><td></td><td></td><td colspan="2"></td></tr>
<tr><td>2</td><td></td><td></td><td></td><td></td><td colspan="2"></td></tr>
<tr><td>3</td><td></td><td></td><td></td><td></td><td colspan="2"></td></tr>
<tr><td>4</td><td></td><td></td><td></td><td></td><td colspan="2"></td></tr>
<tr><td>5</td><td></td><td></td><td></td><td></td><td colspan="2"></td></tr>
<tr><td>1</td><td></td><td></td><td></td><td></td><td colspan="2"></td></tr>
<tr><td>2</td><td></td><td></td><td></td><td></td><td colspan="2"></td></tr>
<tr><td>3</td><td></td><td></td><td></td><td></td><td colspan="2"></td></tr>
<tr><td>4</td><td></td><td></td><td></td><td></td><td colspan="2"></td></tr>
<tr><td>5</td><td></td><td></td><td></td><td></td><td colspan="2"></td></tr>
<tr><td>方案评价</td><td colspan="7">评语：（根据组内的决策，对照计划进行修改并说明修改原因）</td></tr>
<tr><td>班级</td><td></td><td>组长签字</td><td></td><td>教师签字</td><td></td><td colspan="2">月　　日</td></tr>
</table>

4.3.5 实施

1. 实施准备

任务实施准备主要包括 CAD/CAM 实训室（多媒体）、UG 软件、资料准备等，见表 4-24。

表 4-24 螺旋千斤顶的工程图设计 NX 实施准备

学习情境 4	工程图设计	学时	18 学时
任务 4.3	螺旋千斤顶的工程图设计	学时	6 学时
重点、难点	工程图设计功能键的使用		
教学资源	CAD/CAM 实训室（多媒体）		
资料准备	1. 张士军，韩学军．UG 设计与加工．北京：机械工业出版社，2009。 2. 王尚林．UG NX6.0 三维建模实例教程．北京：中国电力出版社，2010。 3. 石皋莲，吴少华．UG NX CAD 应用案例教程．北京：机械工业出版社，2010。 4. 杨德辉．UG NX6.0 实用教程．北京：北京理工大学出版社，2011。 5. 黎震，刘磊．UG NX6 中文版应用与实例教程．北京：北京理工大学出版社，2009。 6. 袁锋．UG 机械设计工程范例教程（基础篇）．2 版．北京：机械工业出版社，2009。 7. 袁锋．UG 机械设计工程范例教程（高级篇）．2 版．北京：机械工业出版社，2009。 8. 赵松涛．UG NX 实训教程．北京：北京理工大学出版社，2008。 9. 郑贞平，曹成，张小红，等．UG NX5．中文版．基础教程．北京：机械工业出版社，2008。 10. 云杰漫步多媒体科技 CAX 设计教研室．UG NX6.0 中文版数控加工．北京：清华大学出版社，2009。 11. 郑贞平，喻德．UG NX5 中文版三维设计与 NC 加工实例精解．北京：机械工业出版社，2008。 12. UG NX 软件使用说明书。 13. 制图员操作规程。 14. 机械设计技术要求和国家制图标准。		
设备、工具	UG NX 软件		
教学组织实施			
实施步骤	组织实施内容	教学方法	学时
1			
2			
3			
4			
5			

2. 实施任务

依据计划步骤实施任务，并完成作业单的填写。螺旋千斤顶的工程图设计作业单见表 4-25。

表 4-25　螺旋千斤顶的工程图设计作业单

学习领域	CAD/CAM 技术应用		
学习情境 4	工程图设计	学时	18 学时
任务 4. 3	螺旋千斤顶的工程图设计	学时	6 学时
作业方式	小组分析，个人软件造型，现场批阅，集体评判		
作业内容	完成轴工程图设计		

图 4-28 所示为轴的零件图。

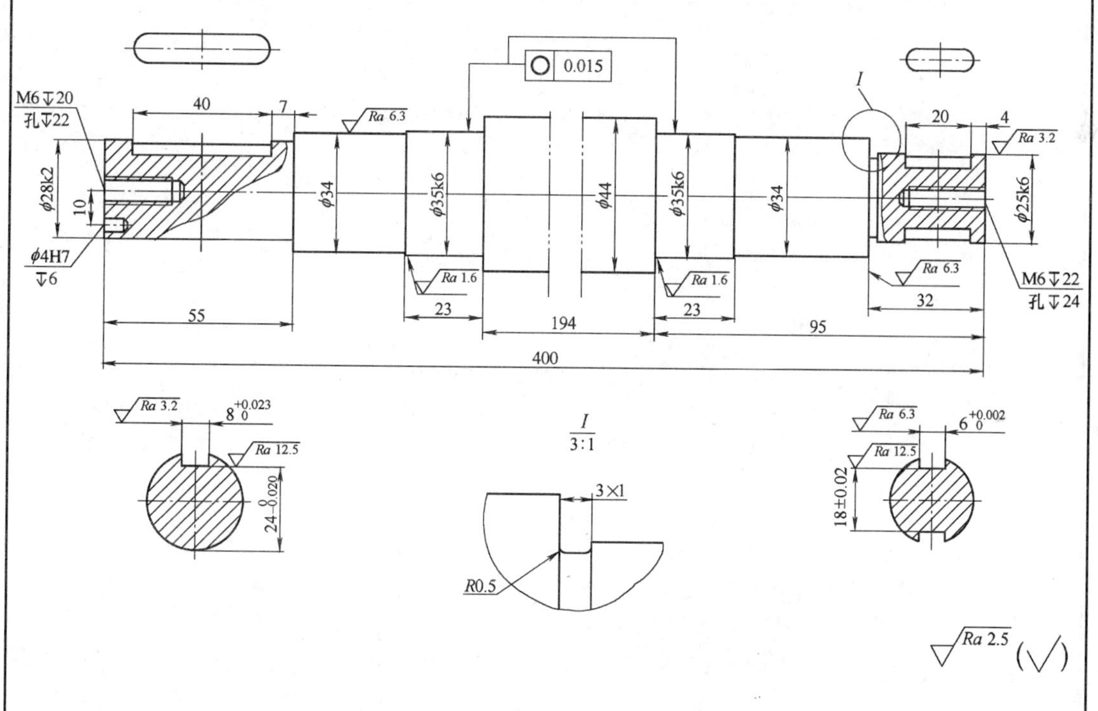

图 4-28　轴

作业描述：

利用前面学过的实体造型知识，创建图 4-30 所示轴的三维模型，完成轴工程图设计。

作业分析：

本作业是完成轴的三维建模和工程图设计。本任务涉及图纸页面的建立，投影方式的设置，基本视图及向视图的生成，旋转绘制的剖视图、局部剖视图的生成，断开视图的生成，注释样式的设置，尺寸标注、公差标注、几何公差及其他技术要求的标注等。

作业评价：

班级		组别		组长签字	
学号		姓名		教师签字	
教师评分		日期			

4.3.6 检查评价

学生完成本学习任务后，应展示的结果为：计划单、决策单、作业单、检查单和评价单。

1. 螺旋千斤顶的工程图设计检查单（见表4-26）

表4-26 螺旋千斤顶的工程图设计检查单

<table>
<tr><td>学习领域</td><td colspan="7">CAD/CAM 技术应用</td></tr>
<tr><td>学习情境4</td><td colspan="3">工程图设计</td><td>学时</td><td colspan="3">18 学时</td></tr>
<tr><td>任务4.3</td><td colspan="3">螺旋千斤顶的工程图设计</td><td>学时</td><td colspan="3">6 学时</td></tr>
<tr><td>序号</td><td colspan="2">检查项目</td><td>检查标准</td><td>学生自查</td><td colspan="3">教师检查</td></tr>
<tr><td>1</td><td colspan="2">制图参数设定</td><td>根据任务单准确、合理地完成制图参数的设定</td><td></td><td colspan="3"></td></tr>
<tr><td>2</td><td colspan="2">视图布局</td><td>准确、合理地完成螺旋千斤顶的视图布局</td><td></td><td colspan="3"></td></tr>
<tr><td>3</td><td colspan="2">视图标注</td><td>根据任务单的要求完成螺旋千斤顶的视图标注</td><td></td><td colspan="3"></td></tr>
<tr><td>4</td><td colspan="2">尺寸和公差的标注</td><td>根据图样要求完成的尺寸和公差标注</td><td></td><td colspan="3"></td></tr>
<tr><td>5</td><td colspan="2">表面粗糙度的标注</td><td>根据图样要求，准确地完成螺旋千斤顶的表面粗糙度标注</td><td></td><td colspan="3"></td></tr>
<tr><td>6</td><td colspan="2">图框和标题栏的设计</td><td>准确、合理地完成的图框和标题栏设计</td><td></td><td colspan="3"></td></tr>
<tr><td>7</td><td colspan="2">工程图设计与构建能力</td><td>能够完成零件的工程图设计</td><td></td><td colspan="3"></td></tr>
<tr><td>8</td><td colspan="2">工程图设计缺陷的分析诊断能力</td><td>工程图设计缺陷处理得当</td><td></td><td colspan="3"></td></tr>
<tr><td>检查评价</td><td colspan="7">评语：</td></tr>
<tr><td>班级</td><td></td><td>组别</td><td></td><td>组长签字</td><td colspan="3"></td></tr>
<tr><td>教师签字</td><td colspan="4"></td><td>日期</td><td colspan="2"></td></tr>
</table>

2. 螺旋千斤顶的工程图设计评价单（见表4-27）

表4-27　螺旋千斤顶的工程图设计评价单

<table>
<tr><td>学习领域</td><td colspan="5">CAD/CAM技术应用</td></tr>
<tr><td>学习情境4</td><td colspan="3">工程图设计</td><td>学时</td><td>18学时</td></tr>
<tr><td>任务4.3</td><td colspan="3">螺旋千斤顶的工程图设计</td><td>学时</td><td>6学时</td></tr>
<tr><td>评价类别</td><td>评价项目</td><td>子项目</td><td>个人评价</td><td>组内互评</td><td>教师评价</td></tr>
<tr><td rowspan="15">专业能力（60%）</td><td rowspan="2">资讯（8%）</td><td>搜集信息（4%）</td><td></td><td></td><td></td></tr>
<tr><td>引导问题回答（4%）</td><td></td><td></td><td></td></tr>
<tr><td>计划（5%）</td><td>计划可执行度（5%）</td><td></td><td></td><td></td></tr>
<tr><td rowspan="5">实施（12%）</td><td>工作步骤执行（3%）</td><td></td><td></td><td></td></tr>
<tr><td>功能实现（3%）</td><td></td><td></td><td></td></tr>
<tr><td>质量管理（2%）</td><td></td><td></td><td></td></tr>
<tr><td>安全保护（2%）</td><td></td><td></td><td></td></tr>
<tr><td>环境保护（2%）</td><td></td><td></td><td></td></tr>
<tr><td rowspan="2">检查（10%）</td><td>全面性、准确性（5%）</td><td></td><td></td><td></td></tr>
<tr><td>异常情况排除（5%）</td><td></td><td></td><td></td></tr>
<tr><td rowspan="2">过程（15%）</td><td>使用工具规范性（7%）</td><td></td><td></td><td></td></tr>
<tr><td>操作过程规范性（8%）</td><td></td><td></td><td></td></tr>
<tr><td>结果（5%）</td><td>结果质量（5%）</td><td></td><td></td><td></td></tr>
<tr><td>作业（5%）</td><td>作业质量（5%）</td><td></td><td></td><td></td></tr>
<tr style="display:none"></tr>
<tr><td rowspan="2">社会能力（20%）</td><td>团结协作（10%）</td><td rowspan="2"></td><td rowspan="2"></td><td rowspan="2"></td><td rowspan="2"></td></tr>
<tr><td>敬业精神（10%）</td></tr>
<tr><td rowspan="2">方法能力（20%）</td><td>计划能力（10%）</td><td rowspan="2"></td><td rowspan="2"></td><td rowspan="2"></td><td rowspan="2"></td></tr>
<tr><td>决策能力（10%）</td></tr>
<tr><td>评价评语</td><td colspan="5">评语：</td></tr>
<tr><td>班级</td><td></td><td>组别</td><td></td><td>学号</td><td></td><td>总评</td><td></td></tr>
<tr><td>教师签字</td><td></td><td>组长签字</td><td></td><td>日期</td><td></td></tr>
</table>

4.3.7 实践中常见问题解析

1. 掌握工程图的基本设置。
2. 掌握各种视图的生成、编辑方法。灵活地按照国标生成零件工程图。
3. 工程图标注要符合规范。
4. 能够按照规范进行工程图设计。

学习情境5 平面零件铣削加工

【学习目标】

本学习情境利用UG NX软件加工模块中平面铣模板的功能，并运用所提供的操作界面、操作命令和加工创建工具，对直壁形工件的凸台面、凹槽进行数控加工编程设计。通过一体化教学，学生可以运用UG NX软件完成毛坯几何体的创建工作，同时完成加工环境的初始化，熟练创建刀具组，并合理选择铣削加工刀具；正确掌握几何体创建中的创建坐标系、创建工件、创建边界等内容，熟练地完成加工方法的创建，合理地设置粗加工、半精加工、精加工等工序。

【学习任务】

1. 定心模加工。
2. 卡座加工。

【情境描述】

本学习情境指导学生运用UG NX软件完成定心模和卡座的加工。这些零件为平面轮廓零件，在UG NX软件中编程时，可以采用平面铣或面铣工序。其中，平面铣仅适用于平面类零件的加工，即零件表面的法向与刀轴平行或垂直。如果零件侧壁是曲面或平面，一般不宜用平面铣加工。平面铣既可以用于粗加工，也可以用于半精加工和精加工，但主要用于粗加工。面铣是一种从所选面的顶部去除余量的快速、简单的加工方法，只需选择所有要加工的面并指定要从各个面的顶部去除的余量即可，最适合切削实体上的平面。面铣既可以用于粗加工，也可以用于半精加工和精加工，但主要用于精加工。

任务5.1 定心模加工

5.1.1 任务描述

定心模加工任务单见表5-1。

表 5-1　定心模加工任务单

学习领域	CAD/CAM 技术应用		
学习情境 5	平面零件铣削加工	学时	12 学时
任务 5.1	定心模加工	学时	6 学时
布置任务			
学习目标	1. 掌握并熟练使用平面零件铣削加工的操作界面。 2. 掌握零件的实体模型设计。 3. 掌握加工环境的设置，并能熟练进入数控加工操作界面。 4. 掌握几何体的创建，能够完成机床坐标系的创建、工件几何体的创建以及毛坯几何体的创建等。 5. 掌握刀具的创建，在工艺分析中明确所使用的刀具，选定全部刀具，以便在创建加工操作时直接调用。 6. 掌握加工操作的创建，能够熟练完成铣削边界的设定、切削方式的设定、切削参数的设定、避让参数的设定、刀具轨迹的生成和模拟加工。 7. 掌握 CNC 程序的生成方法。		
任务描述	定心模是模具中用于定位的一个模座，如图 5-1 所示。此零件有一个凹槽，凹槽边缘由直线和圆弧构成，凹槽中有一个直径为 ϕ24mm 的圆柱凸台， 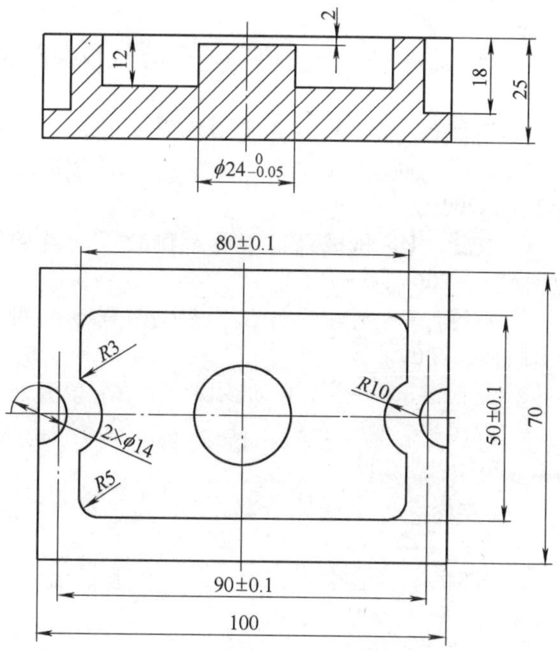 图 5-1　定心模		

<table>
<tr><td>任务描述</td><td colspan="5">高度为10mm。零件左、右两端各有一个半圆柱凹槽。此零件精度虽不是很高，但边界轮廓比较复杂，宜采用数控铣床或立式加工中心加工。要求对其进行计算机数控编程，设计出加工刀具轨迹，并生成CNC加工程序。
每组分别使用UG NX软件完成定心模加工，应了解如下具体内容：
1. 掌握定心模的基本结构，完成实体造型设计。
2. 掌握定心模加工的基本方法。
3. 掌握平面零件铣削加工中各模块的使用方法。
4. 完成定心模加工，并生成CNC程序。</td></tr>
<tr><td>任务分析</td><td colspan="5">通过定心模加工，完成以下具体任务：
1. 了解UG NX软件加工的基本环境和基础知识。
2. 掌握定心模加工特点。
3. 掌握定心模的工艺分析，能够熟练、准确地完成刀具的选用、切削方法的选择和装夹方式的设定。
4. 掌握定心模几何体的创建，能够完成定心模机床坐标系的设置、定心模工件几何体的设置以及定心模毛坯几何体的设置等。
5. 掌握定心模加工所用刀具的创建，并在工艺分析中明确所使用的刀具，选定全部刀具，以便在创建加工操作时直接调用。
6. 掌握定心模加工操作的创建方法。</td></tr>
<tr><td>学时安排</td><td>资讯
0.5学时</td><td>计划
1学时</td><td>决策
1学时</td><td>实施
3学时</td><td>检查评价
0.5学时</td></tr>
<tr><td>提供资料</td><td colspan="5">1. 张士军，韩学军. UG设计与加工. 北京：机械工业出版社，2009。
2. 王尚林. UG NX6.0三维建模实例教程. 北京：中国电力出版社，2010。
3. 石皋莲，吴少华. UG NX CAD应用案例教程. 北京：机械工业出版社，2010。
4. 杨德辉. UG NX6.0实用教程. 北京：北京理工大学出版社，2011。
5. 黎震，刘磊. UG NX6中文版应用与实例教程. 北京：北京理工大学出版社，2009。
6. 袁锋. UG机械设计工程范例教程（基础篇）. 2版. 北京：机械工业出版社，2009。
7. 袁锋. UG机械设计工程范例教程（高级篇）. 2版. 北京：机械工业出版社，2009。
8. 赵松涛. UG NX实训教程. 北京：北京理工大学出版社，2008。
9. 郑贞平，曹成，张小红，等. UG NX5. 中文版基础教程. 北京：机械工业出版社，2008。
10. 云杰漫步多媒体科技CAX设计教研室. UG NX6.0中文版数控加工. 北京：清华大学出版社，2009。
11. 郑贞平，喻德. UG NX5中文版三维设计与NC加工实例精解. 北京：机械工业出版社，2008。
12. UG NX软件使用说明书。
13. 制图员操作规程。
14. 机械设计技术要求和国家制图标准。</td></tr>
</table>

对学生的要求	1. 能对任务书进行分析，能正确理解和描述目标要求。 2. 零件造型时必须保证零件尺寸合理和操作的规范。 3. 具有独立思考、善于提问的学习习惯。 4. 具有查询资料和市场调研的能力，具备严谨求实和开拓创新的学习态度。 5. 能执行企业“5S”质量管理体系要求，具备良好的职业意识和社会能力。 6. 上机操作时应穿鞋套，遵守机房的规章制度。 7. 具备一定的观察理解和判断分析能力。 8. 具有团队协作、爱岗敬业的精神。 9. 具有一定的创新思维和勇于创新的精神。 10. 不迟到、不早退、不旷课，否则扣分。 11. 按时按要求上交作业，并列入考核成绩。

5.1.2 资讯

1. 定心模加工资讯单（见表5-2）

表5-2 定心模加工资讯单

学习领域	CAD/CAM技术应用		
学习情境5	平面零件铣削加工	学时	12学时
任务5.1	定心模加工	学时	6学时
资讯方式	学生根据教师给出的资讯引导进行查询解答		
资讯问题	1. 如何设计零件的实体模型？ 2. 如何设置定心模的加工环境？ 3. 如何创建工件几何体？ 4. 如何设置机床坐标系？ 5. 如何创建毛坯几何体？ 6. 如何创建刀具？ 7. 如何创建加工操作的工艺过程？ 8. 如何设定铣削边界？ 9. 如何选择切削方式？ 10. 如何设定切削参数？ 11. 如何设定避让参数？		
资讯引导	1. 问题1参阅《UG机械设计工程范例教程》。 2. 问题2参阅《UG NX6.0中文版数控加工》。 3. 问题3参阅《UG机械设计工程范例教程》。 4. 问题4参阅《UG NX6中文版应用与实例教程》。		

<table>
<tr><td>资讯引导</td><td>5. 问题 5 参阅《UG NX 6.0 实用教程》。
6. 问题 6 参阅《UG 设计与加工》。
7. 问题 7 参阅《UG NX 6.0 实用教程》。
8. 问题 8 参阅《UG 设计与加工》。
9. 问题 9 参阅《UG NX 6.0 中文版数控加工》。
10. 问题 10 参阅《UG NX 实训教程》。
11. 问题 11 参阅《UG NX 实训教程》。</td></tr>
</table>

2. 定心模加工信息单（见表 5-3）

表 5-3　定心模加工信息单

<table>
<tr><td colspan="2">学习领域</td><td colspan="3">CAD/CAM 技术应用</td></tr>
<tr><td colspan="2">学习情境 5</td><td>平面零件铣削加工</td><td>学时</td><td>12 学时</td></tr>
<tr><td colspan="2">任务 5.1</td><td>定心模加工</td><td>学时</td><td>6 学时</td></tr>
<tr><td>序号</td><td colspan="4">信息内容</td></tr>
<tr><td>一</td><td colspan="4">分析定心模加工工艺</td></tr>
<tr><td colspan="5">1. 加工条件
零件毛坯：100mm × 70mm × 27mm 板料，45 钢，底平面及四周已加工完毕。
机床：立式加工中心。
2. 加工工序
以底平面及两个相互垂直的侧面进行定位和装夹，一次装夹完成全部切削操作。5 个加工工步如下：
[工步 1]　铣削工件顶面
选用 ϕ30mm 面铣刀，刀具号设定为 1。用“面铣”方式加工，分两次铣削工件顶面，加工至高度尺寸要求。
[工步 2]　粗铣大凹槽和圆柱凸台
选用 ϕ10mm 面铣刀，刀具号设定为 2。用“平面铣”方式加工，槽内周边表面及底面分别留 0.5mm 的余量，用于精铣。
[工步 3]　粗铣半圆柱凹槽
仍用 2 号铣刀，用“平面铣”方式加工，周边及底平面各留 0.5mm 余量，用于精加工。
[工步 4]　精铣大凹槽和圆柱凸台
选用 ϕ5mm 面铣刀，刀具号设定为 3。用“平面铣”方式精加工至尺寸要求。
[工步 5]　精铣半圆柱凹槽
仍用 3 号铣刀，用“平面铣”方式精加工至尺寸要求。</td></tr>
</table>

二	设计实体模型-构建定心模实体（图 5-2）

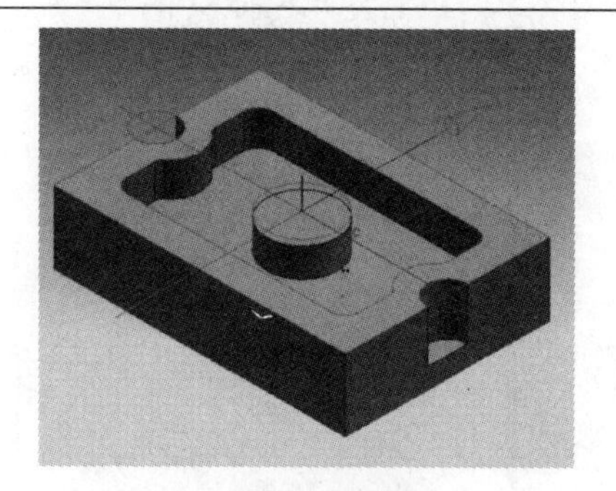

图 5-2　定心模实体

三	设置加工环境（图 5-3）

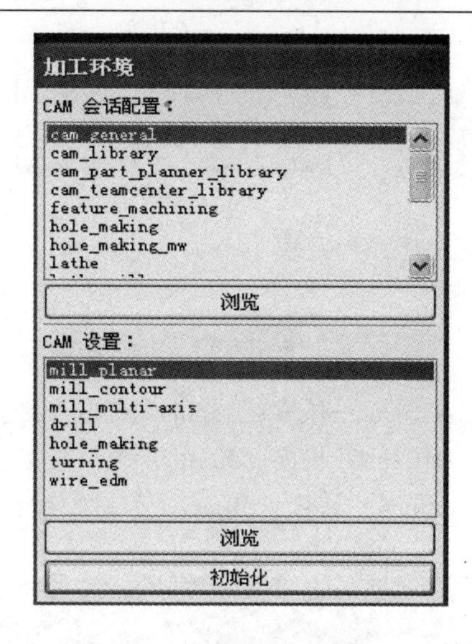

图 5-3　设置加工环境

四	创建几何体

1. 设置机床坐标系（图 5-4）

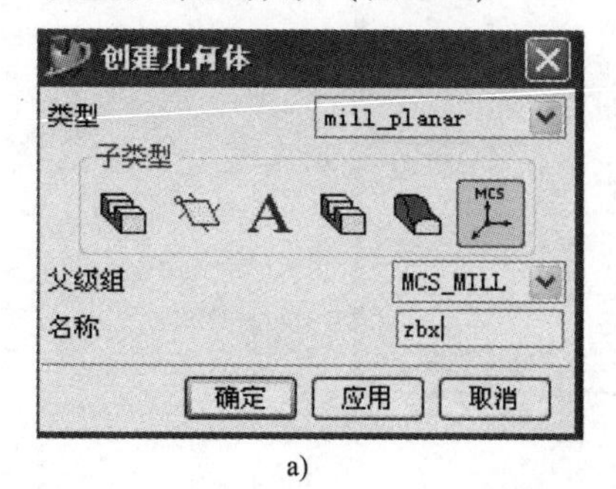

a)

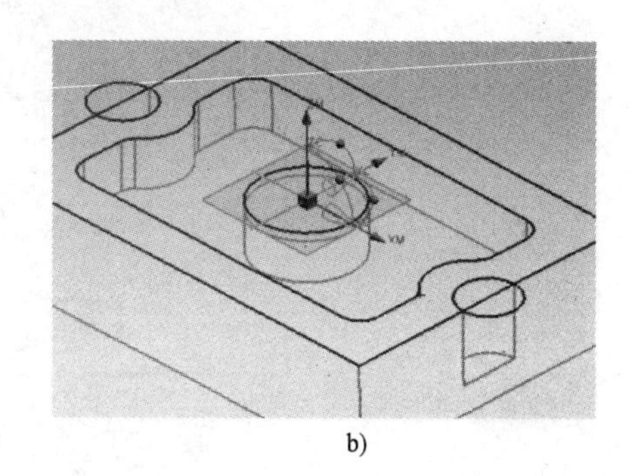

b)

图 5-4　设置机床坐标系

2. 创建工件几何体（图 5-5）和毛坯几何体（图 5-6）

a)

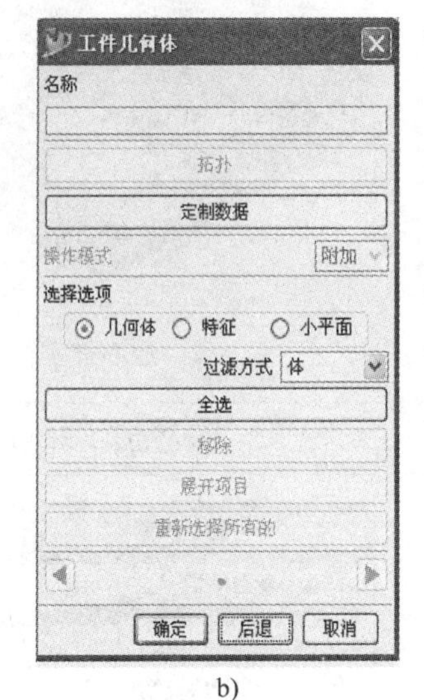

b)

图 5-5 创建工件几何体

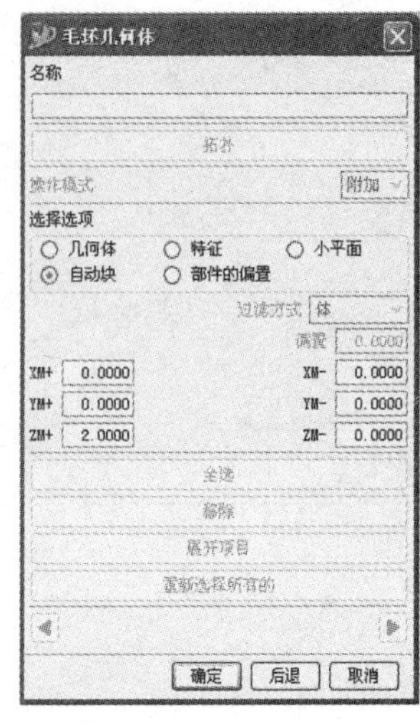

图 5-6 创建毛坯几何体

五	创建刀具组（图 5-7）

1. 设定 1 号刀具直径：ϕ30mm；长度：75mm；刃口长度：50mm；刀具号：1。
2. 设定 2 号刀具直径：ϕ10mm；长度：50mm；刃口长度：35mm；刀具号：2。
3. 设定 3 号刀具直径：ϕ5mm；长度：50mm；刃口长度：35mm；刀具号：3。

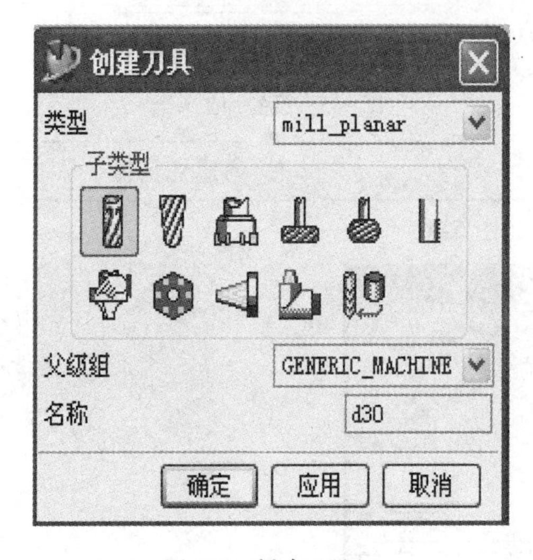

图 5-7 创建刀具组

六	创建加工操作

［工步1］　铣削工件顶面（图5-8）

a)

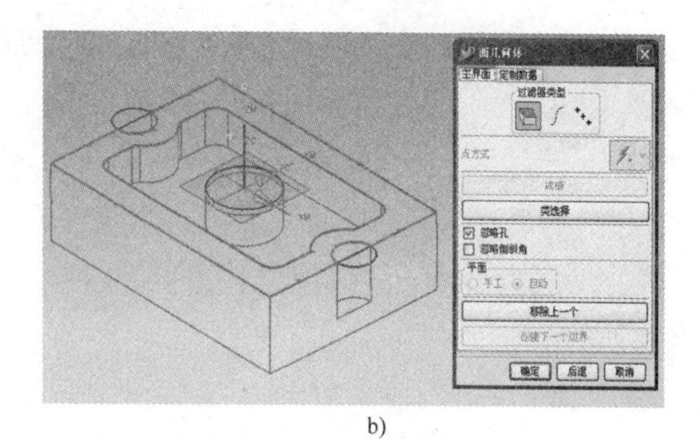

b)

图5-8　铣削工件顶面

［工步2］　粗铣大凹槽和圆柱凸台（图5-9）

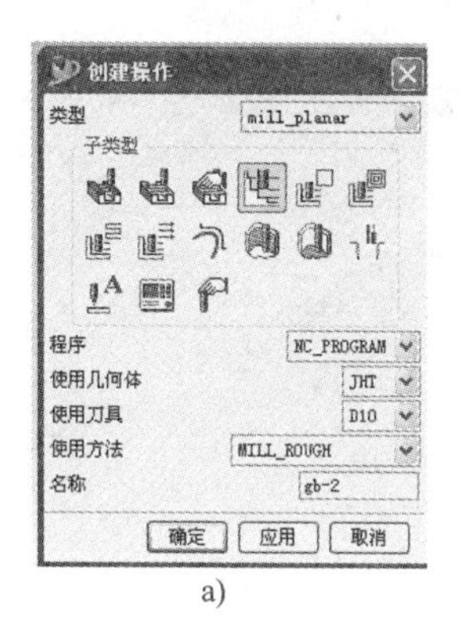

a)

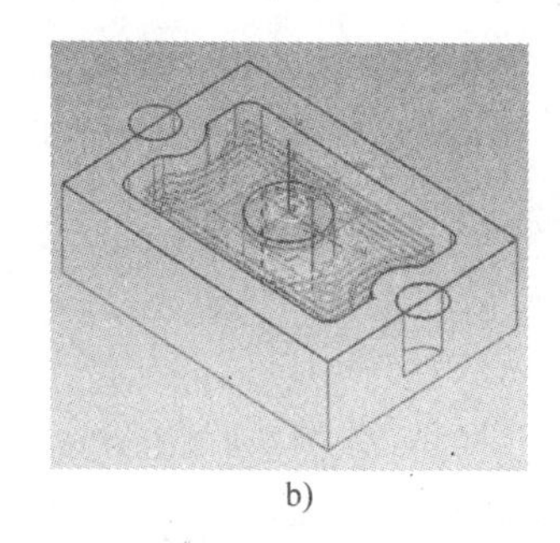

b)

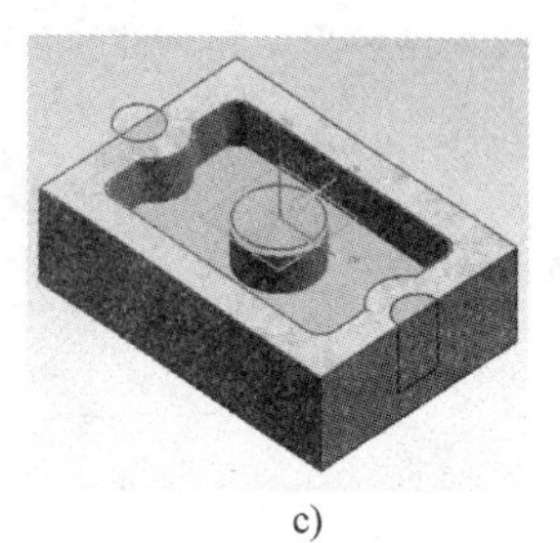

c)

图5-9　粗铣大凹槽和圆柱凸台

［工步3］　粗铣半圆柱凹槽（图5-10）

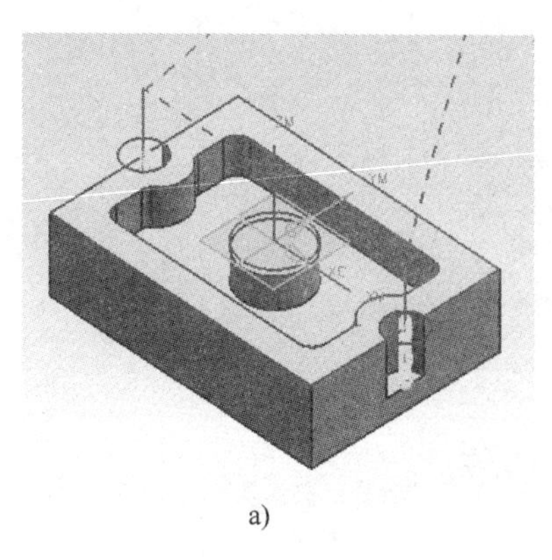

a)

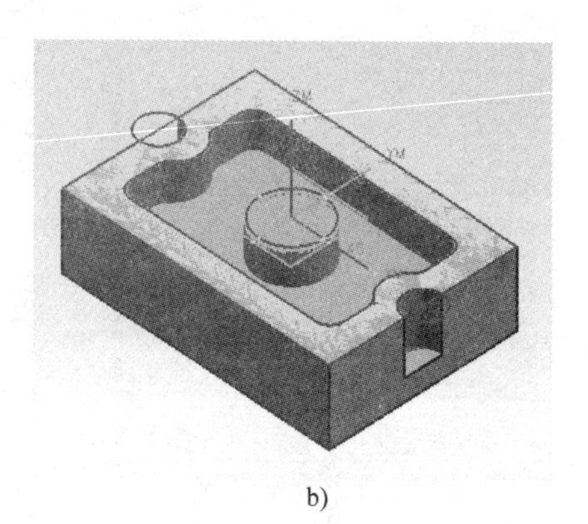

b)

图5-10　粗铣半圆柱凹槽

［工步 4］　精铣大凹槽和圆柱凸台（图 5-11）

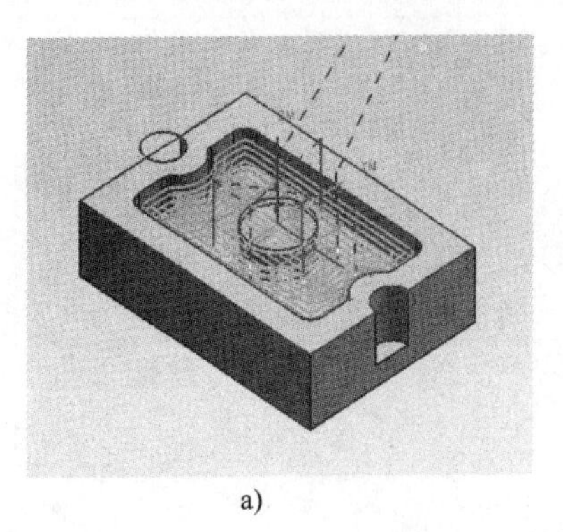

a)

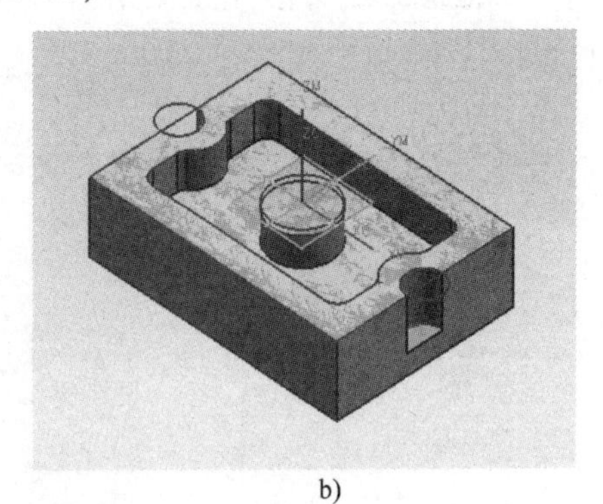

b)

图 5-11　精铣大凹槽和圆柱凸台

［工步 5］　精铣半圆柱凹槽（图 5-12）

图 5-12b 即最终完成加工效果。

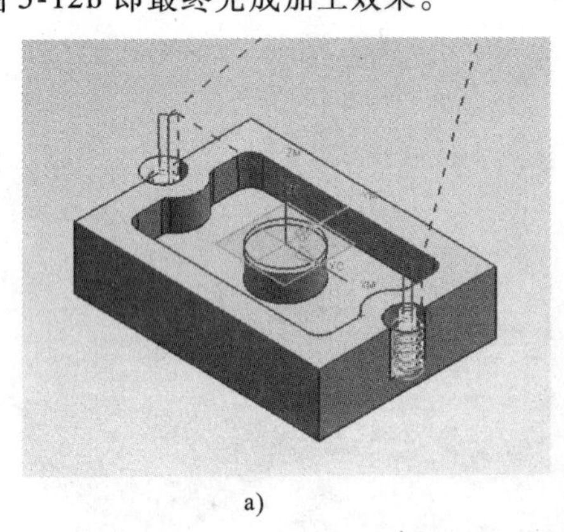

a)

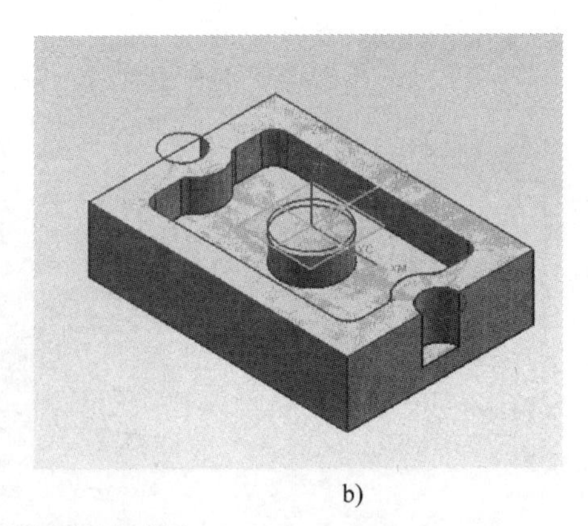

b)

图 5-12　精铣半圆柱凹槽

七	生成 CNC 程序（数控加工程序）（图 5-13）

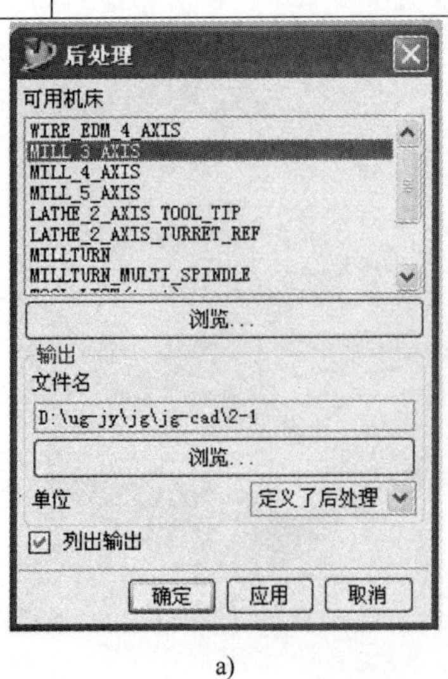

a)

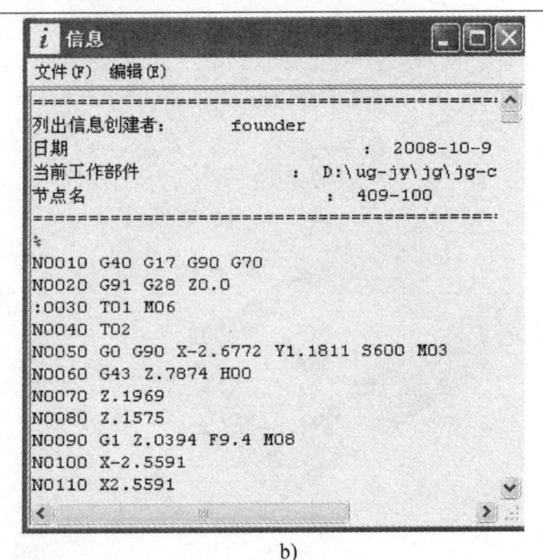

b)

图 5-13　生成数控加工程序

5.1.3 计划

根据任务内容制订小组任务计划，简要说明任务实施过程的步骤及注意事项。将计划内容等填入定心模加工计划单，见表5-4。

表5-4 定心模加工计划单

<table>
<tr><td>学习领域</td><td colspan="5">CAD/CAM技术应用</td></tr>
<tr><td>学习情境5</td><td colspan="3">平面零件铣削加工</td><td>学时</td><td>12学时</td></tr>
<tr><td>任务5.1</td><td colspan="3">定心模加工</td><td>学时</td><td>6学时</td></tr>
<tr><td>计划方式</td><td colspan="5">小组讨论</td></tr>
<tr><td>序号</td><td colspan="3">实施步骤</td><td colspan="2">使用资源</td></tr>
<tr><td></td><td colspan="3"></td><td colspan="2"></td></tr>
<tr><td></td><td colspan="3"></td><td colspan="2"></td></tr>
<tr><td></td><td colspan="3"></td><td colspan="2"></td></tr>
<tr><td></td><td colspan="3"></td><td colspan="2"></td></tr>
<tr><td></td><td colspan="3"></td><td colspan="2"></td></tr>
<tr><td></td><td colspan="3"></td><td colspan="2"></td></tr>
<tr><td></td><td colspan="3"></td><td colspan="2"></td></tr>
<tr><td></td><td colspan="3"></td><td colspan="2"></td></tr>
<tr><td>制订计划说明</td><td colspan="5"></td></tr>
<tr><td>计划评价</td><td colspan="5">评语：</td></tr>
<tr><td>班级</td><td></td><td>第　　组</td><td>组长签字</td><td colspan="2"></td></tr>
<tr><td>教师签字</td><td colspan="2"></td><td>日期</td><td colspan="2"></td></tr>
</table>

5.1.4 决策

1. 小组互评，选定合适的工作计划。

2. 小组负责人对任务进行分配，组员按照负责人要求完成相关任务内容，并将自己所在小组及个人任务填入定心模加工决策单，见表5-5。

表 5-5 定心模加工决策单

<table>
<tr><td>学习领域</td><td colspan="7">CAD/CAM 技术应用</td></tr>
<tr><td>学习情境 5</td><td colspan="5">平面零件铣削加工</td><td>学时</td><td>12 学时</td></tr>
<tr><td>任务 5.1</td><td colspan="5">定心模加工</td><td>学时</td><td>6 学时</td></tr>
<tr><td colspan="6">方案讨论</td><td>组号</td><td></td></tr>
<tr><td rowspan="16">方案决策</td><td>组别</td><td>步骤顺序性</td><td>步骤合理性</td><td>实施可操作性</td><td>选用工具合理性</td><td colspan="2">原因说明</td></tr>
<tr><td>1</td><td></td><td></td><td></td><td></td><td colspan="2"></td></tr>
<tr><td>2</td><td></td><td></td><td></td><td></td><td colspan="2"></td></tr>
<tr><td>3</td><td></td><td></td><td></td><td></td><td colspan="2"></td></tr>
<tr><td>4</td><td></td><td></td><td></td><td></td><td colspan="2"></td></tr>
<tr><td>5</td><td></td><td></td><td></td><td></td><td colspan="2"></td></tr>
<tr><td>1</td><td></td><td></td><td></td><td></td><td colspan="2"></td></tr>
<tr><td>2</td><td></td><td></td><td></td><td></td><td colspan="2"></td></tr>
<tr><td>3</td><td></td><td></td><td></td><td></td><td colspan="2"></td></tr>
<tr><td>4</td><td></td><td></td><td></td><td></td><td colspan="2"></td></tr>
<tr><td>5</td><td></td><td></td><td></td><td></td><td colspan="2"></td></tr>
<tr><td>1</td><td></td><td></td><td></td><td></td><td colspan="2"></td></tr>
<tr><td>2</td><td></td><td></td><td></td><td></td><td colspan="2"></td></tr>
<tr><td>3</td><td></td><td></td><td></td><td></td><td colspan="2"></td></tr>
<tr><td>4</td><td></td><td></td><td></td><td></td><td colspan="2"></td></tr>
<tr><td>5</td><td></td><td></td><td></td><td></td><td colspan="2"></td></tr>
<tr><td>方案评价</td><td colspan="7">评语：（根据组内的决策，对照计划进行修改并说明修改原因）</td></tr>
<tr><td>班级</td><td></td><td>组长签字</td><td></td><td>教师签字</td><td></td><td colspan="2">月 日</td></tr>
</table>

5.1.5 实施

1. 实施准备

任务实施准备主要包括 CAD/CAM 实训室（多媒体）、UG NX 软件、资料准备等，见表5-6。

表 5-6　定心模加工实施准备

学习情境 5	平面零件铣削加工	学时	12 学时
任务 5.1	定心模加工	学时	6 学时
重点、难点	零件平面铣削功能键的使用方法		
教学资源	CAD/CAM 实训室（多媒体）		
资料准备	1. 张士军，韩学军．UG 设计与加工．北京：机械工业出版社，2009。 2. 王尚林．UG NX6.0 三维建模实例教程．北京：中国电力出版社，2010。 3. 石皋莲，吴少华．UG NX CAD 应用案例教程．北京：机械工业出版社，2010。 4. 杨德辉．UG NX6.0 实用教程．北京：北京理工大学出版社，2011。 5. 黎震，刘磊．UG NX6 中文版应用与实例教程．北京：北京理工大学出版社，2009。 6. 袁锋．UG 机械设计工程范例教程（基础篇）．2 版．北京：机械工业出版社，2009。 7. 袁锋．UG 机械设计工程范例教程（高级篇）．2 版．北京：机械工业出版社，2009。 8. 赵松涛．UG NX 实训教程．北京：北京理工大学出版社，2008。 9. 郑贞平，曹成，张小红，等．UG NX5 中文版基础教程．北京：机械工业出版社，2008。 10. 云杰漫步多媒体科技 CAX 设计教研室．UG NX6.0 中文版数控加工．北京：清华大学出版社，2009。 11. 郑贞平，喻德．UG NX5 中文版三维设计与 NC 加工实例精解．北京：机械工业出版社，2008。 12. UG NX 软件使用说明书。 13. 制图员操作规程。 14. 机械设计技术要求和国家制图标准。		
设备、工具	UG NX　软件		
教学组织实施			
实施步骤	组织实施内容	教学方法	学时
1			
2			
3			
4			
5			

2. 实施任务

依据计划步骤实施任务，并完成作业单的填写。定心模加工作业单见表 5-7。

表 5-7　定心模加工作业单

学习领域	CAD/CAM 技术应用		
学习情境 5	平面零件铣削加工	学时	12 学时
任务 5.1	定心模加工	学时	6 学时
作业方式	小组分析，个人软件造型和加工，现场批阅，集体评判		
作业内容	完成双心座加工		

图 5-14 所示为双心座。

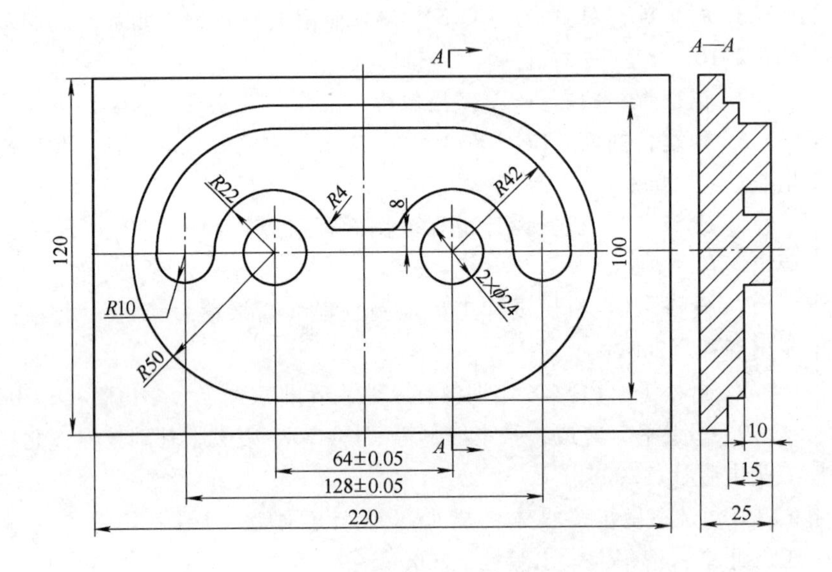

图 5-14　双心座

作业描述：

利用前面学过的实体造型设计知识，根据图 5-14 所示双心座零件图，创建该零件的三维模型，并完成其加工，生成数控加工程序。

作业分析：

本作业是完成双心座的加工。双心座的毛坯尺寸为 220mm × 120mm × 30mm，底平面已加工完成。创建此工件的全部加工操作并生成数控加工程序。

作业评价：

班级		组别		组长签字	
学号		姓名		教师签字	
教师评分		日期			

5.1.6 检查评价

学生完成本学习任务后，应展示的结果为：计划单、决策单、作业单、检查单和评价单。

1. 定心模加工检查单（见表5-8）

表 5-8　定心模加工检查单

学习领域	CAD/CAM 技术应用			
学习情境 5	平面零件铣削加工		学时	12 学时
任务 5.1	定心模加工		学时	6 学时
序号	检查项目	检查标准	学生自查	教师检查
1	设置加工环境	准确设置定心模的加工环境		
2	创建几何体	能够完成定心模几何体的创建		
3	创建刀具	合理、准确地创建定心模加工时使用的刀具		
4	创建加工操作	合理地完成定心模加工操作的创建		
5	生成 CNC 程序	正确生成定心模的 CNC 程序		
6	平面零件铣削加工能力	能够完成平面零件铣削加工		
7	加工过程缺陷的分析诊断能力	加工过程缺陷处理得当		
检查评价	评语：			
班级		组别		组长签字
教师签字			日期	

2. 定心模加工评价单（见表5-9）

表5-9　定心模加工评价单

<table>
<tr><td>学习领域</td><td colspan="5">CAD/CAM技术应用</td></tr>
<tr><td>学习情境5</td><td colspan="3">平面零件铣削加工</td><td>学时</td><td>12学时</td></tr>
<tr><td>任务5.1</td><td colspan="3">定心模加工</td><td>学时</td><td>6学时</td></tr>
<tr><td>评价类别</td><td>评价项目</td><td>子项目</td><td>个人评价</td><td>组内互评</td><td>教师评价</td></tr>
<tr><td rowspan="14">专业能力（60%）</td><td rowspan="2">资讯（8%）</td><td>搜集信息（4%）</td><td></td><td></td><td></td></tr>
<tr><td>引导问题回答（4%）</td><td></td><td></td><td></td></tr>
<tr><td>计划（5%）</td><td>计划可执行度（5%）</td><td></td><td></td><td></td></tr>
<tr><td rowspan="5">实施（12%）</td><td>工作步骤执行（3%）</td><td></td><td></td><td></td></tr>
<tr><td>功能实现（3%）</td><td></td><td></td><td></td></tr>
<tr><td>质量管理（2%）</td><td></td><td></td><td></td></tr>
<tr><td>安全保护（2%）</td><td></td><td></td><td></td></tr>
<tr><td>环境保护（2%）</td><td></td><td></td><td></td></tr>
<tr><td rowspan="2">检查（10%）</td><td>全面性、准确性（5%）</td><td></td><td></td><td></td></tr>
<tr><td>异常情况排除（5%）</td><td></td><td></td><td></td></tr>
<tr><td rowspan="2">过程（15%）</td><td>使用工具规范性（7%）</td><td></td><td></td><td></td></tr>
<tr><td>操作过程规范性（8%）</td><td></td><td></td><td></td></tr>
<tr><td>结果（5%）</td><td>结果质量（5%）</td><td></td><td></td><td></td></tr>
<tr><td>作业（5%）</td><td>作业质量（5%）</td><td></td><td></td><td></td></tr>
<tr><td rowspan="2">社会能力（20%）</td><td>团结协作（10%）</td><td rowspan="2"></td><td rowspan="2"></td><td rowspan="2"></td><td rowspan="2"></td></tr>
<tr><td>敬业精神（10%）</td></tr>
<tr><td rowspan="2">方法能力（20%）</td><td>计划能力（10%）</td><td rowspan="2"></td><td rowspan="2"></td><td rowspan="2"></td><td rowspan="2"></td></tr>
<tr><td>决策能力（10%）</td></tr>
<tr><td>评价评语</td><td colspan="5">评语：</td></tr>
<tr><td>班级</td><td></td><td>组别</td><td></td><td>学号</td><td></td><td>总评</td><td></td></tr>
<tr><td>教师签字</td><td colspan="2"></td><td>组长签字</td><td></td><td>日期</td><td colspan="2"></td></tr>
</table>

5.1.7 实践中常见问题解析

1. 首先对零件进行工艺分析，在制订加工工步时，要针对每个细节特征考虑如何选用刀具、切削方法及装夹方式等。

2. 对于在立式数控铣或加工中心上加工的工件，可直接在 *XC-YC* 基准平面上绘制其草图，并垂直拉伸成实体模型。需要注意的是，坐标原点应设定在工件顶面对称中心上，可在创建加工操作时会减少很多麻烦，并且易于控制切削参数。

3. 要重视工件几何体的创建，特别要明确铣削边界、材料所在方向、铣削平面和加工的底面；要正确定位毛坯的尺寸、位置和预留的余量；在立式铣削加工中加工坐标系可保持默认状态，它与工件坐标系是一致的。

4. 正确地设定加工环境，合理地选择类型和子类型，即选定具体操作的加工模板。

5. 合理地选择切削所用的刀具类型和参数是保证有效加工的基础，如刀具的形状、尺寸和刀具的编号等。可以在创建每一具体操作前先设置好所用的全部刀具，可在创建操作时更方便些。同时，要注意在实际生产中所设置的全部刀具参数必须与真正使用的刀具参数完全保持一致。

任务5.2 卡 座 加 工

5.2.1 任务描述

卡座加工任务单见表5-10。

表5-10 卡座加工任务单

<table>
<tr><td>学习领域</td><td colspan="3">CAD/CAM技术应用</td></tr>
<tr><td>学习情境5</td><td>平面零件铣削加工</td><td>学时</td><td>12学时</td></tr>
<tr><td>任务5.2</td><td>卡座加工</td><td>学时</td><td>6学时</td></tr>
<tr><td colspan="4">布置任务</td></tr>
<tr><td>学习目标</td><td colspan="3">1. 掌握并熟练使用平面零件铣削加工的操作界面。
2. 掌握零件的实体模型设计。
3. 掌握加工环境的设置，并能熟练进入数控加工操作界面。
4. 掌握几何体的创建，能够完成机床坐标系的设置、工件几何体的创建、毛坯几何体的创建等。
5. 掌握刀具的创建，并在工艺分析中明确所使用的刀具，选定全部刀具，以便在创建加工操作时直接调用。
6. 掌握加工操作的创建，能够熟练完成铣削边界的设定、切削方式的设定、切削参数的设定、避让参数的设定、刀具轨迹的生成和模拟加工。
7. 掌握CNC程序的生成方法。</td></tr>
</table>

任务描述	卡座如图5-15所示，是一个典型的板座类零件。在正方形底板上凸起一个异形台，台上有一个弧形槽和一个倒圆角的矩形槽。底板（100mm×100mm）已经加工到位，需要对凸台及两个凹槽铣削加工，工件的材料为45钢。创建加工操作并生成数控加工程序。 每组分别使用UG NX软件完成定心模加工，应了解如下具体内容： 1. 掌握卡座的基本结构，完成实体造型设计。 2. 掌握卡座加工的基本方法。 3. 掌握平面零件铣削加工中各模块的使用方法。 4. 完成卡座加工，并生成CNC程序。 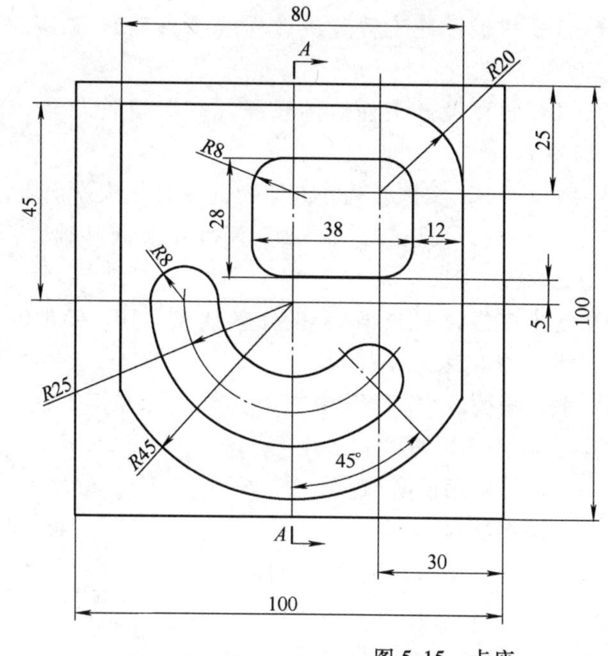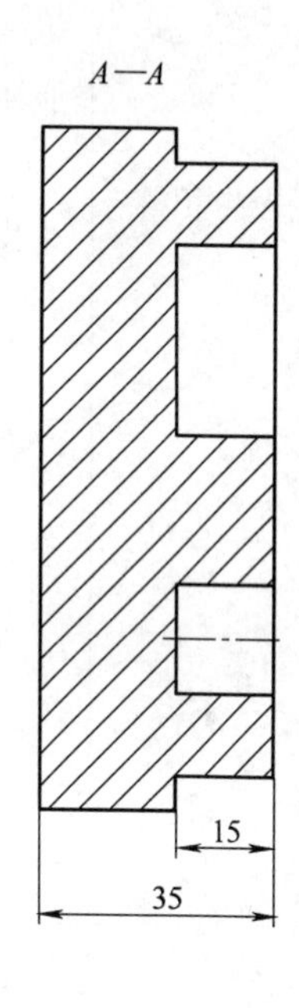 图5-15　卡座
任务分析	通过卡座加工，完成以下具体任务： 1. 了解UG NX软件加工的基本环境和基础知识。 2. 掌握卡座加工特点。 3. 掌握卡座的工艺分析，能够熟练、准确地完成刀具的选用、切削方法的选择和装夹方式的设定。 4. 掌握卡座几何体的创建，能够完成卡座机床坐标系的设置、卡座工件几何体的设置以及卡座毛坯几何体的设置等。 5. 掌握卡座加工所用刀具的创建，并在工艺分析中明确所使用的刀具，选定全部刀具以便在创建加工操作时直接调用。 6. 掌握卡座加工操作的创建方法。

<table>
<tr><td>学时安排</td><td>资讯
0.5学时</td><td>计划
1学时</td><td>决策
1学时</td><td>实施
3学时</td><td>检查评价
0.5学时</td></tr>
<tr><td>提供资料</td><td colspan="5">1. 张士军，韩学军. UG设计与加工. 北京：机械工业出版社，2009。
2. 王尚林. UG NX6.0三维建模实例教程. 北京：中国电力出版社，2010。
3. 石皋莲，吴少华. UG NX CAD应用案例教程. 北京：机械工业出版社，2010。
4. 杨德辉. UG NX6.0实用教程. 北京：北京理工大学出版社，2011。
5. 黎震，刘磊. UG NX6中文版应用与实例教程. 北京：北京理工大学出版社，2009。
6. 袁锋. UG机械设计工程范例教程（基础篇）. 2版. 北京：机械工业出版社，2009。
7. 袁锋. UG机械设计工程范例教程（高级篇）. 2版. 北京：机械工业出版社，2009。
8. 赵松涛. UG NX实训教程. 北京：北京理工大学出版社，2008。
9. 郑贞平，曹成，张小红，等. UG NX5中文版基础教程. 北京：机械工业出版社，2008。
10. 云杰漫步多媒体科技CAX设计教研室. UG NX6.0中文版数控加工. 北京：清华大学出版社，2009。
11. 郑贞平，喻德. UG NX5中文版三维设计与NC加工实例精解. 北京：机械工业出版社，2008。
12. UG NX软件使用说明书。
13. 制图员操作规程。
14. 机械设计技术要求和国家制图标准。</td></tr>
<tr><td>对学生的要求</td><td colspan="5">1. 能对任务书进行分析，能正确理解和描述目标要求。
2. 零件造型时必须保证零件尺寸合理和操作的规范。
3. 具有独立思考、善于提问的学习习惯。
4. 具有查询资料和市场调研的能力，具备严谨求实和开拓创新的学习态度。
5. 能执行企业“5S”质量管理体系要求，具备良好的职业意识和社会能力。
6. 上机操作时应穿鞋套，遵守机房的规章制度。
7. 具备一定的观察理解和判断分析能力。
8. 具有团队协作、爱岗敬业的精神。
9. 具有一定的创新思维和勇于创新的精神。
10. 不迟到、不早退、不旷课，否则扣分。
11. 按时按要求上交作业，并列入考核成绩。</td></tr>
</table>

5.2.2 资讯

1. 卡座加工资讯单（见表5-11）

表 5-11　卡座加工资讯单

学习领域	CAD/CAM 技术应用		
学习情境 5	平面零件铣削加工	学时	12 学时
任务 5.2	卡座加工	学时	6 学时
资讯方式	学生根据教师给出的资讯引导进行查询解答		
资讯问题	1. 如何生成刀具轨迹？ 2. 如何进行卡座的仿真加工？ 3. 如何选择铣削顺序？ 4. 什么是区域排序？ 5. 什么是部件余量？ 6. 如何设置最终底面余量？ 7. 倾斜类型有哪些？ 8. 如何选择倾斜角度？ 9. 如何生成数控加工程序？ 10. 什么是层优先？ 11. 什么是步进？		
资讯引导	1. 问题 1 参阅《UG NX5 中文版三维设计与 NC 加工实例精解》。 2. 问题 2 参阅《UG 设计与加工》。 3. 问题 3 参阅《UG 机械设计工程范例教程》。 4. 问题 4 参阅《UG NX6 中文版应用与实例教程》。 5. 问题 5 参阅《UG NX6. 0 中文版数控加工》。 6. 问题 6 参阅《UG NX6. 0 中文版数控加工》。 7. 问题 7 参阅《UG NX6. 0 实用教程》。 8. 问题 8 参阅《UG 设计与加工》。 9. 问题 9 参阅《UG NX6. 0 中文版数控加工》。 10. 问题 10 参阅《UG NX6. 0 中文版数控加工》。 11. 问题 11 参阅《UG NX 实训教程》。		

2. 卡座加工信息单（见表 5-12）

表 5-12　卡座加工信息单

学习领域	CAD/CAM 技术应用		
学习情境 5	平面零件铣削加工	学时	12 学时
任务 5.2	卡座加工	学时	6 学时
序号	信息内容		
一	卡座加工工艺分析		

工件所用毛坯为100mm×100mm×37mm板料，四周及底面已经加工完成，只在顶面留有1.5mm的余量。因此，以底面为基准，用百分表找正，将毛坯固定在机床工作台上，并从四周夹紧。4个加工工步如下：

[工步1]　铣削顶面

选用ϕ30mm面铣刀，设定为1号刀具，一次加工至尺寸要求。

[工步2]　粗铣异形台外表面

仍选用1号刀具，粗加工出异形台，侧壁和顶面留0.5mm精加工余量。

[工步3]　粗铣两个凹槽

选用ϕ15mm面铣刀，设定为2号刀具，粗铣出两个凹槽，侧壁和底面留出0.5mm的精加工余量。

[工步4]　精铣所有表面

选用ϕ12mm面铣刀，设定为3号刀具，精铣工件所有表面，一次加工至尺寸要求。

用户可按照提示的操作步骤和各阶段生成的刀具轨迹、仿真加工效果图，自行完成整个加工任务。建议事先将全部刀具设置好再进行创建操作，完成全部工步后，一次性生成一个程序组。

二	设计实体模型-构建卡座实体（图5-16）

图5-16　卡座实体

三	设置加工环境（图5-17）

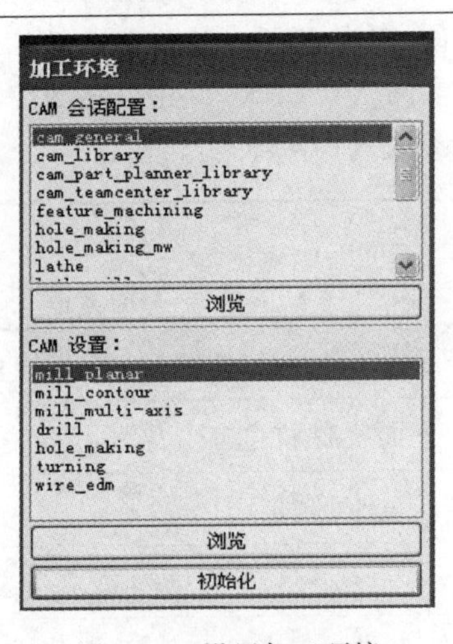

图5-17　设置加工环境

四	创建几何体

1. 设置机床坐标系（图 5-18）

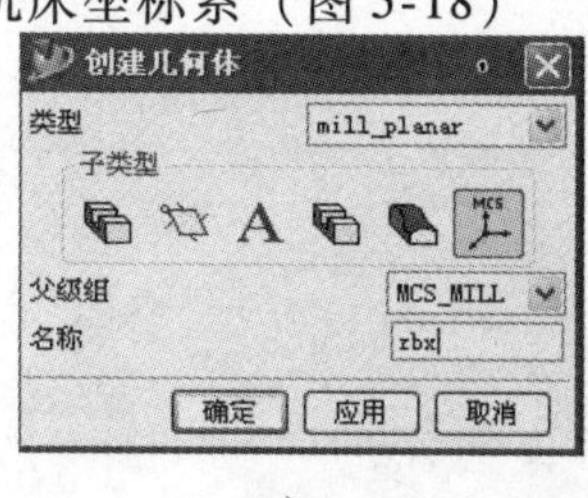

a)

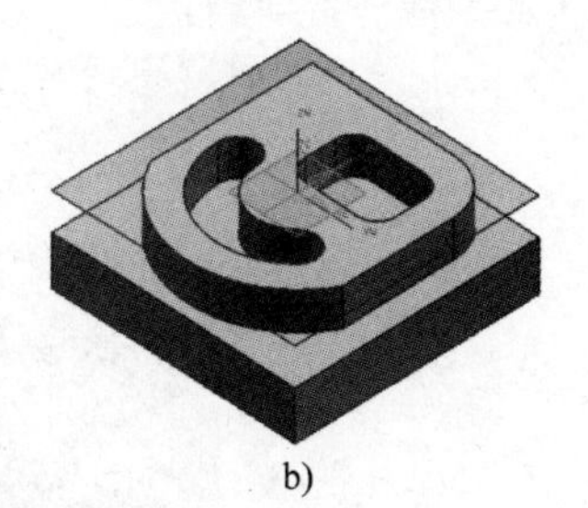

b)

图 5-18　设置机床坐标系

2. 创建工件几何体（图 5-19）和毛坯几何体（图 5-20）

a)

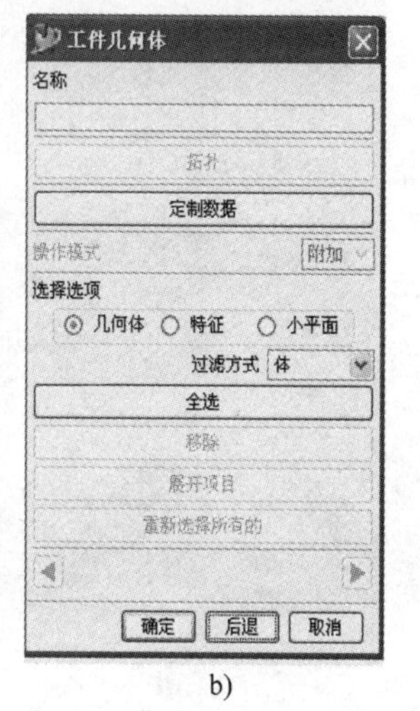

b)

图 5-19　创建工件几何体

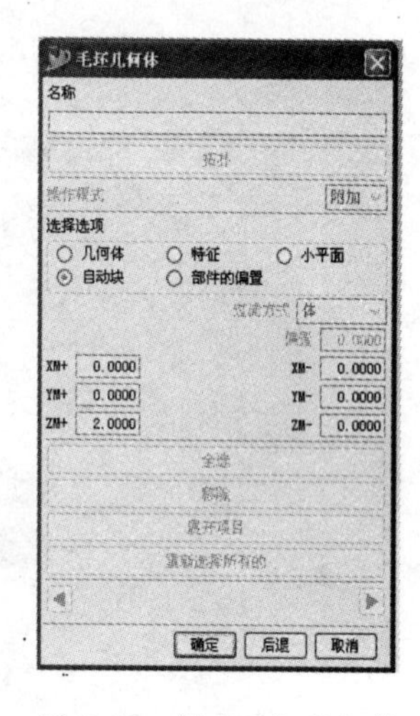

图 5-20　创建毛坯几何体

五	创建刀具组（图 5-21）

1. 设定 1 号刀具
直径：ϕ30mm；
长度：75mm；
刃口长度：50mm；
刀具号：1。
2. 设定 2 号刀具
直径：ϕ14mm；
长度：50mm；
刃口长度：35mm；
刀具号：2。
3. 设定 3 号刀具
直径：ϕ10mm；
长度：50mm；
刃口长度：35mm；
刀具号：3。

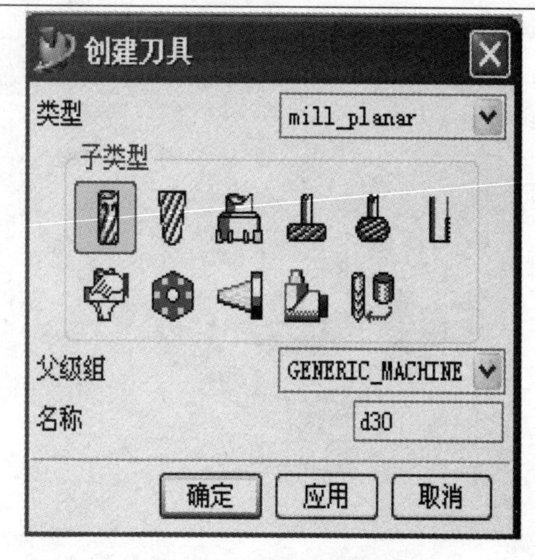

图 5-21　创建刀具组

六	创建加工操作

［工步 1］　铣削顶面（图 5-22）

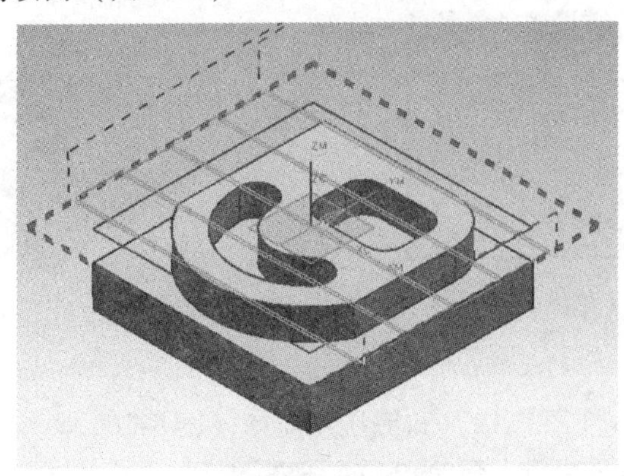

图 5-22　铣削顶面

［工步 2］　粗铣异形台外表面（图 5-23）

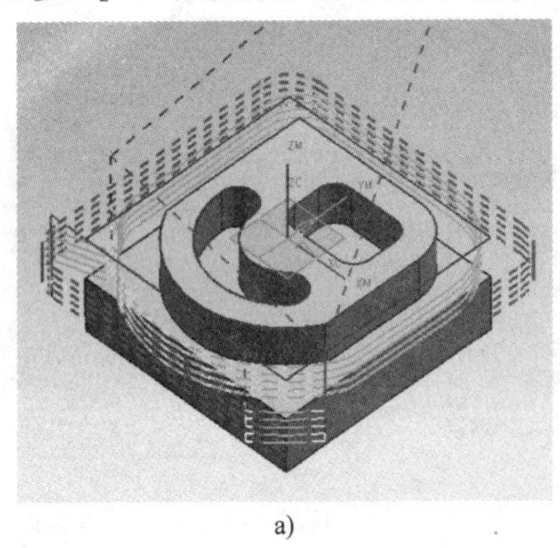

a)

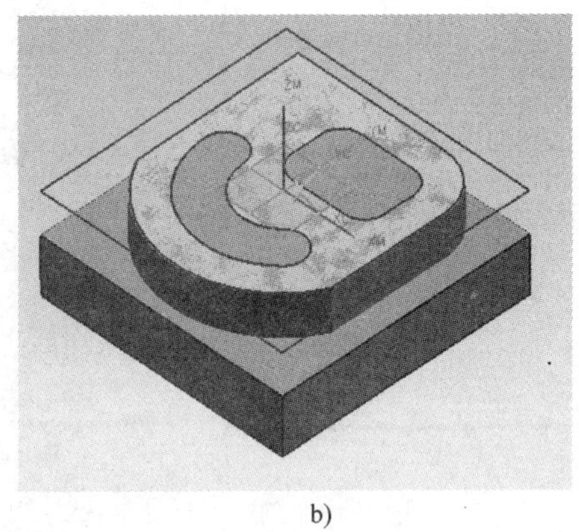

b)

图 5-23　粗铣异形台外表面

［工步 3］　粗铣两个凹槽（图 5-24）

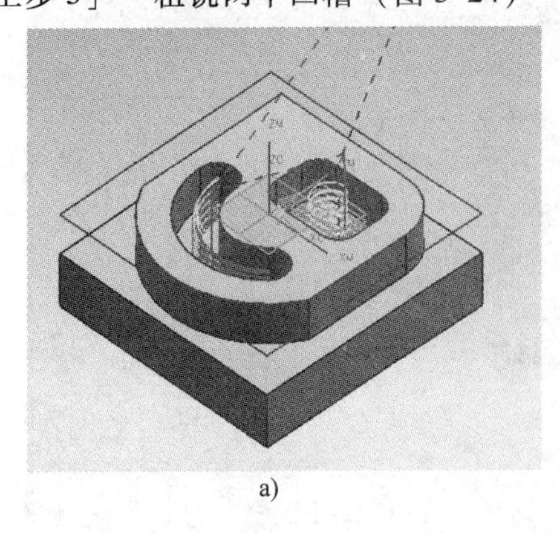

a)

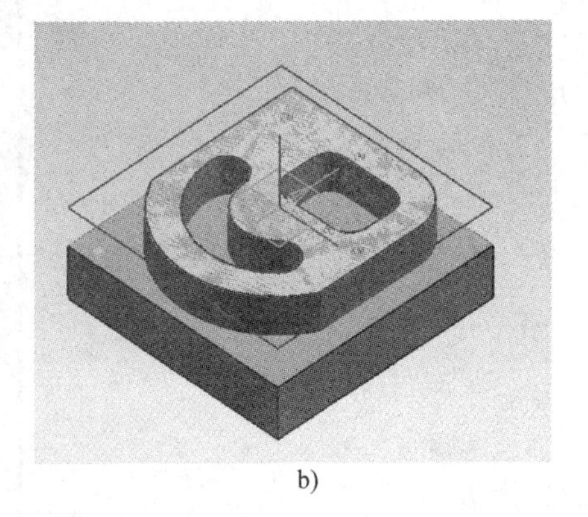

b)

图 5-24　粗铣两个凹槽

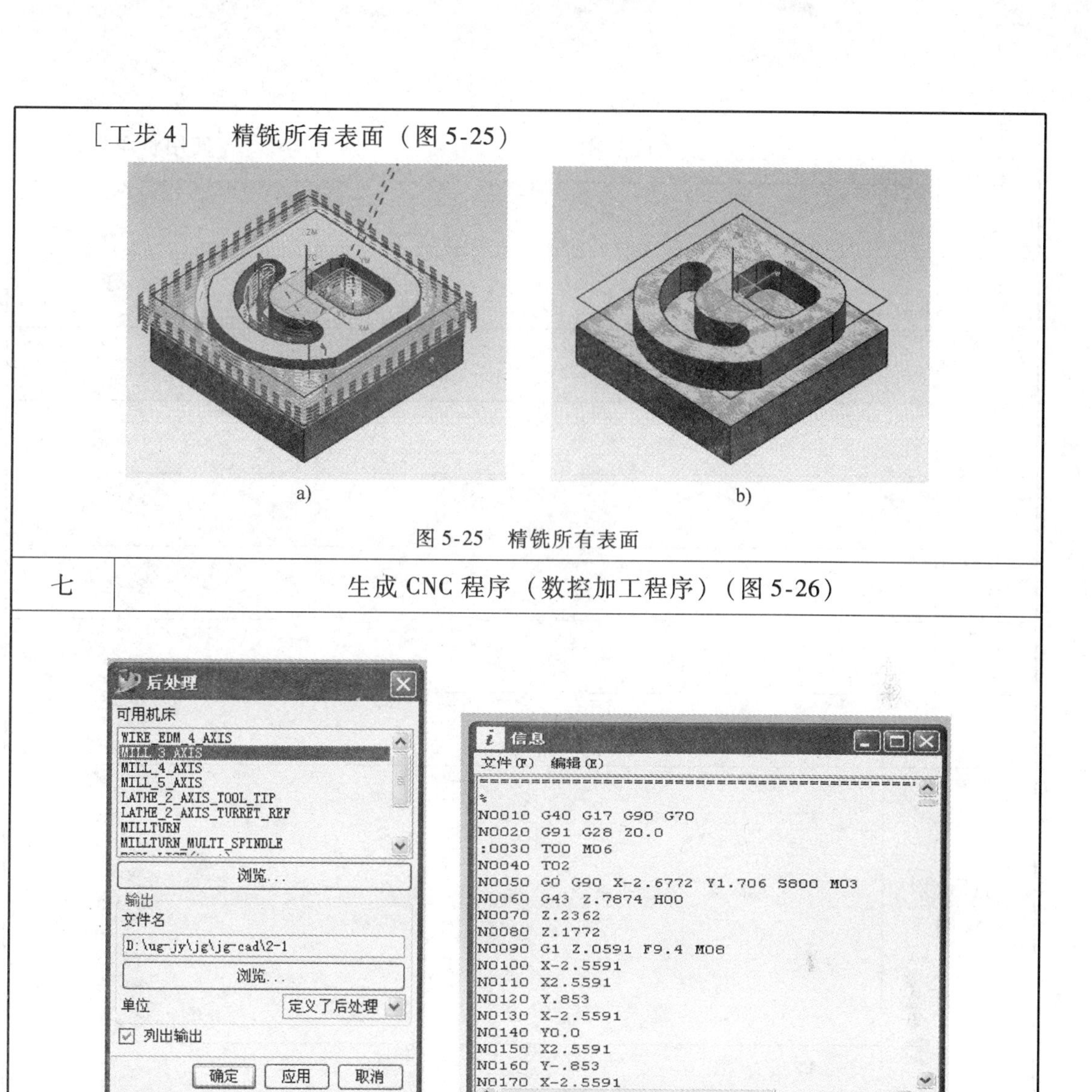

［工步4］　精铣所有表面（图5-25）

a)　　b)

图5-25　精铣所有表面

七	生成CNC程序（数控加工程序）（图5-26）

图5-26 生成数控加工程序

5.2.3　计划

根据任务内容制订小组任务计划，简要说明任务实施过程的步骤及注意事项。将计划内容等填入卡座加工计划单，见表5-13。

表5-13　卡座加工计划单

学习领域	CAD/CAM技术应用		
学习情境5	平面零件铣削加工	学时	12学时
任务5.2	卡座加工	学时	6学时
计划方式	小组讨论		

<table>
<tr><td>序号</td><td colspan="3">实施步骤</td><td>使用资源</td></tr>
<tr><td></td><td colspan="3"></td><td></td></tr>
<tr><td></td><td colspan="3"></td><td></td></tr>
<tr><td></td><td colspan="3"></td><td></td></tr>
<tr><td></td><td colspan="3"></td><td></td></tr>
<tr><td></td><td colspan="3"></td><td></td></tr>
<tr><td></td><td colspan="3"></td><td></td></tr>
<tr><td></td><td colspan="3"></td><td></td></tr>
<tr><td></td><td colspan="3"></td><td></td></tr>
<tr><td>制订计划
说明</td><td colspan="4"></td></tr>
<tr><td>计划评价</td><td colspan="4">评语：</td></tr>
<tr><td>班级</td><td></td><td>第　　组</td><td>组长签字</td><td></td></tr>
<tr><td>教师签字</td><td colspan="2"></td><td>日期</td><td></td></tr>
</table>

5.2.4 决策

1. 小组互评，选定合适的工作计划。

2. 小组负责人对任务进行分配，组员按照负责人要求完成相关任务内容，并将自己所在小组及个人任务填入卡座加工决策单，见表5-14。

表 5-14　卡座加工决策单

<table>
<tr><td>学习领域</td><td colspan="6">CAD/CAM 技术应用</td></tr>
<tr><td>学习情境 5</td><td colspan="4">平面零件铣削加工</td><td>学时</td><td>12 学时</td></tr>
<tr><td>任务 5.2</td><td colspan="4">卡座加工</td><td>学时</td><td>6 学时</td></tr>
<tr><td colspan="5">方案讨论</td><td>组号</td><td></td></tr>
<tr><td rowspan="16">方案决策</td><td>组别</td><td>步骤顺序性</td><td>步骤合理性</td><td>实施可操作性</td><td>选用工具合理性</td><td>原因说明</td></tr>
<tr><td>1</td><td></td><td></td><td></td><td></td><td></td></tr>
<tr><td>2</td><td></td><td></td><td></td><td></td><td></td></tr>
<tr><td>3</td><td></td><td></td><td></td><td></td><td></td></tr>
<tr><td>4</td><td></td><td></td><td></td><td></td><td></td></tr>
<tr><td>5</td><td></td><td></td><td></td><td></td><td></td></tr>
<tr><td>1</td><td></td><td></td><td></td><td></td><td></td></tr>
<tr><td>2</td><td></td><td></td><td></td><td></td><td></td></tr>
<tr><td>3</td><td></td><td></td><td></td><td></td><td></td></tr>
<tr><td>4</td><td></td><td></td><td></td><td></td><td></td></tr>
<tr><td>5</td><td></td><td></td><td></td><td></td><td></td></tr>
<tr><td>1</td><td></td><td></td><td></td><td></td><td></td></tr>
<tr><td>2</td><td></td><td></td><td></td><td></td><td></td></tr>
<tr><td>3</td><td></td><td></td><td></td><td></td><td></td></tr>
<tr><td>4</td><td></td><td></td><td></td><td></td><td></td></tr>
<tr><td>5</td><td></td><td></td><td></td><td></td><td></td></tr>
<tr><td>方案评价</td><td colspan="6">评语：（根据组内的决策，对照计划进行修改并说明修改原因）</td></tr>
<tr><td>班级</td><td></td><td>组长签字</td><td></td><td>教师签字</td><td></td><td>月　日</td></tr>
</table>

5.2.5 实施

1. 实施准备

任务实施准备主要包括 CAD/CAM 实训室（多媒体）、UG NX 软件、资料准备等，见表 5-15。

表 5-15 卡座加工实施准备

学习情境 5	平面零件铣削加工	学时	12 学时
任务 5.2	卡座加工	学时	6 学时
重点、难点	零件平面铣削功能键的使用方法		
教学资源	CAD/CAM 实训室（多媒体）		
资料准备	1. 张士军，韩学军. UG 设计与加工. 北京：机械工业出版社，2009。 2. 王尚林. UG NX6.0 三维建模实例教程. 北京：中国电力出版社，2010。 3. 石皋莲，吴少华. UG NX CAD 应用案例教程. 北京：机械工业出版社，2010。 4. 杨德辉. UG NX6.0 实用教程. 北京：北京理工大学出版社，2011。 5. 黎震，刘磊. UG NX6 中文版应用与实例教程. 北京：北京理工大学出版社，2009。 6. 袁锋. UG 机械设计工程范例教程（基础篇）. 2 版. 北京：机械工业出版社，2009。 7. 袁锋. UG 机械设计工程范例教程（高级篇）. 2 版. 北京：机械工业出版社，2009。 8. 赵松涛. UG NX 实训教程. 北京：北京理工大学出版社，2008。 9. 郑贞平，曹成，张小红，等. UG NX5 中文版基础教程. 北京：机械工业出版社，2008。 10. 云杰漫步多媒体科技 CAX 设计教研室. UG NX6.0 中文版数控加工. 北京：清华大学出版社，2009。 11. 郑贞平，喻德. UG NX5 中文版三维设计与 NC 加工实例精解. 北京：机械工业出版社，2008。 12. UG NX 软件使用说明书。 13. 制图员操作规程。 14. 机械设计技术要求和国家制图标准。		
设备、工具	UG NX 软件		
教学组织实施			
实施步骤	组织实施内容	教学方法	学时
1			
2			
3			
4			
5			

2. 实施任务

依据计划步骤实施任务，并完成作业单的填写。卡座加工作业单见表 5-16。

表 5-16　卡座加工作业单

学习领域	CAD/CAM 技术应用		
学习情境 5	平面零件铣削加工	学时	12 学时
任务 5.2	卡座加工	学时	6 学时
作业方式	小组分析，个人软件造型和加工，现场批阅，集体评判		
作业内容	完成异形座板的加工		

异形座板如图 5-27 所示。

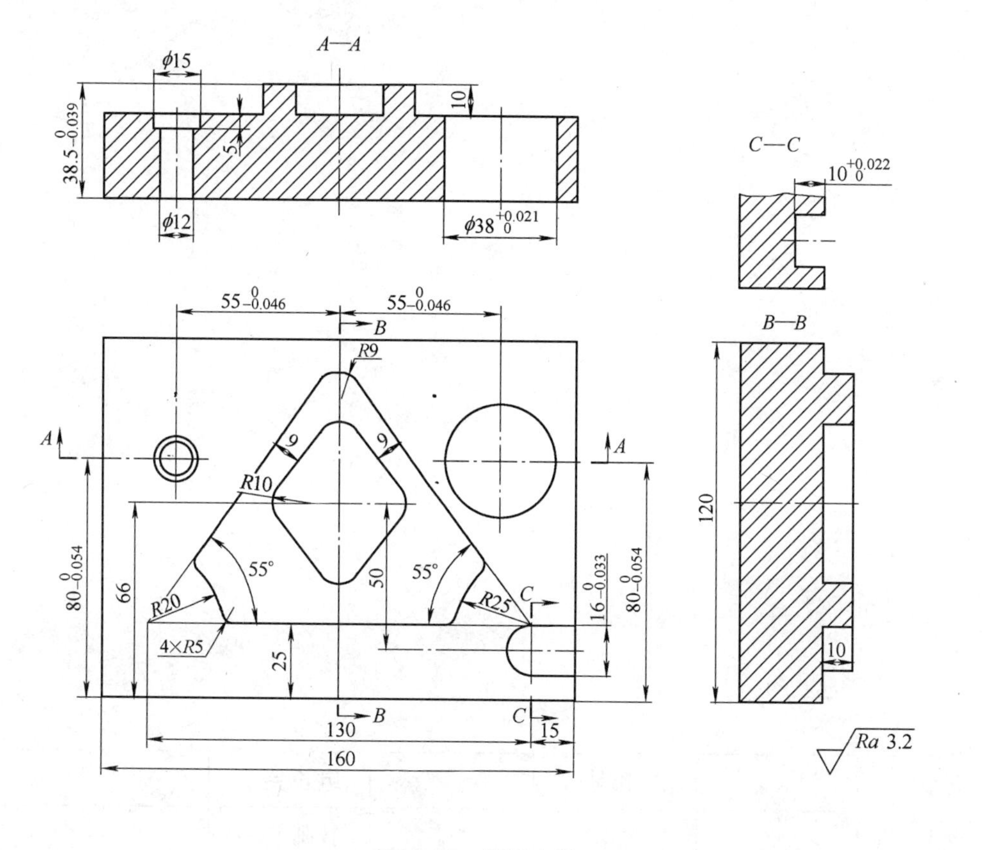

图 5-27　异形座板

作业描述：

利用前面学过的实体造型设计知识，根据图 5-27 所示异形座板的零件图，创建该零件的三维模型，并完成其加工，生成数控加工程序。

作业分析：

本作业是完成异形座板的加工。异形座板的外形尺寸为160mm×120mm×40mm，高度方向上留有1.5mm的加工余量，ϕ12mm的台阶孔不用加工。可自行选择合适的切削方式创建加工操作。完成刀具轨迹创建后，生成整个加工的数控加工程序。

作业评价：

班级		组别		组长签字	
学号		姓名		教师签字	
教师评分		日期			

5.2.6 检查评价

学生完成本学习任务后，应展示的结果为：计划单、决策单、作业单、检查单和评价单。

1. 卡座加工检查单（见表5-17）

表 5-17　卡座加工检查单

学习领域	CAD/CAM 技术应用			
学习情境 5	平面零件铣削加工		学时	12 学时
任务 5.2	卡座加工		学时	6 学时
序号	检查项目	检查标准	学生自查	教师检查
1	设置加工环境	准确设置卡座的加工环境		
2	创建几何体	能够完成卡座几何体的创建		
3	创建刀具	合理、准确地创建卡座加工时使用的刀具		
4	创建加工操作	合理地完成卡座加工操作的创建		
5	生成 CNC 程序	正确生成卡座的 CNC 程序		
6	平面零件铣削加工能力	能够完成平面零件铣削加工		
7	加工过程缺陷的分析诊断能力	加工过程缺陷处理得当		
检查评价	评语：			

班级		组别		组长签字	
教师签字				日期	

2. 卡座加工评价单（见表5-18）

表5-18　卡座加工评价单

<table>
<tr><td>学习领域</td><td colspan="5">CAD/CAM 技术应用</td></tr>
<tr><td>学习情境5</td><td colspan="3">平面零件铣削加工</td><td>学时</td><td>12 学时</td></tr>
<tr><td>任务5.2</td><td colspan="3">卡座加工</td><td>学时</td><td>6 学时</td></tr>
<tr><td>评价类别</td><td>评价项目</td><td>子项目</td><td>个人评价</td><td>组内互评</td><td>教师评价</td></tr>
<tr><td rowspan="14">专业能力（60%）</td><td rowspan="2">资讯（8%）</td><td>搜集信息（4%）</td><td></td><td></td><td></td></tr>
<tr><td>引导问题回答（4%）</td><td></td><td></td><td></td></tr>
<tr><td>计划（5%）</td><td>计划可执行度（5%）</td><td></td><td></td><td></td></tr>
<tr><td rowspan="5">实施（12%）</td><td>工作步骤执行（3%）</td><td></td><td></td><td></td></tr>
<tr><td>功能实现（3%）</td><td></td><td></td><td></td></tr>
<tr><td>质量管理（2%）</td><td></td><td></td><td></td></tr>
<tr><td>安全保护（2%）</td><td></td><td></td><td></td></tr>
<tr><td>环境保护（2%）</td><td></td><td></td><td></td></tr>
<tr><td rowspan="2">检查（10%）</td><td>全面性、准确性（5%）</td><td></td><td></td><td></td></tr>
<tr><td>异常情况排除（5%）</td><td></td><td></td><td></td></tr>
<tr><td rowspan="2">过程（15%）</td><td>使用工具规范性（7%）</td><td></td><td></td><td></td></tr>
<tr><td>操作过程规范性（8%）</td><td></td><td></td><td></td></tr>
<tr><td>结果（5%）</td><td>结果质量（5%）</td><td></td><td></td><td></td></tr>
<tr><td>作业（5%）</td><td>作业质量（5%）</td><td></td><td></td><td></td></tr>
<tr><td rowspan="2">社会能力（20%）</td><td>团结协作（10%）</td><td rowspan="2"></td><td rowspan="2"></td><td rowspan="2"></td><td rowspan="2"></td></tr>
<tr><td>敬业精神（10%）</td></tr>
<tr><td rowspan="2">方法能力（20%）</td><td>计划能力（10%）</td><td rowspan="2"></td><td rowspan="2"></td><td rowspan="2"></td><td rowspan="2"></td></tr>
<tr><td>决策能力（10%）</td></tr>
<tr><td>评价评语</td><td colspan="5">评语：</td></tr>
</table>

<table>
<tr><td>班级</td><td></td><td>组别</td><td></td><td>学号</td><td></td><td>总评</td><td></td></tr>
<tr><td>教师签字</td><td colspan="2"></td><td>组长签字</td><td></td><td>日期</td><td colspan="2"></td></tr>
</table>

5.2.7 实践中常见问题解析

1. 切削方式、切削参数和机床控制等的设置可根据实际工件的特点和经验进行，如果某些选项和参数值没有把握，可取系统的默认值。

2. 要准确设置避让参数，在平面铣削操作中主要考虑的是安全平面高度、出发点和返回点。重点考虑两个方面，即切勿发生刀具碰撞和缩短加工行程。

3. 每一工步的创建操作完成后，一定要生成刀具轨迹，并通过动态仿真验证观察切削过程的有效性和可靠性。最后要单击“确定”按钮，将设计好的操作保存。

4. 设计好全部加工创建操作后，可将所有工步选中，一次性地生成数控加工程序。

5. 平面铣削只适用于直壁形零件，即各截面形状与尺寸一致的零件。

学习情境 6

固定轴曲面零件铣削加工

【学习目标】

熟悉 UG NX 加工模块中型腔铣模板和固定轴轮廓铣模板的功能，并运用所提供的操作界面、操作命令和加工创建工具，对型腔或曲面工件进行数控编程、加工。通过一体化教学，学生应熟练地进行零件加工工艺分析、体模型设计；熟练地完成加工环境的设置、几何体的创建，并合理地完成机床坐标系的设置、工件几何体的创建和毛坯几何体的创建；熟练地完成刀具的创建，能够在工艺分析中明确所使用的刀具，并能够完成刀具的调用；熟练地完成加工操作的创建，合理地选择切削方式，进行切削层设置、进刀\退刀参数设置、切削参数设置、进给率参数设置和避让参数设置等；熟练地生成刀具轨迹，并能够进行加工仿真操作；熟练地进行后置处理，生成 CNC 程序；熟练地使用创建操作对话框，掌握每个操作按键的含义，并能够熟练地使用各功能键，掌握 CNC 程序的导出和保存等内容。

【学习任务】

1. 鼠标凸模加工。
2. 包装瓶凸模加工。
3. 可乐瓶底座模型加工。

【情境描述】

本学习情境指导学生运用 UG NX 软件完成鼠标凸模、包装瓶凸模和可乐瓶座模型的加工。在加工的过程中应注意数控编程的基本步骤如下：

1. 创建部件。
2. 设置要加工的部件、毛坯、固定件、夹具和机床。
3. 通过创建程序、刀具、方法和几何体父组来定义重用的参数。
4. 通过创建工序来定义刀轨。
5. 生成和验证刀轨。
6. 后处理刀轨。

7. 创建车间文档。

通过以上步骤，学生完成三个典型任务的加工，最终能够熟练使用 UG NX 软件完成固定轴曲面零件的铣削加工。

任务 6.1 鼠标凸模加工

6.1.1 任务描述

鼠标凸模加工任务单见表 6-1。

表 6-1 鼠标凸模加工任务单

<table>
<tr><td>学习领域</td><td colspan="3">CAD/CAM 技术应用</td></tr>
<tr><td>学习情境 6</td><td>固定轴曲面零件铣削加工</td><td>学时</td><td>18 学时</td></tr>
<tr><td>任务 6.1</td><td>鼠标凸模加工</td><td>学时</td><td>6 学时</td></tr>
<tr><td colspan="4">布置任务</td></tr>
<tr><td>学习目标</td><td colspan="3">1. 掌握并熟练使用固定轴曲面零件铣削加工的操作界面。
2. 掌握加工环境的设置，并能熟练进入数控加工操作界面。
3. 能够熟练地进行零件加工工艺分析。
4. 能够熟练地进行零件实体模型设计。
5. 能够熟练完成加工环境的设置。
6. 能够熟练完成几何体的创建、机床坐标系的设置、工件几何体的创建和毛坯几何体的创建等。
7. 能够熟练地完成刀具的创建，在工艺分析中明确所使用的刀具，并能够完成刀具的调用。
8. 能够熟练地完成加工操作的创建，合理地选择切削方式，进行切削层设置、进刀 \ 退刀参数设置、切削参数设置、进给率参数设置和避让参数设置等。
9. 能够熟练地生成刀具轨迹，并能够进行加工仿真操作。
10. 能够熟练地进行后置处理，生成 CNC 程序。
11. 能够合理地设置加工工艺过程。
12. 能够熟练地使用创建操作对话框。
13. 掌握每个操作按键的含义，并能够熟练地使用各功能键。
14. 掌握 CNC 程序的导出和保存。</td></tr>
<tr><td>任务描述</td><td colspan="3">鼠标凸模是一个典型的多曲面零件，如图 6-1 所示。它由多个曲面轮廓复合而成，底座是一个矩形板台。零件的材料为 45 钢。利用 UG 建模模块构建出鼠标凸模三维实体模型，工件坐标系原点建立在凸模的顶面中心。矩形底座已经加工到位，但顶面尚留有 5mm 的加工余量。选用立式加工中心加工鼠标凸模，因表面多为曲面，因此必须利用计算机进行数控编程，并进行计算机与数控机床连接的在线加工。</td></tr>
</table>

任务描述	每组分别使用 UG NX 软件完成鼠标凸模的加工，应了解如下具体内容： 1. 掌握鼠标凸模的基本结构，完成实体造型设计。 2. 掌握鼠标凸模加工的基本方法。 3. 掌握固定轴曲面零件铣削加工中各模块的使用方法。 4. 完成鼠标凸模的加工，并生成 CNC 程序。 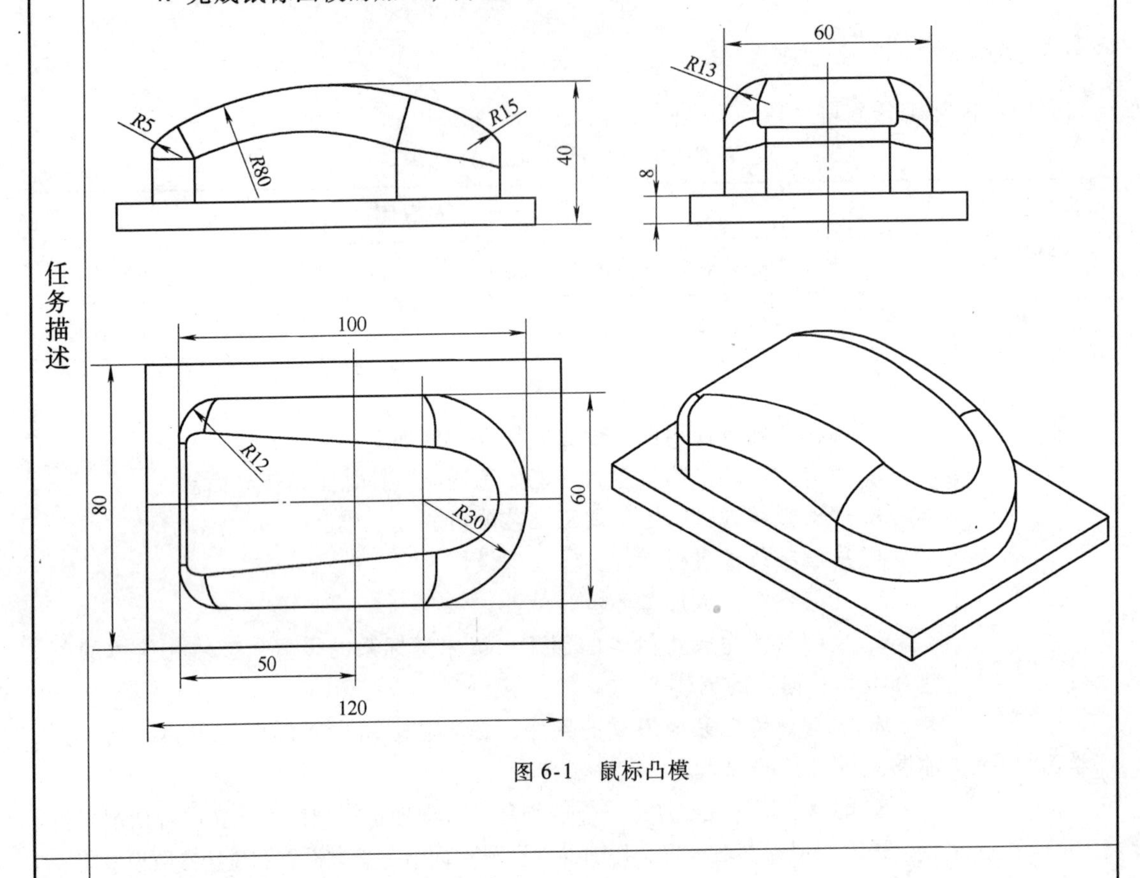 图 6-1　鼠标凸模
任务分析	通过鼠标凸模加工，完成以下具体任务： 1. 了解 UG NX 软件加工的基本环境和基础知识。 2. 掌握鼠标凸模加工的特点。 3. 掌握鼠标凸模的工艺分析，能够熟练、准确地完成刀具的选用、切削方法和装夹方式的选择。 4. 掌握鼠标凸模几何体的创建，能够完成机床坐标系的设置、鼠标凸模工件几何体的创建、鼠标凸模毛坯几何体的创建等内容。 5. 掌握鼠标凸模加工所用刀具的创建，并在工艺分析中明确所使用的刀具，选定全部刀具，以便在创建加工操作时直接调用。 6. 掌握鼠标凸模加工操作的创建方法。

<table>
<tr><td>学时安排</td><td>资讯
0.5 学时</td><td>计划
1 学时</td><td>决策
1 学时</td><td>实施
3 学时</td><td>检查评价
0.5 学时</td></tr>
<tr><td>提供资料</td><td colspan="5">1. 张士军，韩学军. UG 设计与加工. 北京：机械工业出版社，2009。
2. 王尚林. UG NX6.0 三维建模实例教程. 北京：中国电力出版社，2010。
3. 石皋莲，吴少华. UG NX CAD 应用案例教程. 北京：机械工业出版社，2010。
4. 杨德辉. UG NX6.0 实用教程. 北京：北京理工大学出版社，2011。
5. 黎震，刘磊. UG NX6 中文版应用与实例教程. 北京：北京理工大学出版社，2009。
6. 袁锋. UG 机械设计工程范例教程（基础篇）. 2 版. 北京：机械工业出版社，2009。
7. 袁锋. UG 机械设计工程范例教程（高级篇）. 2 版. 北京：机械工业出版社，2009。
8. 赵松涛. UG NX 实训教程. 北京：北京理工大学出版社，2008。
9. 郑贞平，曹成，张小红，等. UG NX5 中文版基础教程. 北京：机械工业出版社，2008。
10. 云杰漫步多媒体科技 CAX 设计教研室. UG NX6.0 中文版数控加工. 北京：清华大学出版社，2009。
11. 郑贞平，喻德. UG NX5 中文版三维设计与 NC 加工实例精解. 北京：机械工业出版社，2008。
12. UG NX 软件使用说明书。
13. 制图员操作规程。
14. 机械设计技术要求和国家制图标准。</td></tr>
<tr><td>对学生的要求</td><td colspan="5">1. 能对任务书进行分析，能正确理解和描述目标要求。
2. 装配时必须保证零件装配的规范和合理。
3. 具有独立思考、善于提问的学习习惯。
4. 具有查询资料和市场调研的能力，具备严谨求实和开拓创新的学习态度。
5. 能执行企业“5S”质量管理体系要求，具备良好的职业意识和社会能力。
6. 上机操作时应穿鞋套，遵守机房的规章制度。
7. 具备一定的观察理解和判断分析能力。
8. 具有团队协作、爱岗敬业的精神。
9. 具有一定的创新思维和勇于创新的精神。
10. 不迟到、不早退、不旷课，否则扣分。
11. 按时按要求上交作业，并列入考核成绩。</td></tr>
</table>

6.1.2 资讯

1. 鼠标凸模加工资讯单（见表 6-2）

表 6-2　鼠标凸模加工资讯单

学习领域	CAD/CAM 技术应用		
学习情境 6	固定轴曲面零件铣削加工	学时	18 学时
任务 6.1	鼠标凸模加工	学时	6 学时
资讯方式	学生根据教师给出的资讯引导进行查询解答		
资讯问题	1. 如何进行鼠标凸模加工工艺分析，分析过程中需要注意什么？ 2. 如何设置鼠标凸模的加工环境？ 3. 如何创建鼠标凸模的工件几何体？ 4. 如何设置鼠标凸模的机床坐标系？ 5. 如何创建鼠标凸模的毛坯几何体？ 6. 如何创建鼠标凸模选用的刀具？ 7. 如何创建鼠标凸模的加工操作工艺过程？ 8. 如何设定鼠标凸模的铣削边界？ 9. 如何选择鼠标凸模的切削方式？ 10. 如何设置鼠标凸模切削参数？ 11. 如何设置鼠标凸模避让参数？		
资讯引导	1. 问题 1 参阅《UG 设计与加工》。 2. 问题 2 参阅《UG 设计与加工》。 3. 问题 3 参阅《UG 机械设计工程范例教程》。 4. 问题 4 参阅《UG NX 6 中文版应用与实例教程》。 5. 问题 5 参阅《UG NX 6.0 实用教程》。 6. 问题 6 参阅《UG 设计与加工》。 7. 问题 7 参阅《UG 设计与加工》。 8. 问题 8 参阅《UG 设计与加工》。 9. 问题 9 参阅《UG NX 6.0 中文版数控加工》。 10. 问题 10 参阅《UG NX 6.0 中文版数控加工》。 11. 问题 11 参阅《UG NX 实训教程》。		

2. 鼠标凸模加工信息单（见表 6-3）

表 6-3　鼠标凸模加工信息单

学习领域	CAD/CAM 技术应用		
学习情境 6	固定轴曲面零件铣削加工	学时	18 学时
任务 6.1	鼠标凸模加工	学时	6 学时
序号	信息内容		
一	鼠标凸模加工工艺分析		
1. 加工条件 工件毛坯：120mm×80mm×45mm 板料，45 钢，底面及四周已加工完毕。 加工机床：立式加工中心。 铣削方式：型腔铣和平面铣。			

2. 加工工序

以底面及两个相互垂直的侧面进行定位和装夹，注意装夹高度，不能在切削过程中碰撞到工件。一次装夹完成全部切削操作。4个加工工步如下：

［工步1］ 粗铣外表面

选用D30R5鼓形铣刀，即直径为ϕ30mm、圆角半径为R5mm的平底铣刀，刀具号设定为1。用“型腔铣”方式粗铣外表面，粗铣后底座上平面与侧面均留1mm余量。

［工步2］ 半精铣外表面

选用D16R4鼓形铣刀，刀具号设定为2。用“型腔铣”方式半精铣外表面，加工后所有外表面留有0.5mm余量。

［工步3］ 精铣底座平面

选用D20面铣刀，即直径为ϕ20mm、无圆角半径的平底铣刀，刀具号设定为3。用“平面铣”方式精铣底座平面，将尺寸一次加工到位。

［工步4］ 精铣外表面

仍选用2号刀具。用“等高轮廓铣”方式精铣外表面，全部表面加工至尺寸要求。

二	设计实体模型-构建鼠标凸模实体（图6-2）

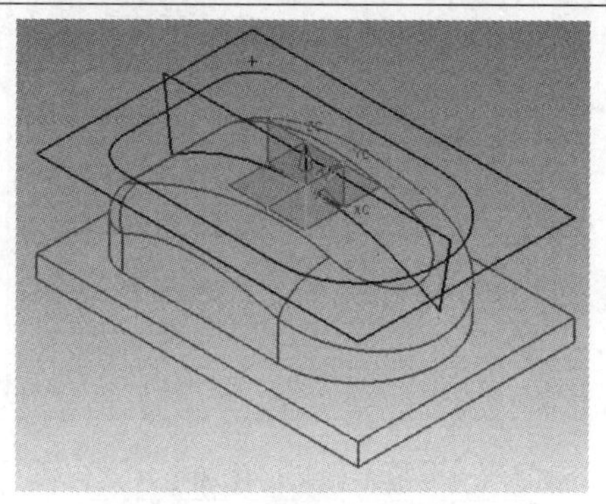

图6-2 鼠标凸模实体

三	设置加工环境（图6-3）

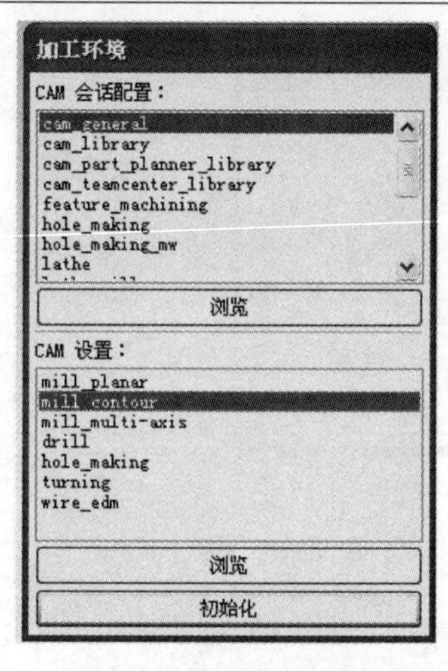

图6-3 设置加工环境

四	创建几何体

1. 设置机床坐标系（图 6-4）

图 6-4　设置机床坐标系

2. 创建工件几何体和毛坯几何体（图 6-5）

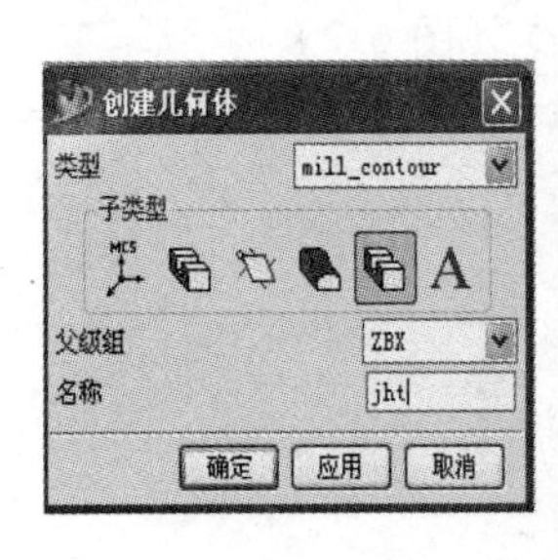

a)

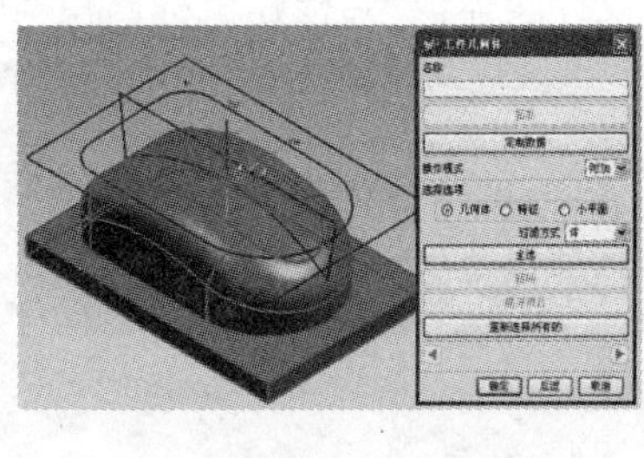

b)

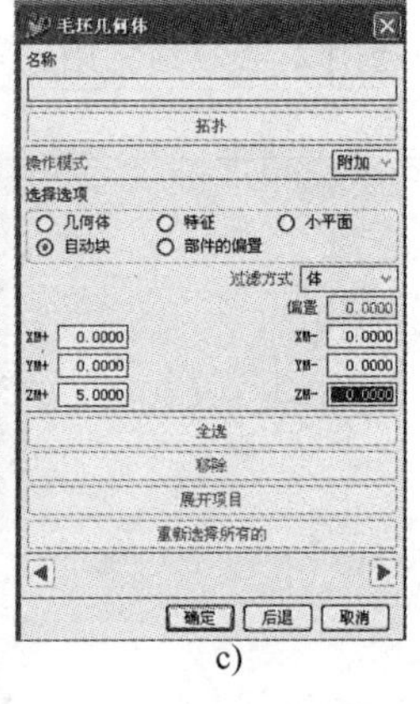

c)

图 6-5　创建工件几何体和毛坯几何体

五	创建刀具组（图 6-6）

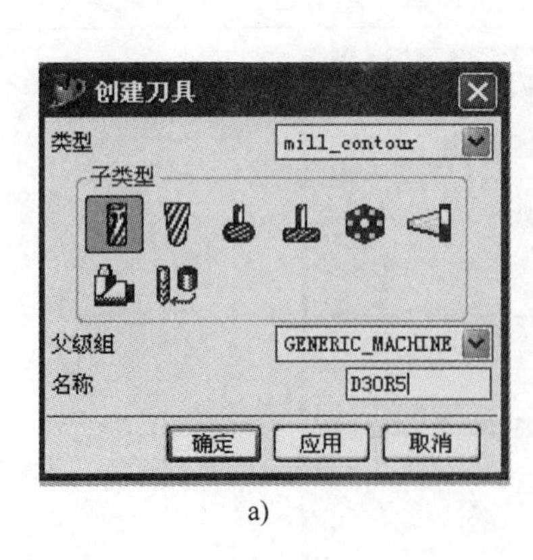

a)

b)

图 6-6　创建刀具组

六	创建加工操作

[工步1] 粗铣外表面（图6-7）

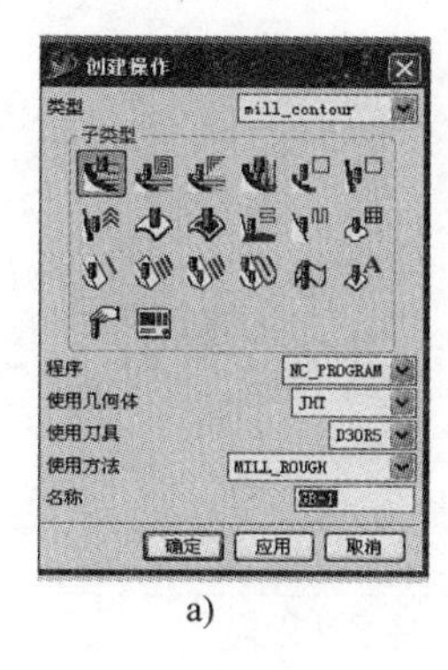

a)

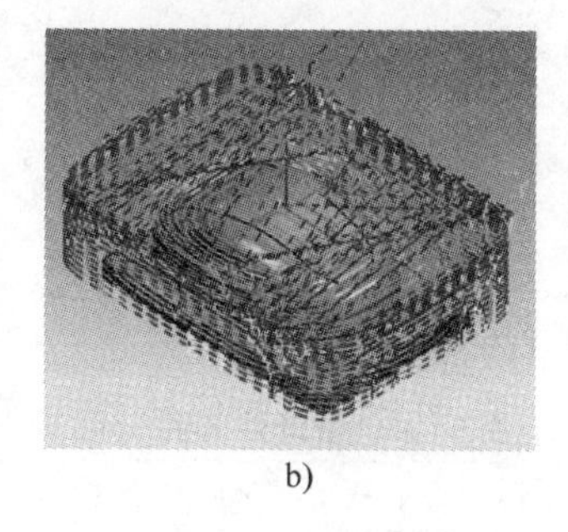

b)

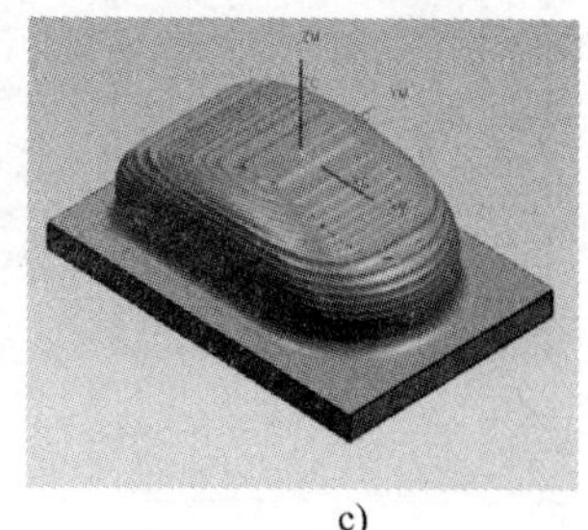

c)

图6-7 粗铣外表面

[工步2] 半精铣外表面（图6-8）

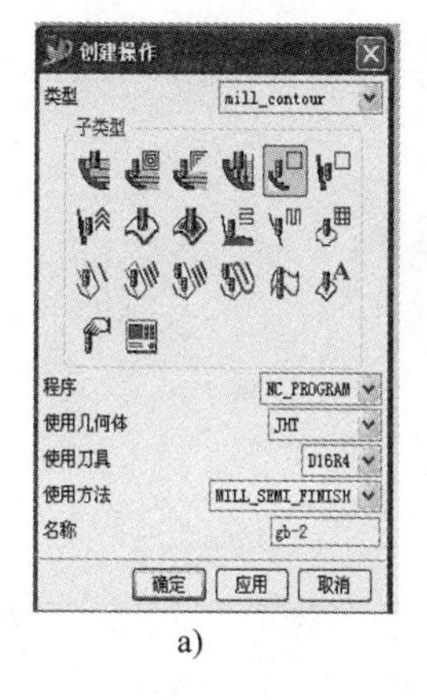

a)

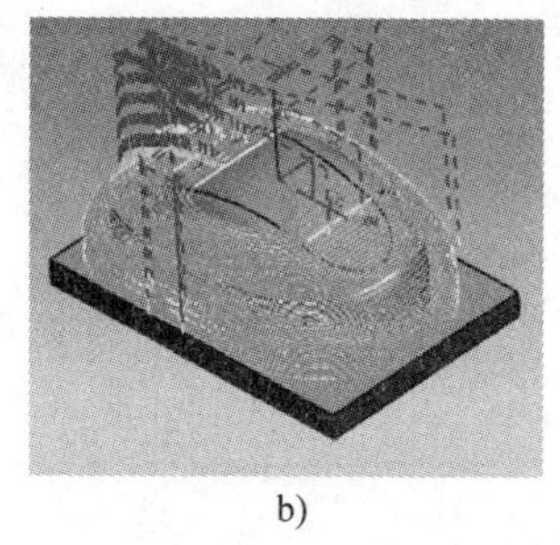

b)

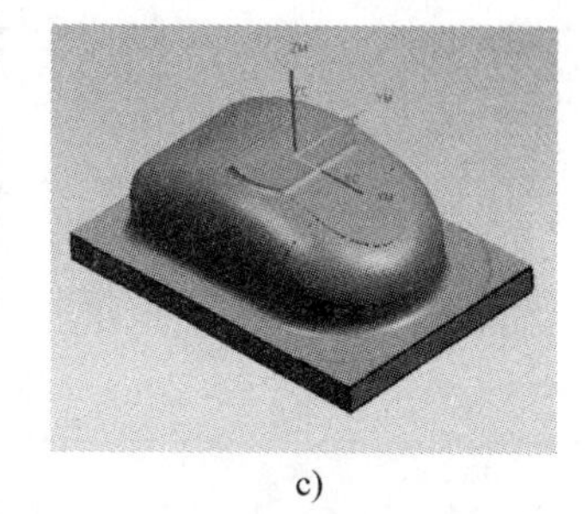

c)

图6-8 半精铣外表面

[工步3] 精铣底座平面（图6-9）

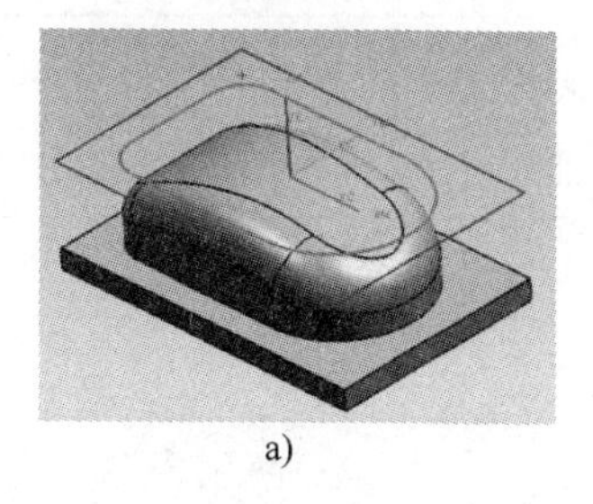

a)

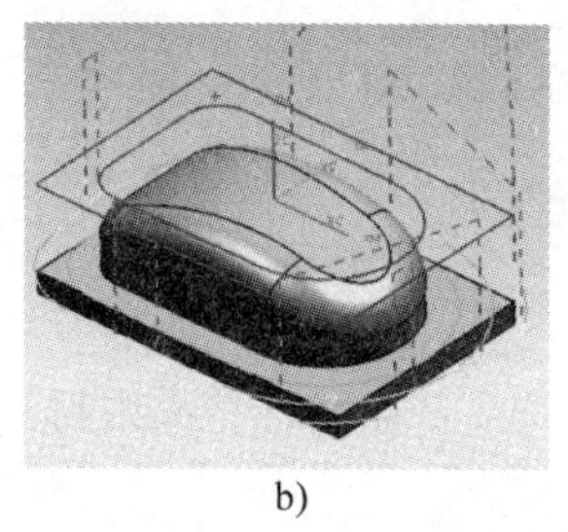

b)

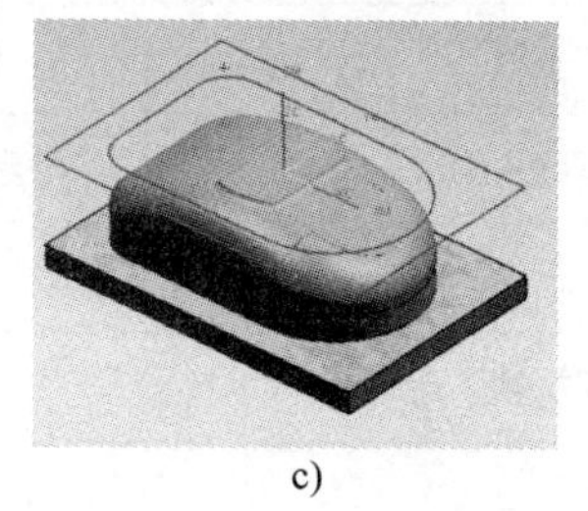

c)

图6-9 精铣底座平面

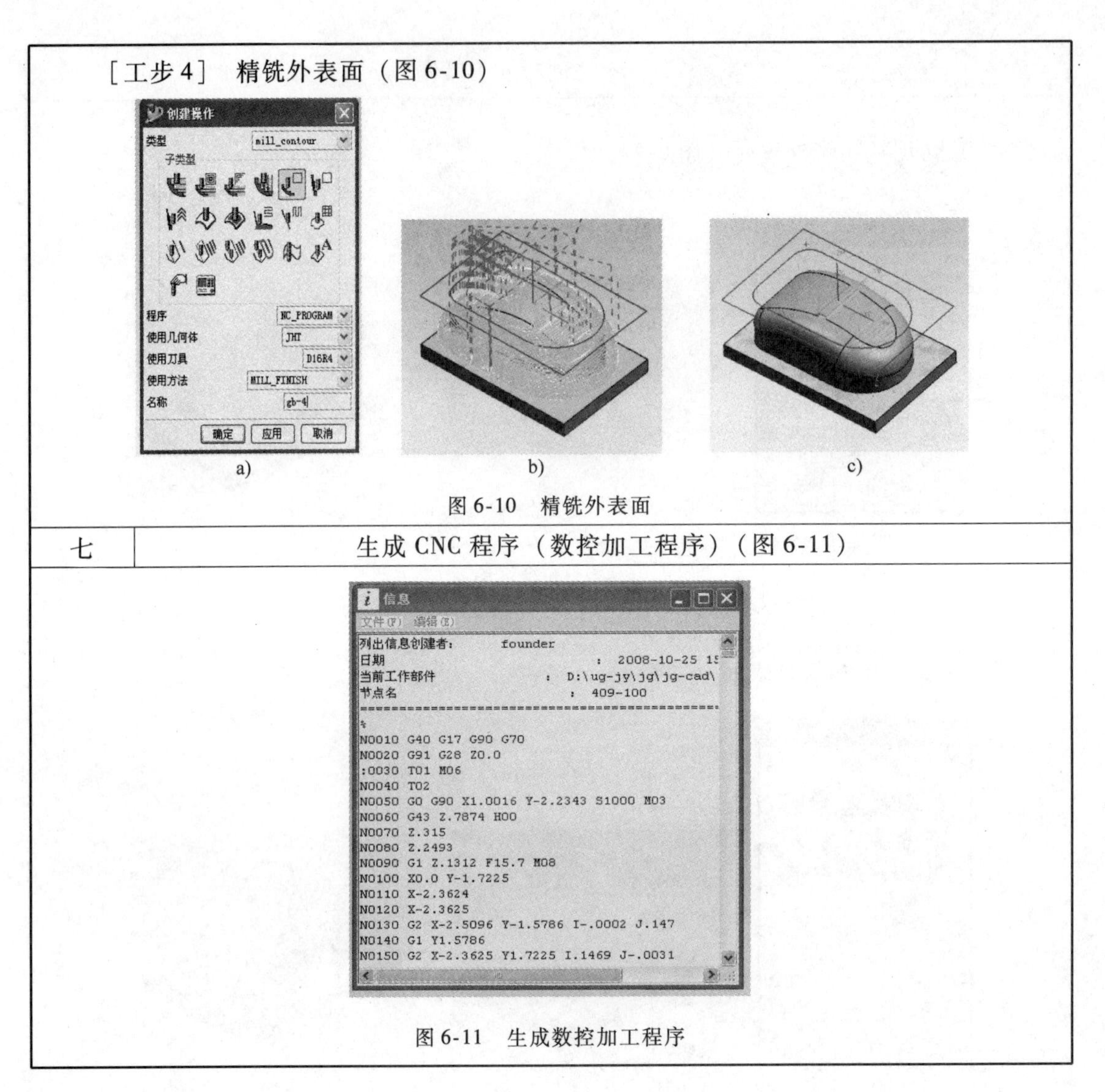

［工步4］ 精铣外表面（图6-10）

a)　　b)　　c)

图6-10 精铣外表面

七	生成CNC程序（数控加工程序）（图6-11）

图6-11 生成数控加工程序

6.1.3 计划

根据任务内容制订小组任务计划，简要说明任务实施过程的步骤及注意事项。将计划内容等填入鼠标凸模加工计划单，见表6-4。

表6-4 鼠标凸模加工计划单

<table>
<tr><td>学习领域</td><td colspan="2">CAD/CAM技术应用</td><td colspan="2"></td></tr>
<tr><td>学习情境6</td><td colspan="2">固定轴曲面零件铣削加工</td><td>学时</td><td>18学时</td></tr>
<tr><td>任务6.1</td><td colspan="2">鼠标凸模加工</td><td>学时</td><td>6学时</td></tr>
<tr><td>计划方式</td><td colspan="4">小组讨论</td></tr>
<tr><td>序号</td><td colspan="2">实施步骤</td><td colspan="2">使用资源</td></tr>
<tr><td></td><td colspan="2"></td><td colspan="2"></td></tr>
</table>

制订计划说明				
计划评价	评语：			
班级		第　　组	组长签字	
教师签字			日期	

6.1.4 决策

1. 小组互评，选定合适的工作计划。

2. 小组负责人对任务进行分配，组员按照负责人要求完成相关任务内容，并将自己所在小组及个人任务填入鼠标凸模加工决策单，见表6-5。

表 6-5　鼠标凸模加工决策单

<table>
<tr><td>学习领域</td><td colspan="7">CAD/CAM 技术应用</td></tr>
<tr><td>学习情境 6</td><td colspan="5">固定轴曲面零件铣削加工</td><td>学时</td><td>18 学时</td></tr>
<tr><td>任务 6.1</td><td colspan="5">鼠标凸模加工</td><td>学时</td><td>6 学时</td></tr>
<tr><td colspan="6">方案讨论</td><td>组号</td><td></td></tr>
<tr><td rowspan="16">方案决策</td><td>组别</td><td>步骤顺序性</td><td>步骤合理性</td><td>实施可操作性</td><td>选用工具合理性</td><td colspan="2">原因说明</td></tr>
<tr><td>1</td><td></td><td></td><td></td><td></td><td colspan="2"></td></tr>
<tr><td>2</td><td></td><td></td><td></td><td></td><td colspan="2"></td></tr>
<tr><td>3</td><td></td><td></td><td></td><td></td><td colspan="2"></td></tr>
<tr><td>4</td><td></td><td></td><td></td><td></td><td colspan="2"></td></tr>
<tr><td>5</td><td></td><td></td><td></td><td></td><td colspan="2"></td></tr>
<tr><td>1</td><td></td><td></td><td></td><td></td><td colspan="2"></td></tr>
<tr><td>2</td><td></td><td></td><td></td><td></td><td colspan="2"></td></tr>
<tr><td>3</td><td></td><td></td><td></td><td></td><td colspan="2"></td></tr>
<tr><td>4</td><td></td><td></td><td></td><td></td><td colspan="2"></td></tr>
<tr><td>5</td><td></td><td></td><td></td><td></td><td colspan="2"></td></tr>
<tr><td>1</td><td></td><td></td><td></td><td></td><td colspan="2"></td></tr>
<tr><td>2</td><td></td><td></td><td></td><td></td><td colspan="2"></td></tr>
<tr><td>3</td><td></td><td></td><td></td><td></td><td colspan="2"></td></tr>
<tr><td>4</td><td></td><td></td><td></td><td></td><td colspan="2"></td></tr>
<tr><td>5</td><td></td><td></td><td></td><td></td><td colspan="2"></td></tr>
<tr><td>方案评价</td><td colspan="7">评语：（根据组内的决策，对照计划进行修改并说明修改原因）</td></tr>
<tr><td>班级</td><td></td><td>组长签字</td><td></td><td>教师签字</td><td></td><td colspan="2">月　　日</td></tr>
</table>

6.1.5 实施

1. 实施准备

任务实施准备主要包括CAD/CAM实训室（多媒体）、UGM NX软件、资料准备等，见表6-6。

表6-6 鼠标凸模加工实施准备

学习情境6	固定轴曲面零件铣削加工	学时	18学时
任务6.1	鼠标凸模加工	学时	6学时
重点、难点	固定轴曲面铣削功能键的使用		
教学资源	CAD/CAM实训室（多媒体）		
资料准备	1. 张士军，韩学军. UG设计与加工. 北京：机械工业出版社，2009。 2. 王尚林. UG NX 6.0三维建模实例教程. 北京：中国电力出版社，2010。 3. 石皋莲，吴少华. UG NX CAD应用案例教程. 北京：机械工业出版社，2010。 4. 杨德辉. UG NX 6.0实用教程，北京：北京理工大学出版社，2011。 5. 黎震，刘磊. UG NX 6中文版应用与实例教程. 北京：北京理工大学出版社，2009。 6. 袁锋. UG机械设计工程范例教程（基础篇）. 2版. 北京：机械工业出版社，2009。 7. 袁锋. UG机械设计工程范例教程（高级篇）. 2版. 北京：机械工业出版社，2009。 8. 赵松涛. UG NX实训教程. 北京：北京理工大学出版社，2008。 9. 郑贞平，曹成，张小红，等. UG NX 5中文版基础教程. 北京：机械工业出版社，2008。 10. 云杰漫步多媒体科技CAX设计教研室. UG NX 6.0中文版数控加工. 北京：清华大学出版社，2009。 11. 郑贞平，喻德. UG NX 5中文版三维设计与NC加工实例精解. 北京：机械工业出版社，2008。 12. UG NX软件使用说明书。 13. 制图员操作规程。 14. 机械设计技术要求和国家制图标准。		
设备、工具	UG NX软件		
教学组织实施			
实施步骤	组织实施内容	教学方法	学时
1			
2			
3			
4			
5			

2. 实施任务

依据计划步骤实施任务，并完成作业单的填写。鼠标凸模加工作业单见表 6-7。

表 6-7　鼠标凸模加工作业单

学习领域	CAD/CAM 技术应用		
学习情境 6	固定轴曲面零件铣削加工	学时	18 学时
任务 6.1	鼠标凸模加工	学时	6 学时
作业方式	小组分析，个人软件造型和加工，现场批阅，集体评判		
作业内容	鼠标凹模加工		

图 6-12 所示为鼠标凹模。

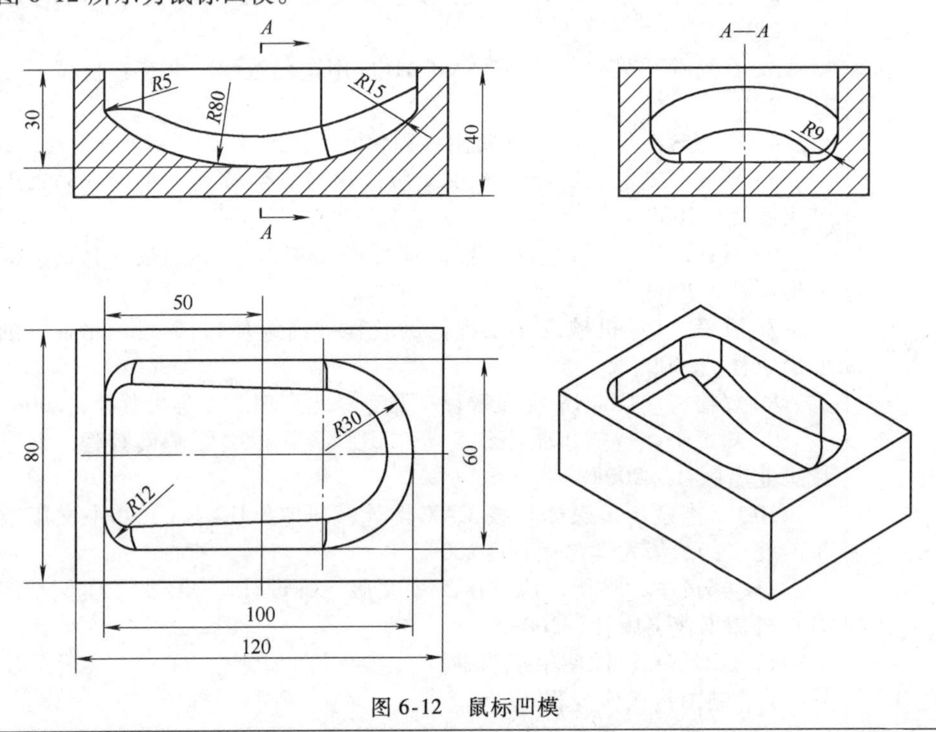

图 6-12　鼠标凹模

作业描述：

鼠标凹模是一个典型的多曲面零件。其毛坯外形为长方体，尺寸为 120mm × 80mm × 40mm，材料为 45 钢。鼠标凹模腔体由多个曲面轮廓复合而成。利用 UG 建模模块构建出鼠标凹模的三维实体模型，工件坐标系原点建立在模型的底面中心。零件外表面已加工到位，要求使用加工中心加工腔体部分，创建加工操作并生成数控加工程序。

作业分析：

工件所用毛坯为 120mm × 80mm × 40mm 板料，六个面已经全部加工完成，本任务只加工腔体部分。因此，以底面为基准，用百分表找正，将毛坯固定在机床工作台上，并从四周夹紧。3 个加工工步如下：

[工步1]　粗铣内腔

选用D16R4鼓形铣刀，设定为1号刀具，用“型腔铣”方式进行粗加工，粗铣后底面与侧面均留有1mm的余量。

[工步2]　半精铣内腔

选用D10R2鼓形铣刀，设定为2号刀具，用“等高轮廓铣”方式进行半精加工，加工后底面与侧面留有0.5mm的余量。

[工步3]　精铣内腔

选用D8R4球头铣刀，设定为3号刀具，用“等高轮廓铣”方式进行最后的精加工，全部尺寸加工至要求。

作业评价：

班级		组别		组长签字	
学号		姓名		教师签字	
教师评分		日期			

6.1.6 检查评价

学生完成本学习任务后，应展示的结果为：计划单、决策单、作业单、检查单和评价单。

1. 鼠标凸模加工检查单（见表6-8）

表6-8 鼠标凸模加工检查单

<table>
<tr><td>学习领域</td><td colspan="5">CAD/CAM 技术应用</td></tr>
<tr><td>学习情境6</td><td colspan="3">固定轴曲面零件铣削加工</td><td>学时</td><td>18 学时</td></tr>
<tr><td>任务6.1</td><td colspan="3">鼠标凸模加工</td><td>学时</td><td>6 学时</td></tr>
<tr><td>序号</td><td>检查项目</td><td>检查标准</td><td colspan="2">学生自查</td><td>教师检查</td></tr>
<tr><td>1</td><td>设置加工环境</td><td>合理、准确地设置鼠标凸模的加工环境</td><td colspan="2"></td><td></td></tr>
<tr><td>2</td><td>创建几何体</td><td>合理创建鼠标凸模几何体</td><td colspan="2"></td><td></td></tr>
<tr><td>3</td><td>创建刀具</td><td>合理创建鼠标凸模加工时所使用的刀具</td><td colspan="2"></td><td></td></tr>
<tr><td>4</td><td>创建加工操作</td><td>合理创建鼠标凸模的加工操作</td><td colspan="2"></td><td></td></tr>
<tr><td>5</td><td>生成 CNC 程序</td><td>准确地生成鼠标凸模的 CNC 程序</td><td colspan="2"></td><td></td></tr>
<tr><td>6</td><td>曲面零件铣削加工能力</td><td>能够完成曲面零件铣削加工</td><td colspan="2"></td><td></td></tr>
<tr><td>7</td><td>加工过程缺陷的分析诊断能力</td><td>加工过程缺陷处理得当</td><td colspan="2"></td><td></td></tr>
<tr><td>检查评价</td><td colspan="5">评语：</td></tr>
<tr><td>班级</td><td></td><td>组别</td><td></td><td>组长签字</td><td></td></tr>
<tr><td>教师签字</td><td colspan="2"></td><td>日期</td><td colspan="2"></td></tr>
</table>

2. 鼠标凸模加工评价单（见表6-9）

表6-9　鼠标凸模加工评价单

<table>
<tr><td>学习领域</td><td colspan="5">CAD/CAM技术应用</td></tr>
<tr><td>学习情境6</td><td colspan="3">固定轴曲面零件铣削加工</td><td>学时</td><td>18学时</td></tr>
<tr><td>任务6.1</td><td colspan="3">鼠标凸模加工</td><td>学时</td><td>6学时</td></tr>
<tr><td>评价类别</td><td>评价项目</td><td>子项目</td><td>个人评价</td><td>组内互评</td><td>教师评价</td></tr>
<tr><td rowspan="15">专业能力（60%）</td><td rowspan="2">资讯（8%）</td><td>搜集信息（4%）</td><td></td><td></td><td></td></tr>
<tr><td>引导问题回答（4%）</td><td></td><td></td><td></td></tr>
<tr><td>计划（5%）</td><td>计划可执行度（5%）</td><td></td><td></td><td></td></tr>
<tr><td rowspan="5">实施（12%）</td><td>工作步骤执行（3%）</td><td></td><td></td><td></td></tr>
<tr><td>功能实现（3%）</td><td></td><td></td><td></td></tr>
<tr><td>质量管理（2%）</td><td></td><td></td><td></td></tr>
<tr><td>安全保护（2%）</td><td></td><td></td><td></td></tr>
<tr><td>环境保护（2%）</td><td></td><td></td><td></td></tr>
<tr><td rowspan="2">检查（10%）</td><td>全面性、准确性（5%）</td><td></td><td></td><td></td></tr>
<tr><td>异常情况排除（5%）</td><td></td><td></td><td></td></tr>
<tr><td rowspan="2">过程（15%）</td><td>使用工具规范性（7%）</td><td></td><td></td><td></td></tr>
<tr><td>操作过程规范性（8%）</td><td></td><td></td><td></td></tr>
<tr><td>结果（5%）</td><td>结果质量（5%）</td><td></td><td></td><td></td></tr>
<tr><td>作业（5%）</td><td>作业质量（5%）</td><td></td><td></td><td></td></tr>
<tr><td colspan="5"></td></tr>
<tr><td rowspan="2">社会能力（20%）</td><td>团结协作（10%）</td><td rowspan="2"></td><td rowspan="2"></td><td rowspan="2"></td><td rowspan="2"></td></tr>
<tr><td>敬业精神（10%）</td></tr>
<tr><td rowspan="2">方法能力（20%）</td><td>计划能力（10%）</td><td rowspan="2"></td><td rowspan="2"></td><td rowspan="2"></td><td rowspan="2"></td></tr>
<tr><td>决策能力（10%）</td></tr>
<tr><td>评价评语</td><td colspan="5">评语：</td></tr>
</table>

班级		组别		学号		总评	
教师签字			组长签字		日期		

6.1.7　实践中常见问题解析

1. 对用“型腔铣”方式加工的零件，其实体模型的构建与用“平面铣”方式加工的零件是一样的，可直接在 *XC-YC* 基准平面上绘制草图，并垂直拉伸成实体模型。需要注意的是，最好将工件坐标系的原点设在零件曲面的最高点上，以便控制切削过程。

2. 工件几何体的创建与平面铣的构建方法相同，加工坐标系可保持默认状态。在创建加工操作时，如果不是只加工某个局部曲面，就不必选择加工边界，也不需要选择加工底面。

3. 型腔铣主要用于曲面零件的加工，因此在设置刀具时一般选用鼓形铣刀，而对根部进行清根加工时仍选用面铣刀。

4. 在创建型腔铣操作中，切削层的设置十分重要，它关系到切削质量和切削效率。可根据零件曲面的大小和曲度来设定若干个范围深度，并针对每个范围设定具体的深度和每刀的局部深度。总体来说，平缓的曲面局部进给量应小些，反之可大些。在实际应用中，可反复试验几次，以确定比较合适的切削参数。

5. 型腔铣与平面铣的加工特点是一致的，都是分层切削，属于两轴半联动加工。不同的是，平面铣只适用于平面和直壁形零件，而型腔铣适用于曲面工件。型腔铣中的等高轮廓铣加工比较特殊，它只对工件表面的最外层切削，适用于精加工或半精加工。

任务 6.2　包装瓶凸模加工

6.2.1　任务描述

包装瓶凸模加工任务单见表 6-10。

表 6-10　包装瓶凸模加工任务单

学习领域	CAD/CAM 技术应用		
学习情境 6	固定轴曲面零件铣削加工	学时	18 学时
任务 6.2	包装瓶凸模加工	学时	6 学时
布置任务			
学习目标	1. 掌握并熟练使用固定轴曲面零件铣削加工的操作界面。 2. 掌握加工环境的设置，并能熟练进入数控加工操作界面。 3. 能够熟练地进行零件加工工艺分析。 4. 能够熟练地进行零件实体模型设计。 5. 能够熟练完成加工环境的设置。 6. 能够熟练完成几何体的创建、机床坐标系的设置、工件几何体的创建和毛坯几何体的创建等。 7. 能够熟练地完成刀具的创建，在工艺分析中明确所使用的刀具，并能够完成刀具的调用。		

<table>
<tr>
<td>学习目标</td>
<td>
8. 能够熟练地完成加工操作的创建，合理地选择切削方式，进行切削层设置、进刀\退刀参数设置、切削参数设置、进给率参数设置和避让参数设置等。
9. 能够熟练地生成刀具轨迹，并能够进行加工仿真操作。
10. 能够熟练地进行后置处理，生成 CNC 程序。
11. 能够合理地设置加工工艺过程。
12. 能够熟练地使用创建操作对话框。
13. 掌握每个操作按键的含义，并能够熟练地的使用各功能键。
14. 掌握 CNC 程序的导出和保存。
</td>
</tr>
<tr>
<td>任务描述</td>
<td>
包装瓶凸模是一个多曲面零件，如图 6-13 所示。它由多个曲面轮廓复合而成，底座是一个矩形板台。零件的材料为 45 钢。利用 UG 建模模块构建出包装瓶凸模三维实体模型，工件坐标系原点建立在凸模的顶面中心。矩形底座已经加工到位，但顶面尚留有 2mm 的加工余量。选用立式加工中心加工包装瓶凸模。因表面多为曲面，因此必须利用计算机进行数控编程，并进行计算机与数控机床连接的在线加工。
每组分别使用 UG NX 软件完成包装瓶凸模的加工，应了解如下具体内容：
1. 掌握包装瓶凸模的基本结构，完成实体造型设计。
2. 掌握包装瓶凸模加工的基本方法。
3. 掌握固定轴曲面零件铣削加工中各模块的使用。
4. 完成包装瓶凸模的加工，并生成 CNC 程序。
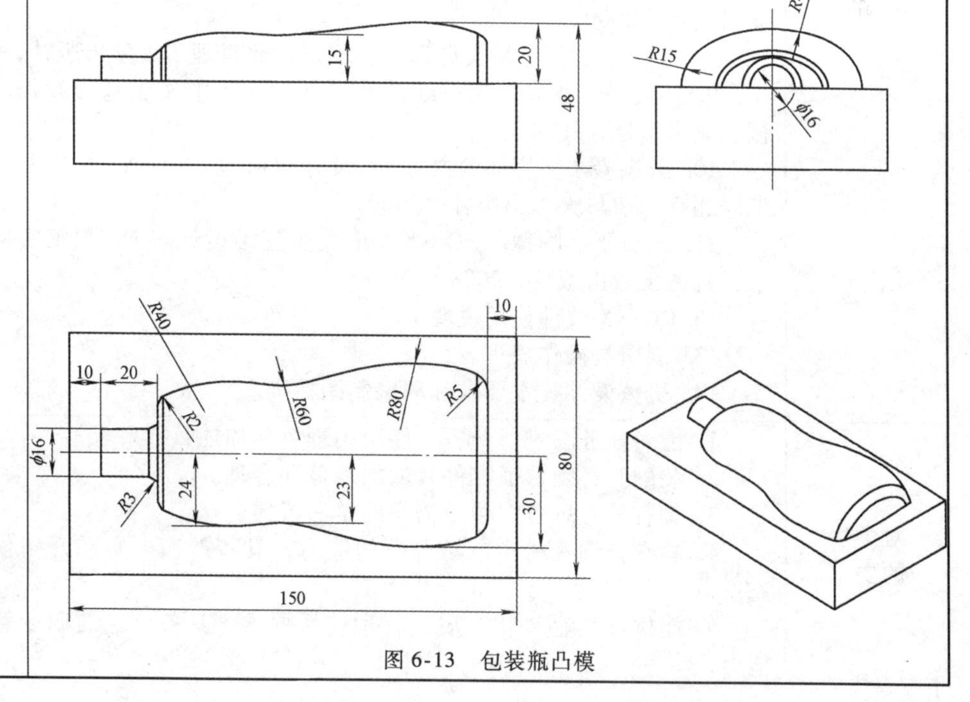

图 6-13　包装瓶凸模
</td>
</tr>
</table>

<table>
<tr><td>任务分析</td><td colspan="5">通过包装瓶凸模加工，完成以下具体任务：
1. 了解 UG NX 软件加工的基本环境和基础知识。
2. 掌握包装瓶凸模加工的特点。
3. 掌握包装瓶凸模的工艺分析，能够熟练、准确地完成刀具的选用、切削方法和装夹方式的选择。
4. 掌握包装瓶凸模几何体的创建，能够完成机床坐标系的设置、包装瓶凸模工件几何体的创建以及包装瓶凸模毛坯几何体的创建等内容。
5. 掌握包装瓶凸模加工所用刀具的创建，并在工艺分析中明确所使用的刀具，选定全部刀具，以便在创建加工操作时直接调用。
6. 掌握包装瓶凸模加工操作的创建。</td></tr>
<tr><td>学时安排</td><td>资讯
0.5 学时</td><td>计划
1 学时</td><td>决策
1 学时</td><td>实施
3 学时</td><td>检查评价
0.5 学时</td></tr>
<tr><td>提供资料</td><td colspan="5">1. 张士军，韩学军．UG 设计与加工．北京：机械工业出版社，2009。
2. 王尚林．UG NX 6.0 三维建模实例教程．北京：中国电力出版社，2010。
3. 石皋莲，吴少华．UG NX CAD 应用案例教程．北京：机械工业出版社，2010。
4. 杨德辉．UG NX 6.0 实用教程．北京：北京理工大学出版社，2011。
5. 黎震，刘磊．UG NX 6 中文版应用与实例教程．北京：北京理工大学出版社，2009。
6. 袁锋．UG 机械设计工程范例教程（基础篇）．2 版．北京：机械工业出版社，2009。
7. 袁锋．UG 机械设计工程范例教程（高级篇）．2 版．北京：机械工业出版社，2009。
8. 赵松涛．UG NX 实训教程．北京：北京理工大学出版社，2008。
9. 郑贞平，曹成，张小红，等．UG NX 5 中文版基础教程．北京：机械工业出版社，2008。
10. 云杰漫步多媒体科技 CAX 设计教研室．UG NX 6.0 中文版数控加工．北京：清华大学出版社，2009。
11. 郑贞平，喻德．UG NX 5 中文版三维设计与 NC 加工实例精解．北京：机械工业出版社，2008。
12. UG NX 软件使用说明书。
13. 制图员操作规程。
14. 机械设计技术要求和国家制图标准。</td></tr>
<tr><td>对学生的要求</td><td colspan="5">1. 能对任务书进行分析，能正确理解和描述目标要求。
2. 装配时必须保证零件装配的规范和合理。
3. 具有独立思考、善于提问的学习习惯。
4. 具有查询资料和市场调研的能力，具备严谨求实和开拓创新的学习态度。
5. 能执行企业“5S”质量管理体系要求，具备良好的职业意识和社会能力。</td></tr>
</table>

对学生的要求	6. 上机操作时应穿鞋套，遵守机房的规章制度。 7. 具备一定的观察理解和判断分析能力。 8. 具有团队协作、爱岗敬业的精神。 9. 具有一定的创新思维和勇于创新的精神。 10. 不迟到、不早退、不旷课，否则扣分。 11. 按时按要求上交作业，并列入考核成绩。

6.2.2 资讯

1. 包装瓶凸模加工资讯单（见表6-11）

表6-11 包装瓶凸模加工资讯单

学习领域	CAD/CAM 技术应用		
学习情境6	固定轴曲面零件铣削加工	学时	18学时
任务6.2	包装瓶凸模加工	学时	6学时
资讯方式	学生根据教师给出的资讯引导进行查询解答		
资讯问题	1. 如何进行包装瓶凸模加工工艺分析，分析过程中需要注意什么？ 2. 如何设置包装瓶凸模的加工环境？ 3. 如何创建包装瓶凸模的工件几何体？ 4. 如何设置包装瓶凸模的机床坐标系？ 5. 如何设置包装瓶凸模的毛坯几何体？ 6. 如何创建包装瓶凸模选用的刀具？ 7. 如何创建包装瓶凸模的加工操作工艺过程？ 8. 如何设定包装瓶凸模的铣削边界？ 9. 如何选择包装瓶凸模的切削方式？ 10. 如何设置包装瓶凸模切削参数？ 11. 如何设置包装瓶凸模避让参数？		
资讯引导	1. 问题1参阅《UG设计与加工》。 2. 问题2参阅《UG设计与加工》。 3. 问题3参阅《UG机械设计工程范例教程》。 4. 问题4参阅《UG NX 6中文版应用与实例教程》。 5. 问题5参阅《UG NX 6.0实用教程》。 6. 问题6参阅《UG设计与加工》。 7. 问题7参阅《UG设计与加工》。 8. 问题8参阅《UG设计与加工》。 9. 问题9参阅《UG NX 6.0中文版数控加工》。 10. 问题10参阅《UG NX 6.0中文版数控加工》。 11. 问题11参阅《UG NX实训教程》。		

2. 包装瓶凸模加工信息单（见表6-12）

表6-12　包装瓶凸模加工信息单

学习领域	CAD/CAM 技术应用		
学习情境6	固定轴曲面零件铣削加工	学时	18 学时
任务6.2	包装瓶凸模加工	学时	6 学时
序号	信息内容		
一	包装瓶凸模加工工艺分析		

1. 加工条件

工件毛坯：150mm×80mm×50mm 板料，45 钢，底面及四周已加工完毕。

加工机床：立式加工中心。

铣削方式：型腔铣、固定轴轮廓铣和清根铣。

2. 加工工序

以底面及两个相互垂直的侧面进行定位和装夹，注意装夹高度，不能在切削过程中碰撞到工件。一次装夹完成全部切削操作。4 个加工工步如下：

［工步1］　粗铣外表面

选用 D30R5 鼓形铣刀，即直径为 ϕ30mm、圆角半径为 R5mm，刀具号设定为 1。用“型腔铣”方式粗铣外表面，粗铣后底座上平面与侧面均留 1mm 余量。

［工步2］　半精铣外表面

选用 D12R3 鼓形铣刀，即直径为 ϕ12mm、圆角半径为 R3mm 铣刀，刀具号设定为 2。用“等高轮廓铣”方式进行半精铣外表面，加工后所有外表面留有 0.5mm 余量。

［工步3］　精铣外表面

选用 D8R4 球头铣刀，即直径为 ϕ8mm，圆角半径为 R4mm 的铣刀，刀具号设定为 3。用“固定轴轮廓铣”方式精铣外表面，将所有曲面尺寸一次加工到位。

［工步4］　清根铣

选用 D5 面铣刀，即直径为 ϕ5mm、无圆角半径的铣刀，刀具号设定为 4。用“轮廓铣”中的“清根铣”方式精铣外表面，将工件曲面与底座上平面的边界处加工至尺寸要求。

二	设计实体模型-构建包装瓶凸模实体（图6-14）

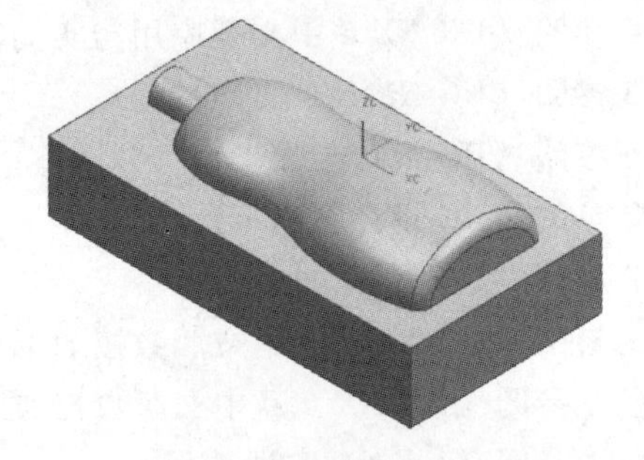

图6-14　包装瓶凸模实体

<table>
<tr><td>三</td><td>设置加工环境（图 6-15）</td></tr>
<tr><td colspan="2">

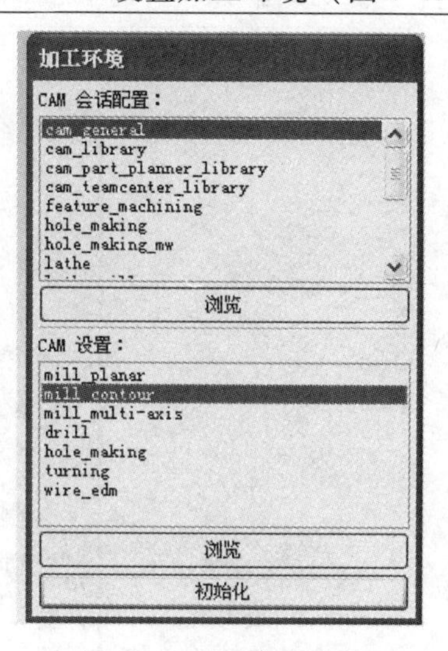

图 6-15　设置加工环境

</td></tr>
<tr><td>四</td><td>创建几何体</td></tr>
<tr><td colspan="2">

1. 设置机床坐标系（图 6-16）

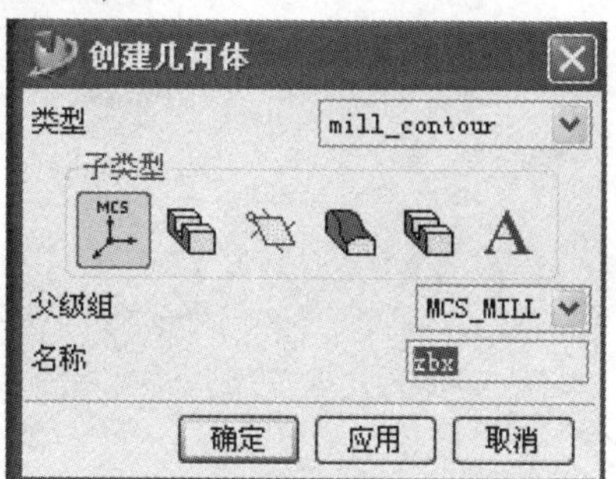

图 6-16　设置机床坐标系

2. 创建工件几何体和毛坯几何体（图 6-17）

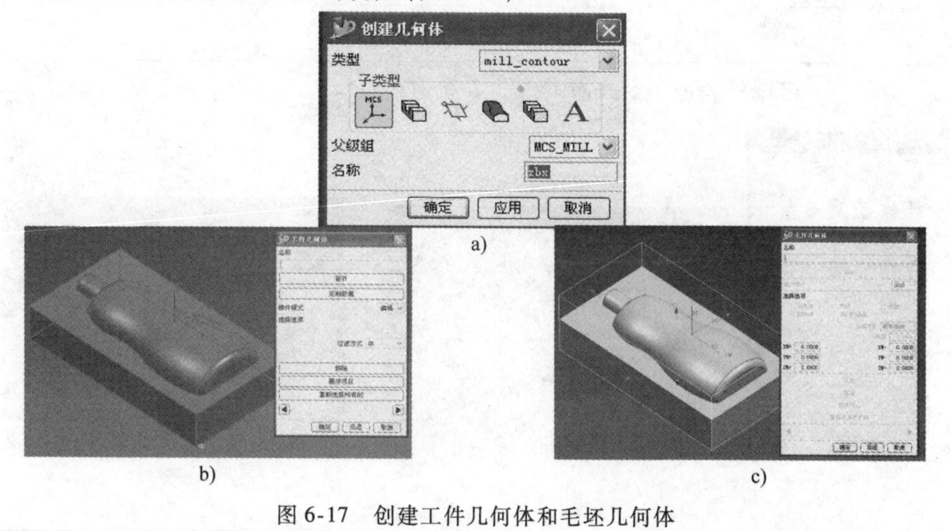

图 6-17　创建工件几何体和毛坯几何体

</td></tr>
</table>

五　创建刀具组（图 6-18）

1. 设定 1 号刀具

直径：ϕ30mm；

下半径：R5mm；

长度：75mm；

刃口长度：50mm；

刀具号：1。

2. 设定 2 号刀具

直径：ϕ12mm；

下半径：R3mm；

长度：75mm；

刃口长度：50mm；

刀具号：2。

3. 设定 3 号刀具

直径：ϕ8mm；

下半径：R4mm；

长度：75mm；

刃口长度：50mm；

刀具号：3。

4. 设定 4 号刀具

直径：ϕ5mm；

下半径：无；

长度：75mm；

刃口长度：50mm

刀具号：4。

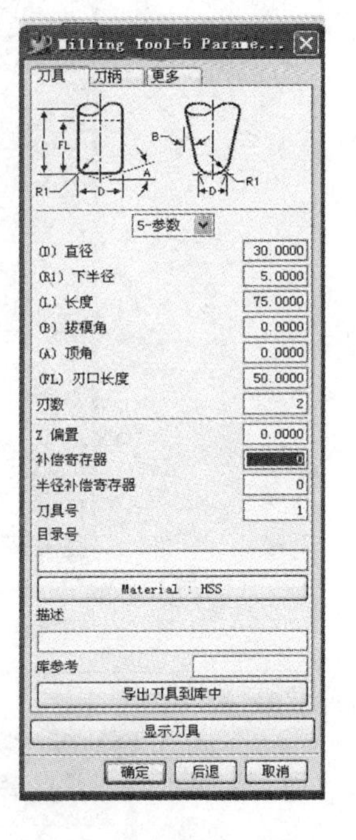

图 6-18　创建刀具组

六　创建加工操作

［工步 1］　粗铣外表面（图 6-19）

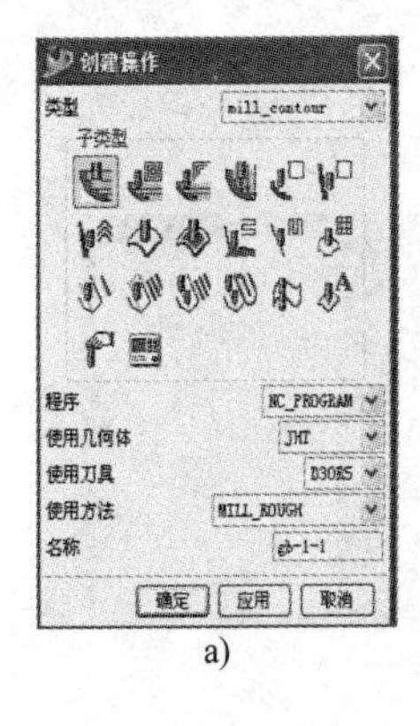

a)

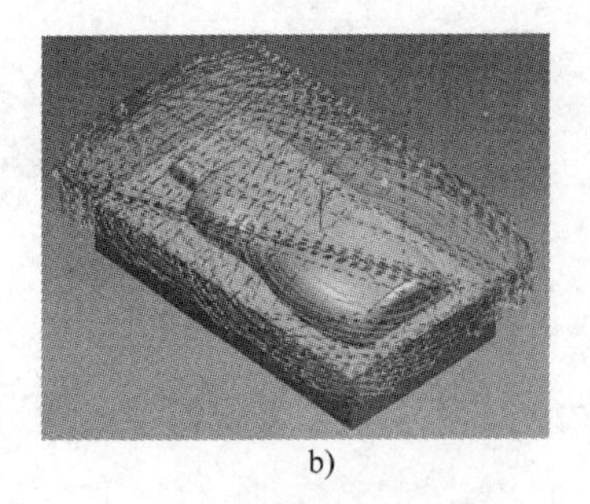

b)

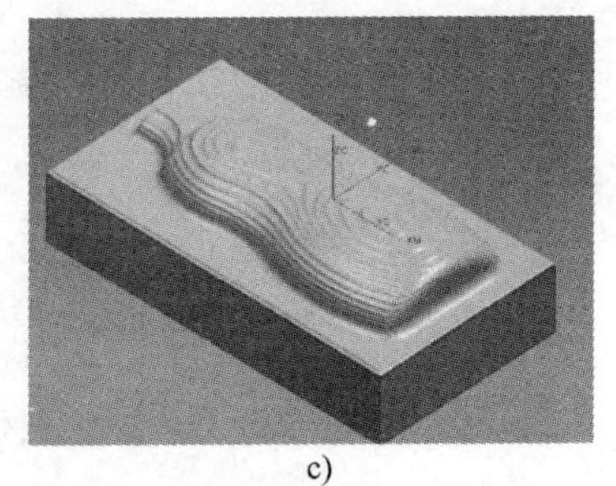

c)

图 6-19　粗铣外表面

［工步 2］ 半精铣外表面（图 6-20）

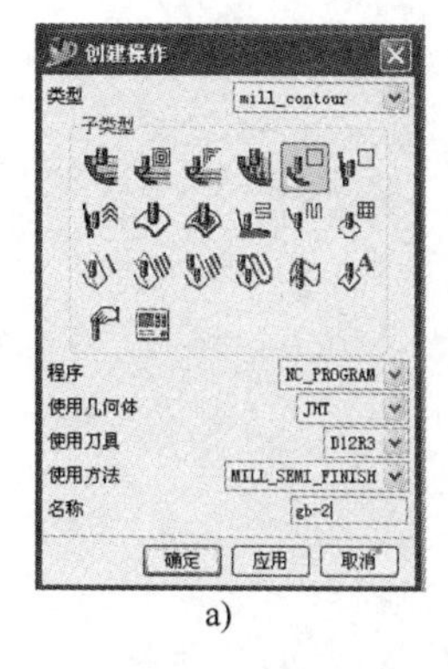

a)

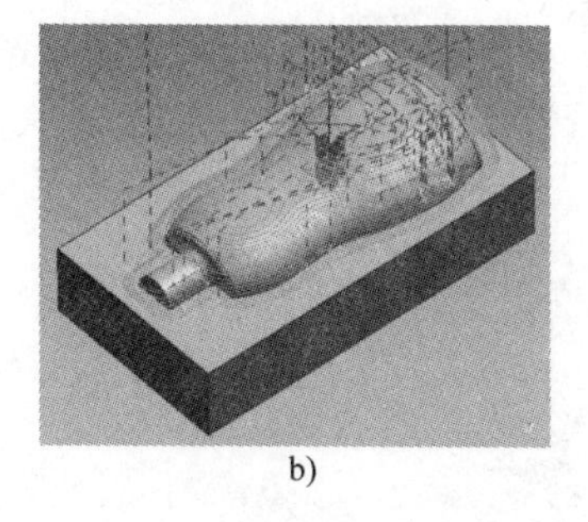

b)

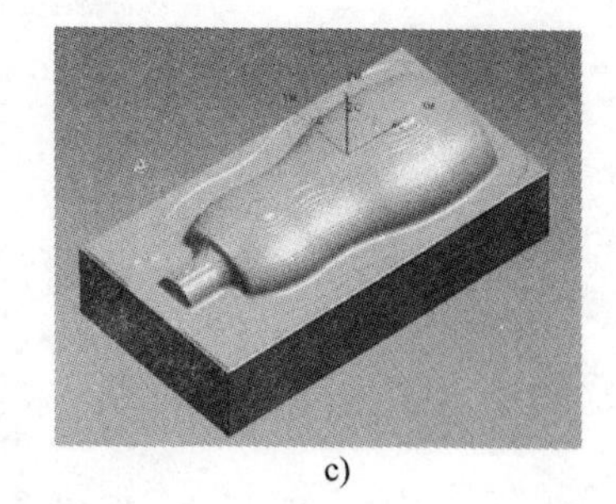

c)

图 6-20 半精铣外表面

［工步 3］ 精铣外表面（图 6-21）

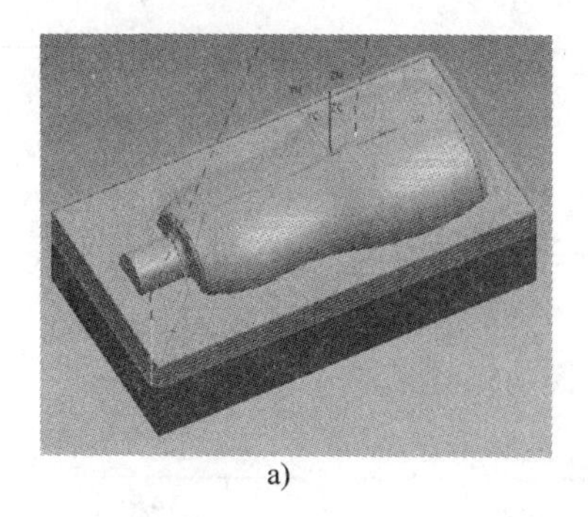

a)

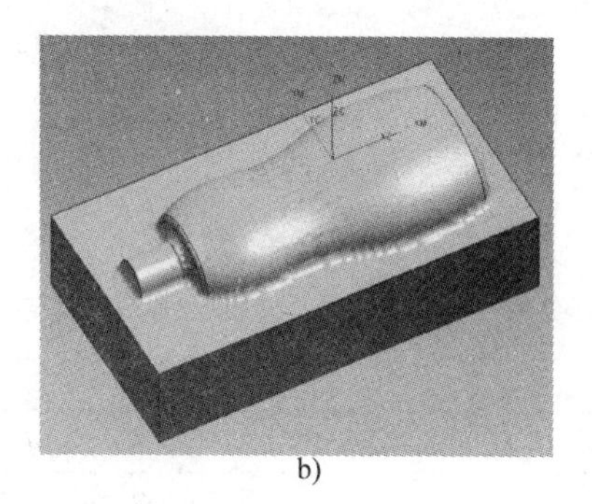

b)

图 6-21 精铣外表面

［工步 4］ 清根铣（图 6-22）

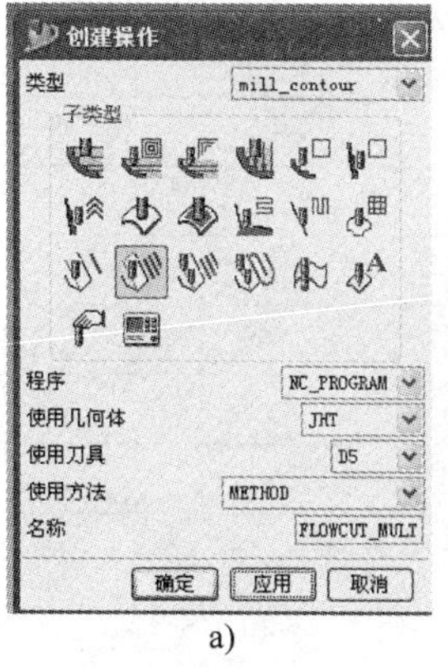

a)

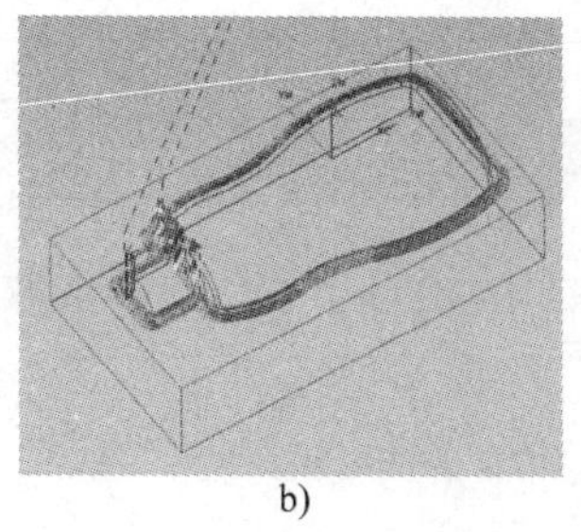

b)

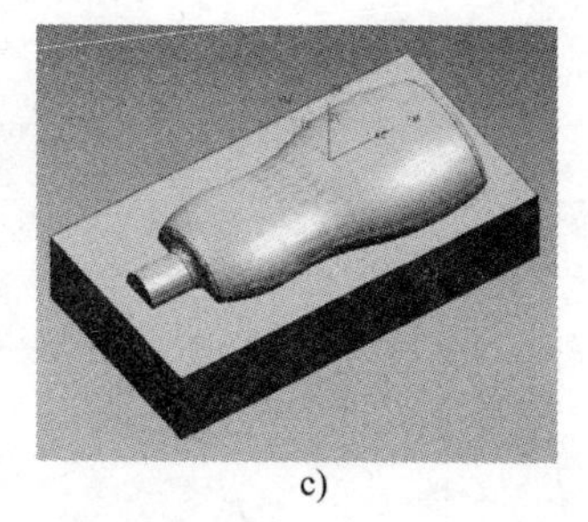

c)

图 6-22 清根铣

七	生成 CNC 程序（数控加工程序）（图 6-23）

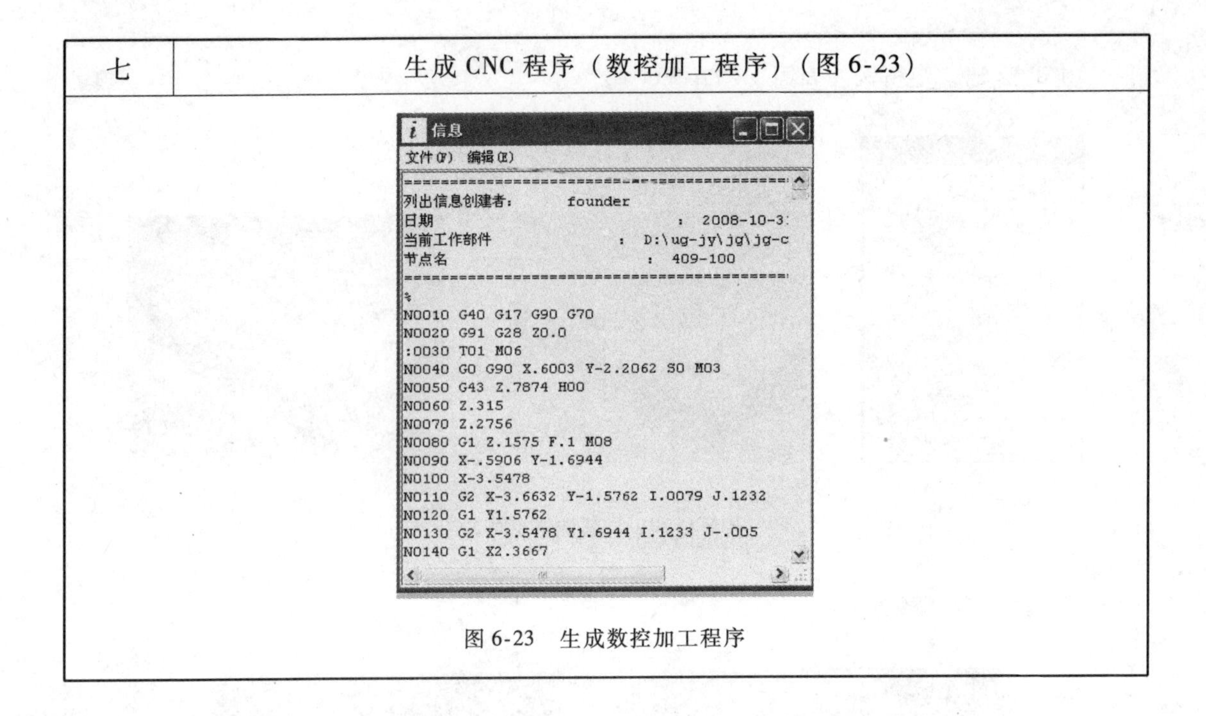

图 6-23　生成数控加工程序

6.2.3　计划

根据任务内容制订小组任务计划，简要说明任务实施过程的步骤及注意事项。将计划内容等填入包装瓶凸模加工计划单，见表 6-13。

表 6-13　包装瓶凸模加工计划单

学习领域	CAD/CAM 技术应用		
学习情境 6	固定轴曲面零件铣削加工	学时	18 学时
任务 6.2	包装瓶凸模加工	学时	6 学时
计划方式	小组讨论		
序号	实施步骤	使用资源	
制订计划说明			

计划评价	评语：			
班级		第　　组	组长签字	
教师签字			日期	

6.2.4 决策

1. 小组互评，选定合适的工作计划。

2. 小组负责人对任务进行分配，组员按照负责人要求完成相关任务内容，并将自己所在小组及个人任务填入包装瓶凸模加工决策单，见表6-14。

表6-14　包装瓶凸模加工决策单

学习领域	CAD/CAM技术应用					
学习情境6	固定轴曲面零件铣削加工				学时	18学时
任务6.2	包装瓶凸模加工				学时	6学时
方案讨论					组号	
方案决策	组别	步骤顺序性	步骤合理性	实施可操作性	选用工具合理性齐素	原因说明
	1					
	2					
	3					
	4					
	5					
	1					
	2					
	3					
	4					
	5					
	1					
	2					
	3					
	4					
	5					
方案评价	评语：（根据组内的决策，对照计划进行修改并说明修改原因）					
班级		组长签字		教师签字		月　　日

6.2.5 实施

1. 实施准备

任务实施准备主要包括CAD/CAM实训室（多媒体）、UG NX软件、资料准备等，见表6-15。

表6-15 包装瓶凸模加工实施准备

学习情境6	固定轴曲面零件铣削加工	学时	18学时
任务6.2	包装瓶凸模加工	学时	6学时
重点、难点	固定轴曲面铣削功能键的使用		
教学资源	CAD/CAM实训室（多媒体）		
资料准备	1. 张士军，韩学军. UG设计与加工. 北京：机械工业出版社，2009。 2. 王尚林. UG NX 6.0三维建模实例教程. 北京：中国电力出版社，2010。 3. 石皋莲，吴少华. UG NX CAD应用案例教程. 北京：机械工业出版社，2010。 4. 杨德辉. UG NX 6.0实用教程. 北京：北京理工大学出版社，2011。 5. 黎震，刘磊. UG NX 6中文版应用与实例教程. 北京：北京理工大学出版社，2009。 6. 袁锋. UG机械设计工程范例教程（基础篇）. 2版. 北京：机械工业出版社，2009。 7. 袁锋. UG机械设计工程范例教程（高级篇）. 2版. 北京：机械工业出版社，2009。 8. 赵松涛. UG NX实训教程. 北京：北京理工大学出版社，2008。 9. 郑贞平，曹成，张小红，等. UG NX 5中文版基础教程. 北京：机械工业出版社，2008。 10. 云杰漫步多媒体科技CAX设计教研室. UG NX 6.0中文版数控加工. 北京：清华大学出版社，2009。 11. 郑贞平，喻德. UG NX 5中文版三维设计与NC加工实例精解. 北京：机械工业出版社，2008。 12. UG NX软件使用说明书。 13. 制图员操作规程。 14. 机械设计技术要求和国家制图标准。			
设备、工具	UG NX软件		
教学组织实施			
实施步骤	组织实施内容	教学方法	学时
1			
2			
3			
4			
5			

2. 实施任务

依据计划步骤实施任务，并完成作业单的填写。包装瓶凸模加工作业单见表 6-16。

表 6-16 包装瓶凸模加工作业单

学习领域	CAD/CAM 技术应用		
学习情境 6	固定轴曲面零件铣削加工	学时	18 学时
任务 6.2	包装瓶凸模加工	学时	6 学时
作业方式	小组分析，个人软件造型和加工，现场批阅，集体评判		
作业内容	定位台板的孔系加工		

定位台板如图 6-24 所示。

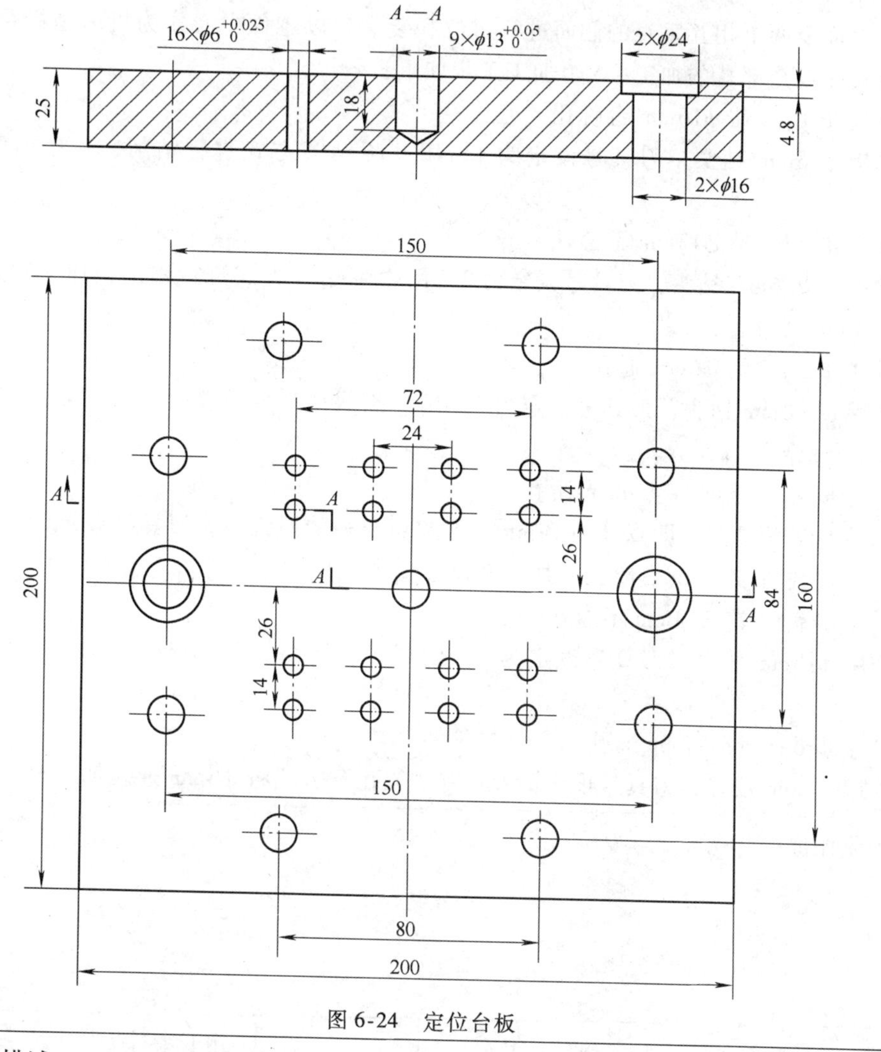

图 6-24 定位台板

作业描述：

定位台板是一个典型的孔系零件，在矩形台面上有各种类型的通孔共计 27 个，其中 ϕ6mm 通孔 16 个、ϕ13mm 不通孔 9 个、ϕ16mm 台阶孔 2 个。零件的材料为 45 钢。除各类孔外，工件的所有表面都已加工完成。利用 UG 建模模块构建定位台板的三维实体模型，工件坐标系原点建立在模型的顶面中心。由于加工孔的数量较多，用计算机进行数控编程，并生成数控加工程序。

作业分析：

1. 加工条件

工件毛坯的尺寸为 200mm×200mm×25mm，材料为 45 钢，上、下平面及四周均已加工完毕。

加工机床：立式加工中心。

铣削方式：钻削。

2. 加工工序

以底面及两个相互垂直的侧面进行定位和装夹，以工件中心作为机床坐标系的原点，一次装夹完成全部孔的加工。5 个加工工步如下：

［工步 1］ 钻 ϕ16mm 台阶孔

选用 ϕ16mm 钻头，刀具号设定为 1。用“啄钻”方式进行钻削，一次加工至尺寸要求。

［工步 2］ 钻 ϕ13mm 不通孔

选用 ϕ12.6mm 钻头，刀具号设定为 2。用“啄钻”方式进行钻削，加工后直径方向留有 0.4mm 余量。

［工步 3］ 钻 ϕ6mm 通孔

选用 ϕ5.8mm 钻头，刀具号设定为 3。用“断屑钻”方式进行钻削，加工后直径方向留有 0.2mm 余量。

［工步 4］ 铣削 ϕ24mm 台阶孔

选用 D14 面铣刀，即直径为 14mm、无圆角半径的面铣刀，刀具号设定为 4。用“平面铣”方式铣削 ϕ24mm 台阶孔，加工至尺寸要求。

［工步 5］ 铰 ϕ13mm 不通孔

选用 ϕ13mm 铰刀，刀具号设定为 5。用“铰孔”方式将 ϕ13mm 不通孔加工至尺寸要求。

［工步 6］ 铰 ϕ6mm 通孔

选用 ϕ6mm 铰刀，刀具号设定为 6。用“铰孔”方式将 ϕ6mm 通孔加工至尺寸要求。

作业评价：

班级		组别		组长签字	
学号		姓名		教师签字	
教师评分		日期			

6.2.6 检查评价

学生完成本学习任务后，应展示的结果为：计划单、决策单、作业单、检查单和评价单。

1. 包装瓶凸模加工检查单（见表6-17）

表6-17 包装瓶凸模加工检查单

<table>
<tr><td>学习领域</td><td colspan="5">CAD/CAM 技术应用</td></tr>
<tr><td>学习情境6</td><td colspan="3">固定轴曲面零件铣削加工</td><td>学时</td><td>18学时</td></tr>
<tr><td>任务6.2</td><td colspan="3">包装瓶凸模加工</td><td>学时</td><td>6学时</td></tr>
<tr><td>序号</td><td>检查项目</td><td>检查标准</td><td colspan="2">学生自查</td><td>教师检查</td></tr>
<tr><td>1</td><td>设置加工环境</td><td>合理、准确地设置包装凸模的加工环境</td><td colspan="2"></td><td></td></tr>
<tr><td>2</td><td>创建几何体</td><td>合理创建包装瓶凸模几何体</td><td colspan="2"></td><td></td></tr>
<tr><td>3</td><td>创建刀具</td><td>合理创建包装瓶凸模加工时所使用的刀具</td><td colspan="2"></td><td></td></tr>
<tr><td>4</td><td>创建加工操作</td><td>合理创建包装瓶凸模的加工操作</td><td colspan="2"></td><td></td></tr>
<tr><td>5</td><td>生成 CNC 程序</td><td>准确地生成包装瓶凸模的 CNC 程序</td><td colspan="2"></td><td></td></tr>
<tr><td>6</td><td>曲面零件铣削加工能力</td><td>能够完成曲面零件铣削加工</td><td colspan="2"></td><td></td></tr>
<tr><td>7</td><td>加工过程缺陷的分析诊断能力</td><td>加工过程缺陷处理得当</td><td colspan="2"></td><td></td></tr>
<tr><td>检查评价</td><td colspan="5">评语：</td></tr>
<tr><td>班级</td><td></td><td>组别</td><td></td><td>组长签字</td><td></td></tr>
<tr><td>教师签字</td><td colspan="3"></td><td>日期</td><td></td></tr>
</table>

2. 包装瓶凸模加工评价单（见表6-18）

表6-18　包装瓶凸模加工评价单

<table>
<tr><td>学习领域</td><td colspan="7">CAD/CAM技术应用</td></tr>
<tr><td>学习情境6</td><td colspan="5">固定轴曲面零件铣削加工</td><td>学时</td><td>18学时</td></tr>
<tr><td>任务6.2</td><td colspan="5">包装瓶凸模加工</td><td>学时</td><td>6学时</td></tr>
<tr><td>评价类别</td><td>评价项目</td><td colspan="2">子项目</td><td colspan="2">个人评价</td><td>组内互评</td><td>教师评价</td></tr>
<tr><td rowspan="14">专业能力（60%）</td><td rowspan="2">资讯（8%）</td><td colspan="2">搜集信息（4%）</td><td colspan="2"></td><td></td><td></td></tr>
<tr><td colspan="2">引导问题回答（4%）</td><td colspan="2"></td><td></td><td></td></tr>
<tr><td>计划（5%）</td><td colspan="2">计划可执行度（5%）</td><td colspan="2"></td><td></td><td></td></tr>
<tr><td rowspan="5">实施（12%）</td><td colspan="2">工作步骤执行（3%）</td><td colspan="2"></td><td></td><td></td></tr>
<tr><td colspan="2">功能实现（3%）</td><td colspan="2"></td><td></td><td></td></tr>
<tr><td colspan="2">质量管理（2%）</td><td colspan="2"></td><td></td><td></td></tr>
<tr><td colspan="2">安全保护（2%）</td><td colspan="2"></td><td></td><td></td></tr>
<tr><td colspan="2">环境保护（2%）</td><td colspan="2"></td><td></td><td></td></tr>
<tr><td rowspan="2">检查（10%）</td><td colspan="2">全面性、准确性（5%）</td><td colspan="2"></td><td></td><td></td></tr>
<tr><td colspan="2">异常情况排除（5%）</td><td colspan="2"></td><td></td><td></td></tr>
<tr><td rowspan="2">过程（15%）</td><td colspan="2">使用工具规范性（7%）</td><td colspan="2"></td><td></td><td></td></tr>
<tr><td colspan="2">操作过程规范性（8%）</td><td colspan="2"></td><td></td><td></td></tr>
<tr><td>结果（5%）</td><td colspan="2">结果质量（5%）</td><td colspan="2"></td><td></td><td></td></tr>
<tr><td>作业（5%）</td><td colspan="2">作业质量（5%）</td><td colspan="2"></td><td></td><td></td></tr>
<tr><td rowspan="2">社会能力（20%）</td><td>团结协作（10%）</td><td colspan="2" rowspan="2"></td><td colspan="2" rowspan="2"></td><td rowspan="2"></td><td rowspan="2"></td></tr>
<tr><td>敬业精神（10%）</td></tr>
<tr><td rowspan="2">方法能力（20%）</td><td>计划能力（10%）</td><td colspan="2" rowspan="2"></td><td colspan="2" rowspan="2"></td><td rowspan="2"></td><td rowspan="2"></td></tr>
<tr><td>决策能力（10%）</td></tr>
<tr><td>评价评语</td><td colspan="7">评语：</td></tr>
<tr><td>班级</td><td></td><td>组别</td><td></td><td>学号</td><td></td><td>总评</td><td></td></tr>
<tr><td>教师签字</td><td colspan="2"></td><td>组长签字</td><td></td><td>日期</td><td colspan="2"></td></tr>
</table>

6.2.7　实践中常见问题解析

1. 固定轴轮廓铣只适用于曲面零件的精加工或半精加工，其切削深度和进给量都不能过大。在使用这种切削方式之前，一般需要用平面铣、型腔铣等切削方式进行粗加工。

2. 固定轴轮廓铣实体模型的设计、工件几何体的创建与型腔铣完全一样。需要注意的是，最好将工件坐标系的原点设在零件曲面的最高点上，以便控制切削过程。

3. 固定轴轮廓铣所使用的刀具以鼓形铣刀、球头铣刀为主，只有在对曲面与平面交接处清根铣时，才可能用到面铣刀。

4. 在固定轴轮廓铣中，切削区域的设定十分重要，所有连接的曲面都要选中，刀具轨迹就是根据确定的切削区域生成的，除非只针对特定单一的曲面进行加工。

5. 除切削参数外，对非切削参数也要认真地设定，它关系到刀具的运行顺序和加工过程的安全。

任务 6.3　可乐瓶底座模型加工

6.3.1　任务描述

可乐瓶底座模型加工任务单见表 6-19。

表 6-19　可乐瓶底座模型加工任务单

<table>
<tr><td>学习领域</td><td colspan="3">CAD/CAM 技术应用</td></tr>
<tr><td>学习情境 6</td><td>固定轴曲面零件铣削加工</td><td>学时</td><td>18 学时</td></tr>
<tr><td>任务 6.3</td><td>可乐瓶底座模型加工</td><td>学时</td><td>6 学时</td></tr>
<tr><td colspan="4">布置任务</td></tr>
<tr><td>学习目标</td><td colspan="3">1. 掌握并熟练使用固定轴曲面零件铣削加工的操作界面。
2. 掌握加工环境的设置，并能熟练进入数控加工操作界面。
3. 能够熟练地进行零件加工工艺分析。
4. 能够熟练地进行零件实体模型设计。
5. 能够熟练完成加工环境的设置。
6. 能够熟练完成几何体的创建、机床坐标系的设置、工件几何体的创建和毛坯几何体的创建等。
7. 能够熟练完成刀具的创建，在工艺分析中明确所使用的刀具，并能够完成刀具的调用。
8. 能够熟练地完成加工操作的创建，合理地选择切削方式，进切削层设置、进刀 \ 退刀参数设置、切削参数设置、进给率参数设置和避让参数设置等。
9. 能够熟练地生成刀具轨迹，并能够进行加工仿真操作。
10. 能够熟练地进行后置处理，生成 CNC 程序。</td></tr>
</table>

学习目标	11. 能够合理地设置加工工艺过程。 12. 能够熟练地使用创建操作对话框。 13. 掌握每个操作按键的含义，并能够熟练地使用各功能键。 14. 掌握 CNC 程序的导出和保存。
任务描述	可乐瓶底座模型是一个比较复杂的曲面零件，如图 6-25 所示。其上部是一个多曲面轮廓复合体，下部是一个正方形底座，整个零件的包容体为 140mm×140mm×55mm，零件的材料为 45 钢。底座的底面和四周表面已经加工到位，顶面尚有 2mm 的余量。利用 UG 建模模块构建出模型的三维实体模型，工件坐标系原点建立在模型的顶面中心。要求使用加工中心加工此零件，试创建加工操作，并生成数控程序。 每组分别使用 UG NX 软件完成可乐瓶底座模型的加工，应了解如下具体内容： 1. 掌握可乐瓶底座模型的基本结构，完成实体造型设计。 2. 掌握可乐瓶底座模型加工的基本方法。 3. 掌握固定轴曲面零件铣削加工中各模块的使用方法。 4. 完成可乐瓶底座模型的加工，并生成 CNC 程序。 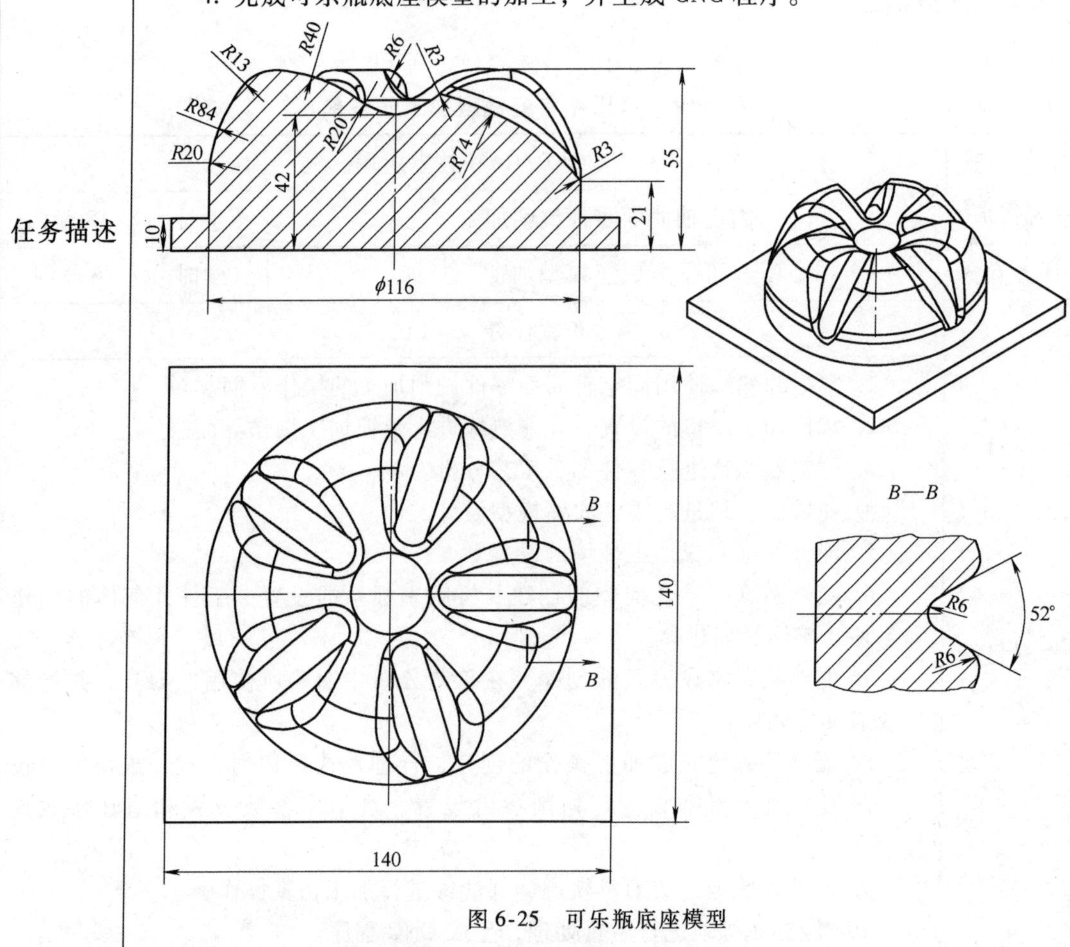 图 6-25　可乐瓶底座模型

<table>
<tr><td>任务分析</td><td colspan="5">通过可乐瓶底座模型加工，完成以下具体任务：
1. 了解 UG MX 软件加工的基本环境和基础知识。
2. 掌握可乐瓶底座模型加工的特点。
3. 掌握可乐瓶底座模型的工艺分析，能够熟练、准确地完成刀具的选用、切削方法和装夹方式的选择。
4. 掌握可乐瓶底座模型几何体的创建，能够完成机床坐标系的设置、可乐瓶底座工件几何体的创建以及可乐瓶底座毛坯几何体的创建等内容。
5. 掌握可乐瓶底座模型加工所用刀具的创建，并在工艺分析中明确所使用的刀具，选定全部刀具，以便在创建加工操作时直接调用。
6. 掌握可乐瓶底座模型加工操作的创建。</td></tr>
<tr><td>学时安排</td><td>资讯
0.5 学时</td><td>计划
1 学时</td><td>决策
1 学时</td><td>实施
3 学时</td><td>检查评价
0.5 学时</td></tr>
<tr><td>提供资料</td><td colspan="5">1. 张士军，韩学军. UG 设计与加工. 北京：机械工业出版社，2009。
2. 王尚林. UG NX 6.0 三维建模实例教程. 北京：中国电力出版社，2010。
3. 石皋莲，吴少华. UG NX CAD 应用案例教程. 北京：机械工业出版社，2010。
4. 杨德辉. UG NX 6.0 实用教程. 北京：北京理工大学出版社，2011。
5. 黎震，刘磊. UG NX 6 中文版应用与实例教程. 北京：北京理工大学出版社，2009。
6. 袁锋. UG 机械设计工程范例教程.（基础篇）. 2 版. 北京：机械工业出版社，2009。
7. 袁锋. UG 机械设计工程范例教程.（高级篇）. 2 版. 北京：机械工业出版社，2009。
8. 赵松涛. UG NX 实训教程. 北京：北京理工大学出版社，2008。
9. 郑贞平，曹成，张小红，等. UG NX 5 中文版基础教程. 北京：机械工业出版社，2008。
10. 云杰漫步多媒体科技 CAX 设计教研室. UG NX 6.0 中文版数控加工. 北京：清华大学出版社，2009。
11. 郑贞平，喻德. UG NX 5 中文版三维设计与 NC 加工实例精解. 北京：机械工业出版社，2008。
12. UG NX 软件使用说明书。
13. 制图员操作规程。
14. 机械设计技术要求和国家制图标准。</td></tr>
<tr><td>对学生的要求</td><td colspan="5">1. 能对任务书进行分析，能正确理解和描述目标要求。
2. 装配时必须保证零件装配的规范和合理。
3. 具有独立思考、善于提问的学习习惯。
4. 具有查询资料和市场调研的能力，具备严谨求实和开拓创新的学习态度。
5. 能执行企业“5S”质量管理体系要求，具备良好的职业意识和社会能力。
6. 上机操作时应穿鞋套，遵守机房的规章制度。</td></tr>
</table>

提供资料	7. 具备一定的观察理解和判断分析能力。 8. 具有团队协作、爱岗敬业的精神。 9. 具有一定的创新思维和勇于创新的精神。 10. 不迟到、不早退、不旷课，否则扣分。 11. 按时按要求上交作业，并列入考核成绩。

6.3.2 资讯

1. 可乐瓶底座模型加工资讯单（见表 6-20）

表 6-20 可乐瓶底座模型加工资讯单

学习领域	CAD/CAM 技术应用		
学习情境 6	固定轴曲面零件铣削加工	学时	18 学时
任务 6.3	可乐瓶底座模型加工	学时	6 学时
资讯方式	学生根据教师给出的资讯引导进行查询解答		
资讯问题	1. 如何进行可乐瓶底座模型的工艺分析，分析过程中需注意什么？ 2. 如何设置可乐瓶底座模型的加工环境？ 3. 如何创建可乐瓶底座模型的工件几何体？ 4. 如何设置可乐瓶底座模型的机床坐标系？ 5. 如何设置可乐瓶底座模型的毛坯几何体？ 6. 如何创建可乐瓶底座模型选用的刀具？ 7. 如何创建可乐瓶底座模型的加工操作工艺过程？ 8. 如何设定可乐瓶底座模型的铣削边界？ 9. 如何选择可乐瓶底座模型的切削方式？ 10. 如何设定可乐瓶底座模型切削参数？ 11. 如何设定可乐瓶底座模型避让参数？		
资讯引导	1. 问题 1 参阅《UG NX 6 中文版应用与实例教程》。 2. 问题 2 参阅《UG 设计与加工》。 3. 问题 3 参阅《UG 机械设计工程范例教程》。 4. 问题 4 参阅《UG NX 6 中文版应用与实例教程》。 5. 问题 5 参阅《UG NX 6.0 实用教程》。 6. 问题 6 参阅《UG NX 6 中文版应用与实例教程》。 7. 问题 7 参阅《UG 设计与加工》。 8. 问题 8 参阅《UG 设计与加工》。 9. 问题 9 参阅《UG NX 6.0 中文版数控加工》。 10. 问题 10 参阅《UG NX 6.0 中文版数控加工》。 11. 问题 11 参阅《UG NX 6 中文版应用与实例教程》。		

2. 可乐瓶底座模型加工信息单（见表6-21）

表6-21　可乐瓶底座模型加工信息单

学习领域	CAD/CAM技术应用		
学习情境6	固定轴曲面零件铣削加工	学时	18学时
任务6.3	可乐瓶底座模型加工	学时	6学时
序号	信息内容		
一	可乐瓶底座模型加工工艺分析		

工件所用毛坯为140mm×1400mm×57mm板料，四周表面和底面已经加工完成，只加工底座方形台以上部分。因此，以底面为基准，用百分表找正，将其固定在机床工作台上，并从四周可乐瓶底座上表周夹紧。注意夹紧高度，刀具运行时不能碰撞到工件和夹具。设计铣削加工工步如下：

［工步1］　粗铣圆柱体

选用D30面铣刀，设定为1号刀具，用“平面铣”方式粗铣圆柱体，粗铣后可乐瓶底座上表面不留余量，侧面留0.5mm的余量。

［工步2］　粗铣曲面

选用D12R4鼓形铣刀，设定为2号刀具，用“型腔铣”方式粗铣曲面，粗铣后曲面表面留1mm的余量。

［工步3］　精铣曲面

选用D8R4球头铣刀，设定为3号刀具，用“轮廓铣”方式精铣曲面，除圆柱体表面外，所有曲面加工到位。

［工步4］　精铣圆柱表面

选用D20面铣刀，设定为4号刀具，用“等高轮廓铣”方式精加工到位。

二	设计实体模型-构建可乐瓶底座模型实体（图6-26）

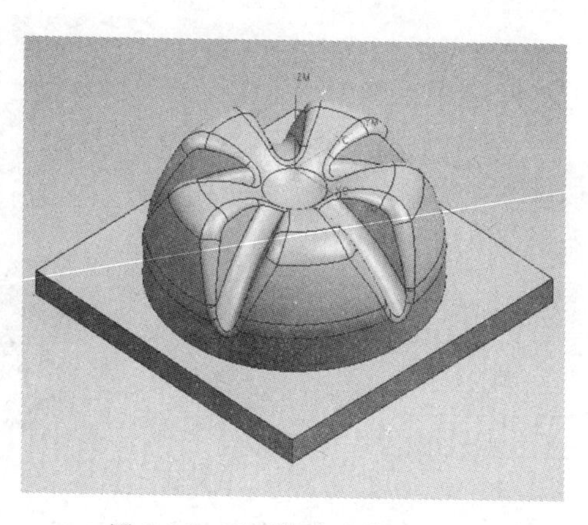

图6-26　可乐瓶底座模型实体

三	设置加工环境（图 6-27）

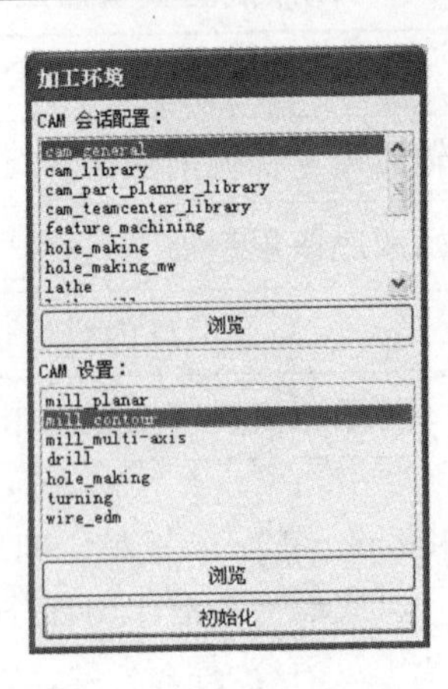

图 6-27　设置加工环境

四	创建几何体

1. 设置机床坐标系（图 6-28）

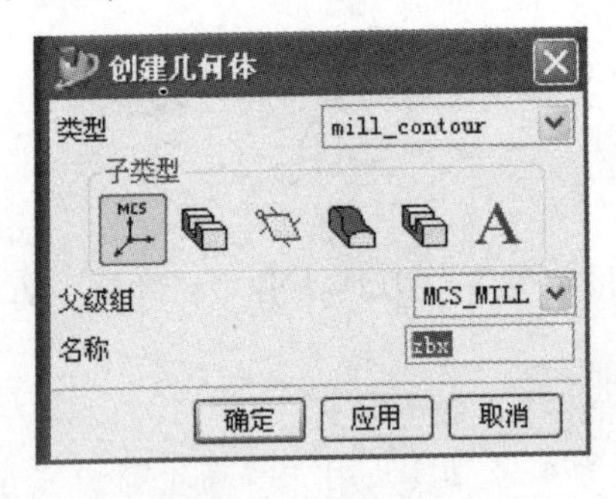

图 6-28　设置机床坐标系

2. 创建工件几何体和毛坯几何体（图 6-29）

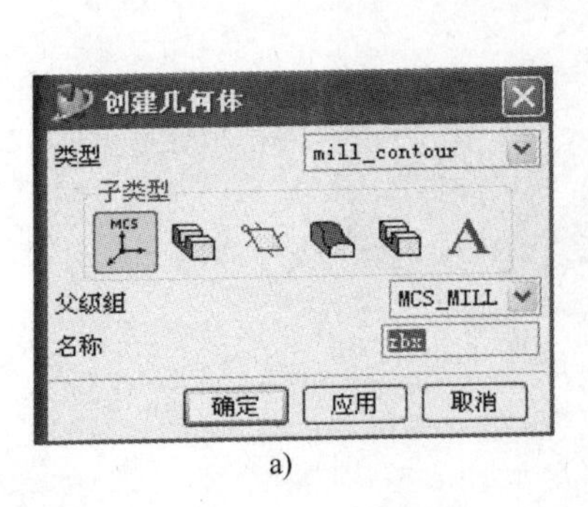

a)

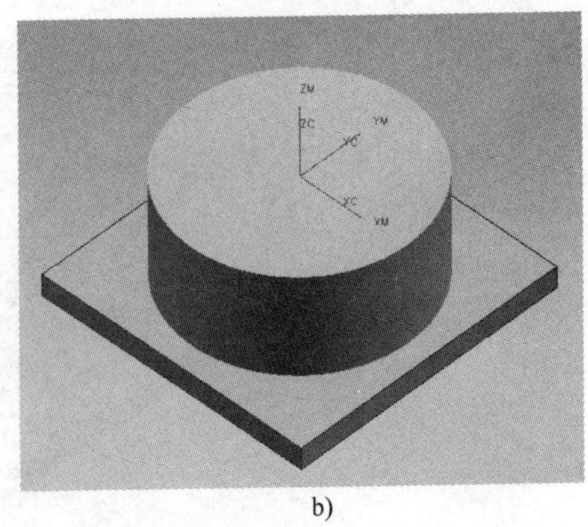

b)

图 6-29　创建工件几何体和毛坯几何体

五	创建刀具组

1 号刀具：D30 面铣刀

2 号刀具：D12R4 鼓形铣刀

3 号刀具：D8R4 球头铣刀

4 号刀具：D20 面铣刀

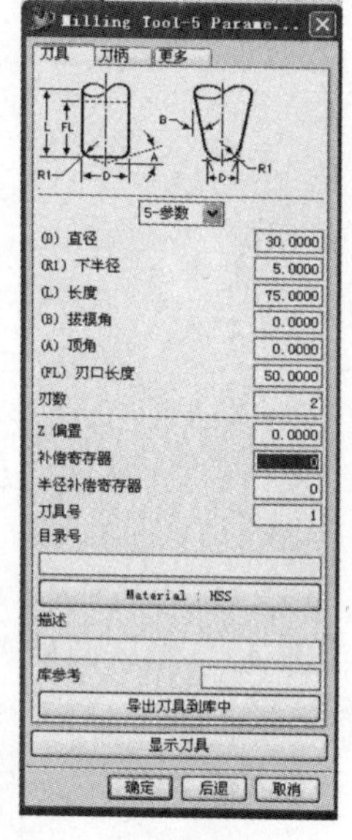

图 6-30　创建刀具组

六	创建加工操作

［工步 1］　粗铣圆柱体（图 6-31）

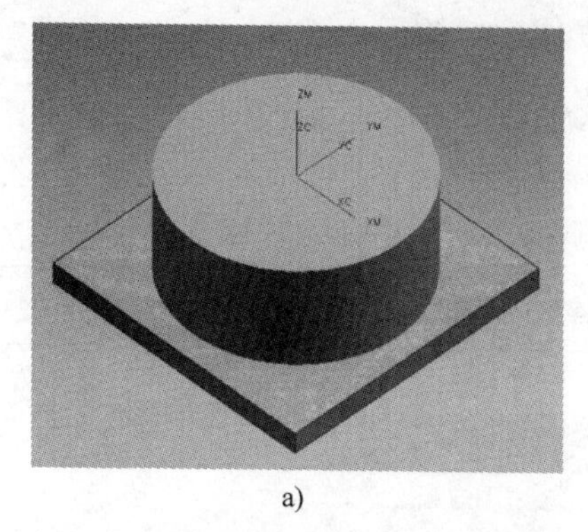

a)

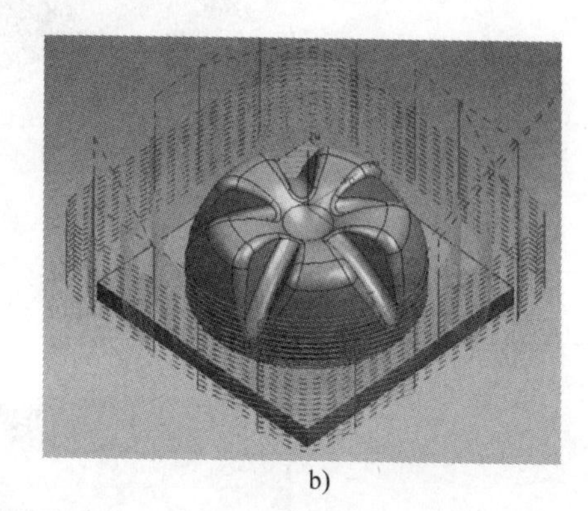

b)

图 6-31　粗铣圆柱体

［工步 2］　粗铣曲面（图 6-32）

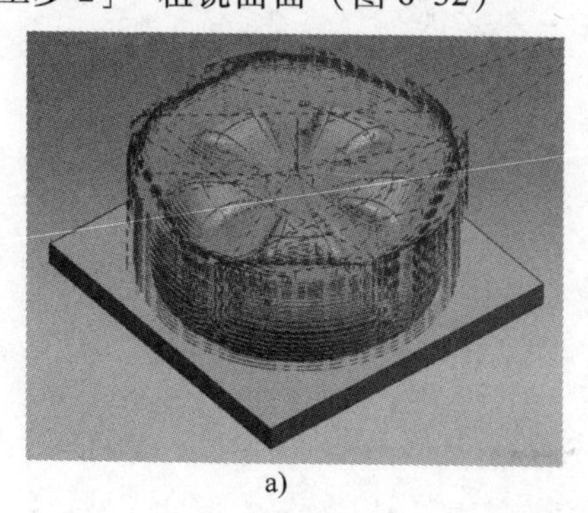

a)

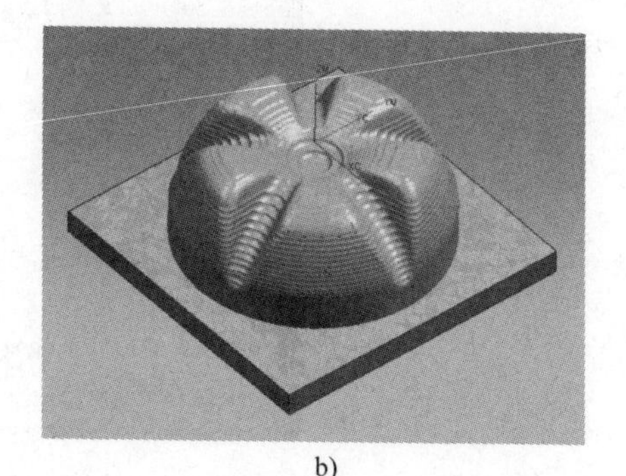

b)

图 6-32　粗铣曲面

［工步3］ 精铣曲面（图6-33）

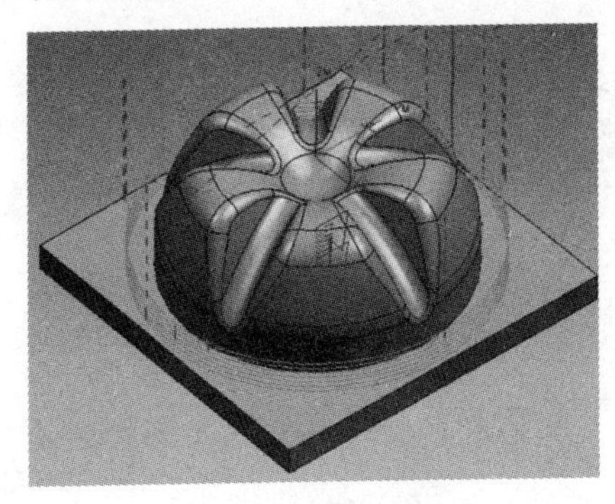

图6-33 精铣曲面

［工步4］ 精铣圆柱表面（图6-34）

图6-34 精铣圆柱表面

七	生成CNC程序（数控加工程序）（图6-35）

信息

文件(F) 编辑(E)

```
%
N0010 G40 G17 G90 G70
N0020 G91 G28 Z0.0
:0030 T00 M06
N0040 T02
N0050 G0 G90 X3.4587 Y-2.1643 S1200 M03
N0060 G43 Z.7874 H00
N0070 Z.1181
N0080 Z0.0
N0090 G1 Z-.1181 F23.6 M08
N0100 X3.3406 Y-2.3334
N0110 G2 X2.3334 Y-3.3406 I-3.3406 J2.3334
N0120 G0 X2.1643 Y-3.4587
N0130 Z0.0
N0140 Z.7874
N0150 X3.4587 Y-.5919
N0160 Z.1181
N0170 Z0.0
N0180 G1 Z-.1181
N0190 X3.3406 Y-.9903
N0200 G2 X.9903 Y-3.3406 I-3.3406 J.9903
```

图6-35 生成数控加工程序

6.3.3 计划

根据任务内容制订小组任务计划，简要说明任务实施过程的步骤及注意事项。将计划内容等填入可乐瓶底座模型加工计划单，见表6-22。

表6-22 可乐瓶底座模型加工计划单

<table>
<tr><td>学习领域</td><td colspan="4">CAD/CAM 技术应用</td></tr>
<tr><td>学习情境6</td><td colspan="2">固定轴曲面零件铣削加工</td><td>学时</td><td>18 学时</td></tr>
<tr><td>任务6.3</td><td colspan="2">可乐瓶底座模型加工</td><td>学时</td><td>6 学时</td></tr>
<tr><td>计划方式</td><td colspan="4">小组讨论</td></tr>
<tr><td>序号</td><td colspan="2">实施步骤</td><td colspan="2">使用资源</td></tr>
<tr><td></td><td colspan="2"></td><td colspan="2"></td></tr>
<tr><td></td><td colspan="2"></td><td colspan="2"></td></tr>
<tr><td></td><td colspan="2"></td><td colspan="2"></td></tr>
<tr><td></td><td colspan="2"></td><td colspan="2"></td></tr>
<tr><td></td><td colspan="2"></td><td colspan="2"></td></tr>
<tr><td></td><td colspan="2"></td><td colspan="2"></td></tr>
<tr><td></td><td colspan="2"></td><td colspan="2"></td></tr>
<tr><td></td><td colspan="2"></td><td colspan="2"></td></tr>
<tr><td>制订计划
说明</td><td colspan="4"></td></tr>
<tr><td>计划评价</td><td colspan="4">评语：</td></tr>
<tr><td>班级</td><td></td><td>第　　组</td><td>组长签字</td><td></td></tr>
<tr><td>教师签字</td><td colspan="2"></td><td>日期</td><td></td></tr>
</table>

6.3.4 决策

1. 小组互评，选定合适的工作计划。

2. 小组负责人对任务进行分配，组员按照负责人要求完成相关任务内容，并将自己所在小组及个人任务填入可乐瓶底座模型加工决策单，见表6-23。

表6-23　可乐瓶底座模型加工决策单

<table>
<tr><td>学习领域</td><td colspan="7">CAD/CAM 技术应用</td></tr>
<tr><td>学习情境6</td><td colspan="5">固定轴曲面零件铣削加工</td><td>学时</td><td>18学时</td></tr>
<tr><td>任务6.3</td><td colspan="5">可乐瓶底座模型加工</td><td>学时</td><td>6学时</td></tr>
<tr><td colspan="6">方案讨论</td><td>组号</td><td></td></tr>
<tr><td rowspan="16">方案决策</td><td>组别</td><td>步骤顺序性</td><td>步骤合理性</td><td>实施可操作性</td><td>选用工具合理性</td><td colspan="2">原因说明</td></tr>
<tr><td>1</td><td></td><td></td><td></td><td></td><td colspan="2"></td></tr>
<tr><td>2</td><td></td><td></td><td></td><td></td><td colspan="2"></td></tr>
<tr><td>3</td><td></td><td></td><td></td><td></td><td colspan="2"></td></tr>
<tr><td>4</td><td></td><td></td><td></td><td></td><td colspan="2"></td></tr>
<tr><td>5</td><td></td><td></td><td></td><td></td><td colspan="2"></td></tr>
<tr><td>1</td><td></td><td></td><td></td><td></td><td colspan="2"></td></tr>
<tr><td>2</td><td></td><td></td><td></td><td></td><td colspan="2"></td></tr>
<tr><td>3</td><td></td><td></td><td></td><td></td><td colspan="2"></td></tr>
<tr><td>4</td><td></td><td></td><td></td><td></td><td colspan="2"></td></tr>
<tr><td>5</td><td></td><td></td><td></td><td></td><td colspan="2"></td></tr>
<tr><td>1</td><td></td><td></td><td></td><td></td><td colspan="2"></td></tr>
<tr><td>2</td><td></td><td></td><td></td><td></td><td colspan="2"></td></tr>
<tr><td>3</td><td></td><td></td><td></td><td></td><td colspan="2"></td></tr>
<tr><td>4</td><td></td><td></td><td></td><td></td><td colspan="2"></td></tr>
<tr><td>5</td><td></td><td></td><td></td><td></td><td colspan="2"></td></tr>
<tr><td>方案评价</td><td colspan="7">评语：（根据组内的决策，对照进行修改并说明修改原因）</td></tr>
<tr><td>班级</td><td></td><td>组长签字</td><td></td><td>教师签字</td><td></td><td colspan="2">月　日</td></tr>
</table>

6.3.5 实施

1. 实施准备

任务实施准备主要包括 CAD/CAM 实训室（多媒体）、UG NX 软件、资料准备等，见表6-24。

表 6-24 可乐瓶底座模型加工实施准备

学习情境 6	固定轴曲面零件铣削加工	学时	18 学时
任务 6.3	可乐瓶底座模型加工	学时	6 学时
重点、难点	固定轴曲面铣削功能键的使用		
教学资源	CAD/CAM 实训室（多媒体）		
资料准备	1. 张士军，韩学军. UG 设计与加工. 北京：机械工业出版社，2009。 2. 王尚林. UG NX 6.0 三维建模实例教程. 北京：中国电力出版社，2010。 3. 石皋莲，吴少华. UG NX CAD 应用案例教程. 北京：机械工业出版社，2010。 4. 杨德辉. UG NX 6.0 实用教程. 北京：北京理工大学出版社，2011。 5. 黎震，刘磊. UG NX 6 中文版应用与实例教程. 北京：北京理工大学出版社，2009。 6. 袁锋. UG 机械设计工程范例教程（基础篇）. 2 版. 北京：机械工业出版社，2009。 7. 袁锋. UG 机械设计工程范例教程（高级篇）. 2 版. 北京：机械工业出版社，2009。 8. 赵松涛. UG NX 实训教程. 北京：北京理工大学出版社，2008。 9. 郑贞平，曹成，张小红，等. UG NX 5 中文版基础教程. 北京：机械工业出版社，2008。 10. 云杰漫步多媒体科技 CAX 设计教研室. UG NX 6.0 中文版数控加工. 北京：清华大学出版社，2009。 11. 郑贞平，喻德，UG NX 5 中文版三维设计与 NC 加工实例精解. 北京：机械工业出版社，2008。 12. UG NX 软件使用说明书。 13. 制图员操作规程。 14. 机械设计技术要求和国家制图标准。		
设备、工具	UG NX 软件		
教学组织实施			
实施步骤	组织实施内容	教学方法	学时
1			
2			
3			
4			
5			

2. 实施任务

依据计划步骤实施任务，并完成作业单的填写。可乐瓶底座模型加工作业单见表 6-25。

表 6-25　可乐瓶底座模型加工作业单

学习领域	CAD/CAM 技术应用		
学习情境 6	固定轴曲面零件铣削加工	学时	18 学时
任务 6.3	可乐瓶底座模型加工	学时	6 学时
作业方式	小组分析，个人软件造型和加工，现场批阅，集体评判		
作业	十字定位座的孔系加工		

图 6-36 所示为十字定位座。

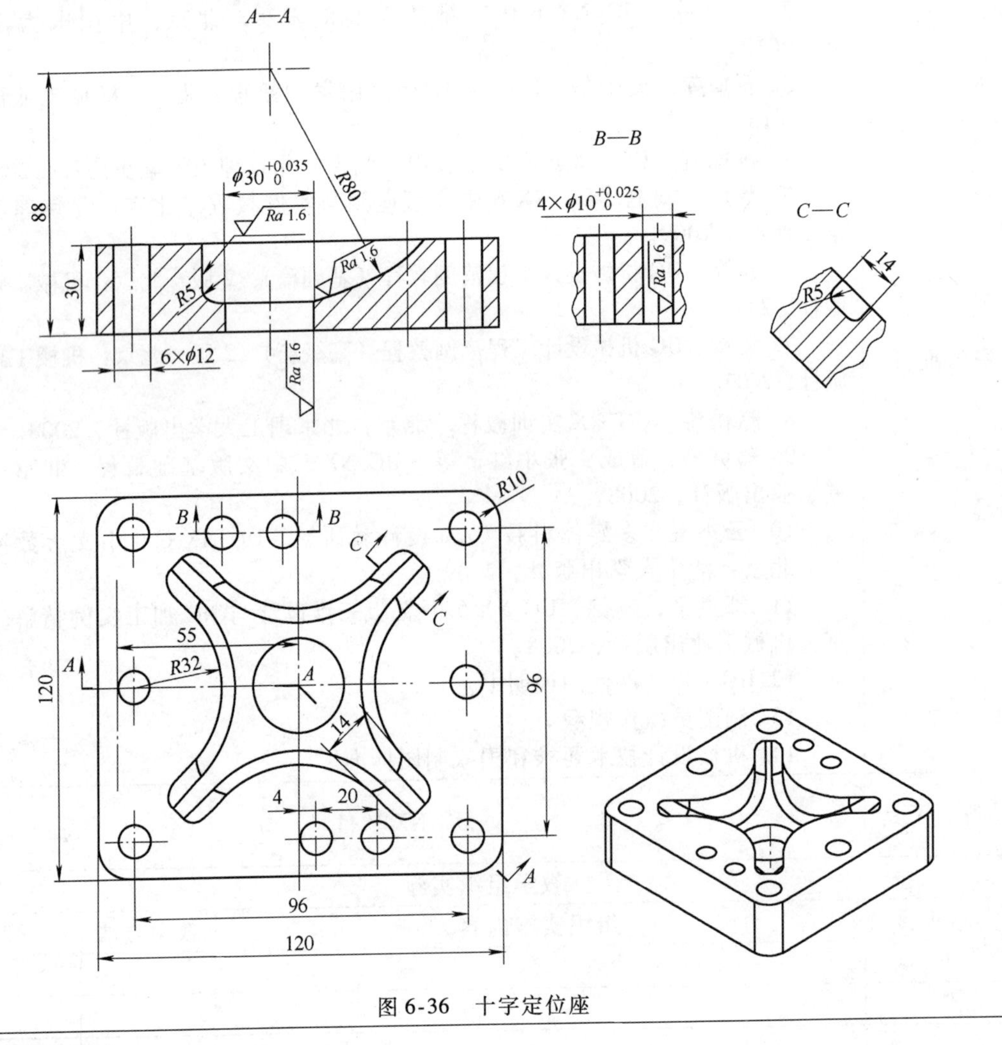

图 6-36　十字定位座

作业描述：

本作业是加工 6 个 ϕ12mm 孔和 4 个 ϕ10mm 孔，其中 ϕ10mm 孔的精度较高，需要进行铰孔。零件的材料为 45 钢。试创建孔加工操作并生成刀具轨迹。

作业分析：

以底面为基准，用百分表找正，将工件固定在机床工作台上，并从四周夹紧。注意：工件的底面需要垫起一定的高度，以留出钻孔的空间，不能让钻头碰到工作台面。

设计如下各加工工步：

[工步1]　钻 ϕ12mm 孔

选用 D12 钻头，设定为 1 号刀具，用“断屑钻”方式进行钻孔加工，将孔加工至尺寸要求。

[工步2]　钻 ϕ10mm 孔

选用 D9.6 钻头，设定为 2 号刀具，用“啄钻”方式将孔钻透。

[工步3]　铰 ϕ10mm 孔

选用 J10 铰刀，设定为 3 号刀具，用“标准钻”方式将孔加工至尺寸要求。

作业评价：

班级		组别		组长签字	
学号		姓名		教师签字	
教师评分		日期			

6.3.6 检查评价

学生完成本学习任务后，应展示的结果为：计划单、决策单、作业单、检查单和评价单。

1. 可乐瓶底座模型加工检查单（见表6-26）

表6-26 可乐瓶底座模型加工检查单

<table>
<tr><td>学习领域</td><td colspan="4">CAD/CAM 技术应用</td></tr>
<tr><td>学习情境6</td><td colspan="2">固定轴曲面零件铣削加工</td><td>学时</td><td>18 学时</td></tr>
<tr><td>任务6.3</td><td colspan="2">可乐瓶底座模型加工</td><td>学时</td><td>6 学时</td></tr>
<tr><td>序号</td><td>检查项目</td><td>检查标准</td><td>学生自查</td><td>教师检查</td></tr>
<tr><td>1</td><td>设置加工环境</td><td>合理、准确地设置可乐瓶底座模型的加工环境</td><td></td><td></td></tr>
<tr><td>2</td><td>创建几何体</td><td>合理创建可乐瓶底座模型的几何体</td><td></td><td></td></tr>
<tr><td>3</td><td>创建刀具</td><td>合理创建可乐瓶底座模型加工时所使用的刀具</td><td></td><td></td></tr>
<tr><td>4</td><td>创建加工操作</td><td>合理创建可乐瓶底座模型的加工操作</td><td></td><td></td></tr>
<tr><td>5</td><td>生成 CNC 程序</td><td>准确地生成可乐瓶底座模模型的 CNC 程序</td><td></td><td></td></tr>
<tr><td>6</td><td>曲面零件铣削加工能力</td><td>能够完成曲面零件铣削加工</td><td></td><td></td></tr>
<tr><td>7</td><td>加工过程缺陷的分析诊断能力</td><td>加工过程缺陷处理得当</td><td></td><td></td></tr>
<tr><td>检查评价</td><td colspan="4">评语：</td></tr>
<tr><td>班级</td><td></td><td>组别</td><td></td><td>组长签字</td></tr>
<tr><td>教师签字</td><td colspan="2"></td><td>日期</td><td></td></tr>
</table>

2. 可乐瓶底座模型加工评价单（见表6-27）

表6-27　可乐瓶底座模型加工评价单

学习领域	CAD/CAM技术应用				
学习情境6	固定轴曲面零件铣削加工			学时	18学时
任务6.3	可乐瓶底座模型加工			学时	6学时
评价类别	评价项目	子项目	个人评价	组内互评	教师评价
专业能力（60%）	资讯（8%）	搜集信息（4%）			
		引导问题回答（4%）			
	计划（5%）	计划可执行度（5%）			
	实施（12%）	工作步骤执行（3%）			
		功能实现（3%）			
		质量管理（2%）			
		安全保护（2%）			
		环境保护（2%）			
	检查（10%）	全面性、准确性（5%）			
		异常情况排除（5%）			
	过程（15%）	使用工具规范性（7%）			
		操作过程规范性（8%）			
	结果（5%）	结果质量（5%）			
	作业（5%）	作业质量（5%）			
社会能力（20%）	团结协作（10%）				
	敬业精神（10%）				
方法能力（20%）	计划能力（10%）				
	决策能力（10%）				
评价评语	评语：				
班级		组别		学号		总评	
教师签字		组长签字		日期	

6.3.7 实践中常见问题解析

平面铣、型腔铣和固定轴轮廓铣的切削特点见表6-28。

表6-28 平面铣、型腔铣和固定轴轮廓铣的切削特点

切削特点	平面铣	型腔铣	固定轴轮廓铣
联动轴	两轴半	两轴半	三轴
铣削面特征	横截面不变	横截面变化	横截面变化
工件边界的选择	曲线/边界	曲面/实体	曲面/实体
加工层次	粗、半精、精铣	粗、半精铣	半精、精铣
使用刀具	面铣刀、鼓形铣刀	鼓形铣刀、球头铣刀	鼓形铣刀、球头铣刀
可编程方式	手工、计算机	计算机	计算机

参考文献

[1] 张士军，韩学军. UG设计与加工 [M]. 北京：机械工业出版社，2009.

[2] 袁锋. UG机械设计工程范例教程（高级篇）[M]. 2版. 北京：机械工业出版社，2009.

[3] 郑贞平，喻德. UG NX5中文版三维设计与NC加工实例精解 [M]. 北京：机械工业出版社，2008.

[4] 石皋莲，吴少华. UG NX CAD应用案例教程 [M]. 北京：机械工业出版社，2010.

[5] 郑贞平，曹成，张小红，等. UG NX5中文版基础教程 [M]. 北京：机械工业出版社，2008.

[6] 云杰漫步多媒体科技CAX设计教研室. UG NX 6.0中文版数控加工 [M]. 北京：清华大学出版社，2009.

[7] 袁锋. UG机械设计工程范例教程（基础篇）[M]. 2版. 北京：机械工业出版社，2009.

[8] 赵松涛. UG NX实训教程 [M]. 北京：北京理工大学出版社，2008.

[9] 黎震，刘磊. UG NX6中文版应用与实例教程 [M]. 北京：北京理工大学出版社，2009.

[10] 王尚林. UG NX6.0三维建模实例教程 [M]. 北京：中国电力出版社，2010.